国家社科重大项目"中华工匠文化体系及其传承创新研究"（16ZDA105）阶段性成果

上海市第 IV 类高峰学科（设计学）建设经费资助

工匠文化论

邹其昌 ◎ 著

人民出版社

责任编辑：洪　琼

图书在版编目（CIP）数据

工匠文化论／邹其昌　著．—北京：人民出版社，2022.11
ISBN 978－7－01－024585－0

I.①工…　II.①邹…　III.①职业道德－研究－中国　IV.① B822.9

中国版本图书馆 CIP 数据核字（2022）第 032275 号

工匠文化论
GONGJIANG WENHUA LUN

邹其昌　著

人民出版社 出版发行
（100706　北京市东城区隆福寺街 99 号）

北京中科印刷有限公司印刷　新华书店经销

2022 年 11 月第 1 版　2022 年 11 月北京第 1 次印刷
开本：710 毫米 ×1000 毫米 1/16　印张：23.75
字数：380 千字

ISBN 978－7－01－024585－0　定价：99.00 元

邮购地址 100706　北京市东城区隆福寺街 99 号
人民东方图书销售中心　电话（010）65250042　65289539

目　录

导论：工匠美学论 *

　　曾几何时，"工匠"是社会底层、身份低贱的代表，"匠气"成了无艺术性的代称。然而，随着人类社会的进步与发展，"工匠"开始获得其应有的地位与价值，特别是提升人类生活品质的"工匠精神"，再度开创人类美学的新的境界追求。工匠，是生活美学世界的创造者和呈现者，而百工之事的价值就在于"一人之身而百工之所为备"（孟子语），一种平凡而伟大之美。由此，工匠美学自然就成为美学的核心、生活美学的真正载体。

　　百工之事，工匠美学的世界。"工匠"亦称为"匠人""匠""工""人匠""百工"等，是一个意指非常广泛的概念。"工匠"有广义狭义之分。具体而言，广义的工匠，可称为"工匠时代"的工匠；狭义的工匠，可称为"工匠化时代"的工匠。广义的"工匠"是指人类揖别动物创造人类世界走向文明的创造者——第二自然人工界的创造者，是"自然人走向了真正的人"开端，是"劳动创造人"的真正实施者——只是工匠的劳动创造了人，是人类社会产生的标志。一言以蔽之，广义的工匠，就是创造人类文明时代的工匠，亦即"工匠时代"的工匠。可以说，无工匠即无人类。同样，劳动创造美，谁的劳动创造美呢？只能是工匠的劳动创造美。"工匠"既创造了物质文明，也创造精神文明，还创造了人类世界建构的制度文明。人类社会结构的一切职能与分化都来源于工匠。就历史发展而言，依据大量考古发现：人类从采集时代进入原始农耕时代的推动者和实践者就是工匠。狭义的"工匠"，是指农业

＊　本导论系《工匠美学》论纲。原载《人民日报·海外版》2017 年 7 月 25 日。

1

发展到一定阶段而产生出来的一种新的职业分工——手工业从农业分离出来的专门人员，亦即人类文明开始走向深度和广度细分化、分工协作划时代的工匠，可称为"工匠化时代"的工匠。因此，"工匠"最为基本的含义就是传统社会"士农工商""四民"结构系统之"工"的世界，亦即与"士""农""商"相对待的主要从事器物发明、设计、创造、制造、劳动、传播、销售等领域的行业共同体——"百工之事"的生活世界。在工匠美学世界中，"工匠"既要"创物"（包括发明、创造、设计等）以弥补自然的缺失，还要"制器"（制造、生产）以满足人类日常生活及其相关需求，更要"饰物"以满足人类日益丰富精神需求或提升社会生活品质，等等，是三位一体。由此而言，依据现代社会分工，"工匠"既是哲学家、科学发明家，也是工程师和技术创新专家，还是艺术家和美化师等，是多重身份或职能的统一。

　　大国工匠，工匠美学的主体。工匠既是一个逻辑范畴，也是一个历史范畴，还是一个文化范畴，具有真善美一体化的性质。作为逻辑范畴，工匠理应成为一切人类知识学系统研究的核心。人类生存环境研究的自然科学系统、人类社会结构与发展的社会科学系统、人类精神世界建构与培育的人文科学系统，都应该体现出"工匠"的主体性——亦即"以人为本"的价值。作为历史范畴，工匠具有三种基本历史形态：手艺工匠、机械工匠和数字工匠。不同历史形态的工匠，创造了各自时代的美，持续丰富和满足着人类不断增长的各类审美需求，推进人类审美活动的纵深发展。手艺工匠在自然经济时代创造了男耕女织的手艺美学图景和天人合一的生活方式。机械工匠在工业经济时代创造了人类机械化大生产的机械美学图景与全新的人造生活方式。数字工匠在虚拟经济时代创造了人类高情感化智能的数字美学图景和后人类新生态生活方式。作为文化范畴，工匠既具有普遍性的"人化""人工化""世界性"等普世性文化性质，也有个体性的"地域""民族""本土""身份认同"等多元性文化性质。在工匠世界中，工匠文化具有极其重要的价值取向和建构逻辑。在工匠文化系统中，一个具体工匠是普世性和差异性融为一体的文化结构系统。大国工匠，则是工匠各个历史形态、逻辑结构和文化系统的审美典型化，突出了"工匠"对于国家强盛和人类社会福祉的决定性价值和意蕴。

天工开物，工匠美学的性质。工匠和工匠美学的本质就在于创造一个人类审美化的实存世界，即不同于原始自然世界的"第二自然"的人造世界。在美学中，"天工（自然）"和"人工"是一对矛盾，同时也是审美创造和美学建构的核心要素。在人类知识学系统中，一般将美学划归到人文科学领域，重点研究人类精神建构系统中的审美活动领域，尤其是人类生命性存在的情感问题。由于人类情感心性的复杂性和边界的模糊性，美学实际上成为人类一种基本存在方式，而不只是一个学科领域。如果从工匠文化学视角展开思考，我们可以将美学分为两大基本美学系统：亦即基于"天工"范畴的"自然美学"系统和基于"人工"范畴的"人工美学"系统。自然美学主要指宇宙天体自然万物等呈现的美学问题，非人工造作或未经人类改造而被人类发现和体验到的自然本身的美学问题。如生态美学、天体美学、地质美学、气象美学、时令美学、物态美学、动物美学、植物美学、声音美学、光谱美学、材料美学、水文美学、身体美学等。人工美学是指人类通过一定的技术手段利用自然改造自然而创造出来的属于人工性质的美学。如哲学美学、文学美学、艺术美学、科技美学、设计美学、制度美学、劳动美学、生产美学、消费美学、心理美学、工程美学、听觉美学、视觉美学、身份美学、节庆美学、礼仪美学、器物美学、数字美学、形态美学、空间美学、景观美学、照明美学、音韵美学、节律美学、饮食美学、速度美学、生活美学等。工匠美学既要"制器尚象"地发现和利用自然的美学问题，更要依据人类美学理论原则创造出属人性的人工美学，以推进人类文明的进步与发展。工匠美学也就是美学的核心领域和基本范畴。就人工化程度而言，工匠美学可分为"手艺工匠美学""机械工匠美学"和"数字工匠美学"等。就人工领域而言，工匠美学可分为"物质美学""精神美学""文化美学"等。依其人工结构性质而言，工匠美学可分为"造物美学""器用美学""品物美学""匠意美学"等。"工匠美学"则应该属于沟通"自然美学""人工美学"的"生活美学"（不是一个学科，而是指美学的生活化样态，亦即美学概念的实体化、具象化、现实化）范畴。天工开物，就体现了"生活审美化、审美生活化"的"天人合一"的工匠美学独特性质。

材美工巧，工匠美学的创造。如果"天工开物"是工匠美学的独特性质，那么，天时、地利、材美、工巧，则是工匠美学的创造特征。天时、地利，既指工匠美学创造的宇宙时空的独特价值要素，也指工匠美学创造的人类社会所处的时代性和地域性特征，时代性主要包括社会结构、社会制度、经济状况、科技水平、人文环境、宗教信仰等。地域性主要包括自然地理环境、气候条件、水文特征等。天时地利构成了工匠美学创造发展的基本定向和领域。例如海洋文明工匠美学和陆地文明的工匠美学、草原游牧民族的工匠美学和农耕定居民族的工匠美学、崇山峻岭环境的工匠美学和广袤平原环境的工匠美学、以石材为主体的工匠美学和以竹木为主体的工匠美学等差异，造就了差异性的工匠美学发展趋向。材美，是指工匠美学创造独特审美对象，具有物质价值、精神价值和文化价值等。材美主要包括材质的性能美、特征美、形式美、文化美等。材美，具有较强的时代特征，是随着人类对自然世界认识和改造程度的发展而不断发展深化拓展的，亦即材美是随着技术发展而不断拓展的。手艺时代，材质的美对特定的工匠美学创造具有本质性作用。例如特殊的木质材料对特定的工匠美学创造物有本质性的规定。工巧，是指工匠美学创造的决定性价值要素。工巧之美包括人文价值目标、理论结构、技术水准、独特语言、精益求精、持之以恒、匠心独运、工匠精神境界追求等。天时、地利、材美，只是工匠美学创造的基本前提（外在的美学因素），最后的美学完成则是工巧因素，工匠美学创造的内在动力机制和创造实现机制。工匠美学不仅有其时代特性，更有其地域特性。独特的地域特性、特定的材美价值，铸就了独特的工匠美学之"工巧"性质。工巧造就了工匠美学独特的民族性格和文化品格，更成就了一种"虽为人作，宛自天开"的独特创造的平淡美。

营造法式，工匠美学的逻辑。工匠美学是一种"天人合一"的生活美学，具有较强的生活逻辑结构特性。这种逻辑结构姑且称之为"营造法式逻辑"。"营造"不只是一般性的建造，更有人工创造性构造与逻辑，是指工匠美学创造的人性化"图式"（或先验性结构），突出天工与人工、语义与符号、能指与所指、功能与形式、结构与装饰等系统之间互动生成的结构逻辑范式。"法式"不只是一般性的法度、规范、制度等，更是工匠美学创造中自然性、科学性、情感性融合为一体的"心性逻辑"（亦即人性逻辑），突出了自然与人性、科学与人文、身体与心灵、物质与精神、传承与创造、生产与消费、劳动与生活、经济与艺术等系统的交融模式特征。就广义的工匠美学创造而言，营造法式逻辑既有生活之理性结构，也有生活之情感结构，还有生活之伦理结构。就三者之间的关系而言，三者具有统一性，共同建构工匠美学；同时也有各自的独特性和差异性。就工匠美学的生活之理性结构而言，营造法式逻辑突出了工匠美学创造的科学性、技术性、功能性、经济性和规范性等结构要素。这些要素也是美学创造的人性化结构基本前提或基准，是工匠美学创造的客观逻辑结构。就工匠美学的生活之情感结构而言，营造法式逻辑突出了工匠美学创造的生命性、心理性、人文性、艺术性、形式性、差异性等结构要素。这些要素是美学创造的人性化结构的基本内涵或驱动力，是工匠美学创造的生命创造性内在逻辑结构。就工匠美学的生活之伦理结构而言，营造法式逻辑突出了关联性、价值性、关系性、互生性、生态性和身份性等结构要素。这些要素建构起了美学创造的人性化结构网络系统或格局，是工匠美学创造的价值系统互动生成逻辑结构。就狭义的工匠美学创造而言，营造法式逻辑也就是指工匠美学是一种理性逻辑或客观规律较强的美学形态（法、式），是一种实用性科学性的美学，这就是"营造法式"的意义。

制器尚象，工匠美学的原则。"制器尚象"是工匠美学创造的基本原则。"制器尚象"出自中华元典《周易》，是中国人探索人类创造人类文明的一种中国式的创造理论模式，也是中国人的工匠美学创造理论模式或基本原则。"器"不同于"物"，不是自然之物，而是一种人造物，属于人的性质之

"物"，亦即"形而下者谓之器""玉不琢，不成器"之谓也。"器"还有一种精神性质的"气"韵。自然之物（准审美化的）如何成为人工之器物（审美化的），这就是工匠的价值所在，也是人类审美创造之价值体现。"制器"是指工匠美学创造过程或结果。"制"是工匠的心智、制作技术、设计艺术高度统一的行为逻辑，是"天时、地利、材美、工巧"的整合与实践系统。"尚象"突出了"制器"的审美创造原则，具有某种"模仿理论""现实主义理论"的意蕴，但"模仿理论"突出的是内容与形式关系问题，形式是一种"象"，但"象"不等于"形式"。因此，作为中华美学基本范畴，"象"在工匠美学中更有其特殊意义，应该是卦象、易象、物象、心象、情象、形象、图象、意象、艺象、器象、气象等的统一体。一般而言，工匠造物的结果是一定形体的器物，但真正意义上的"器"，不在于"形"（实存性、物质性），而在于"气"或"象"或"器象"（精神性、情感性、境界超越性），而"象"内涵着"意蕴""智慧"等，是工匠的技术原则（巧）和艺术原则或审美原则（饰）的高度统一（《说文》"工，巧饰也"），同时也是中华易学美学传统乃至整个中华美学精神的具体化。

五材并用，工匠美学的智慧。人类一切创造性的社会实践活动都是为了满足人类一定需求和依据人类美学理论原则而对一定性质的"材"进行利用、加工、改造的事件。这一事件中，材是必然性与可能性、物质性与精神性、科学性与艺术性、实用性与审美性相统一的结构体。"五材"既指世界构成的五种物质（金、木、水、火、土），也指人类的五种德性（勇、智、仁、信、忠），还指工匠活动的五种具体材料（金、木、皮、玉、土）。很显然，"五材"是一种虚指，是指自然之美向人类开放的程度，以及人类智慧回应大自然的强度。"五材并用"是工匠美学智慧。

技进于道，工匠美学的创新。"技进于道"在于工匠的传承与创新，在于庖丁（工匠）技艺高超之"神遇"状态。"道"不远人，存乎"匠心"。工匠美学的创新使得"工匠之美"超越"工匠"而进入更为广阔的视域，从而也赋予了工匠更为神圣的美学或宗教价值（百工之事，皆圣人之作也）。

器以载道，工匠美学的哲学。如果说技进于道，还只是一种形而上的抽象的神秘性质的美学样态，那么器以载道，则更是一种具体的美的哲学范式了。百姓日用之器的最大价值就在于"日常性""普适性"，具有一种强大的行为规范作用。很自然，器物就承载着人类认识和掌握世界的观念、思想和方式。无论是古建筑的上栋下宇，还是传统服饰的天圆地方，无不显示着"器以载道"的工匠美学的哲学价值。

器以藏礼，工匠美学的文明。中华工匠造物之"器"，还有着中华礼乐文化精神之意蕴，是中华文明的象征。礼学美学是一种全美学，集礼仪美学、礼义美学、礼器美学、礼乐美学、礼俗美学、礼图美学、礼制美学、礼教美学、礼经美学为一体。工匠美学就属于礼学美学的一个重要组成部分。礼器美学承载着工匠美学的核心价值。"器以藏礼"使工匠美学孕育于中华礼学文明之中，神圣与崇高！

考工美学，工匠美学的体系。《考工记》到《考工典》再到"考工学"昭示着中华考工美学体系文脉与逻辑。作为中华考工学美学体系之核心部分（另包括器象美学体系、造物美学体系、匠心美学体系等），工匠美学体系包含工匠美学的文化价值系统、工匠美学的技术价值系统、工匠美学的教育价值系统、工匠美学的行业结构系统以及工匠美学的生活习俗系统等。考工学美学体系将是有待开发的具有世界美学价值的话语系统。

工匠精神，工匠美学的境界。工匠美学的境界追求，就是"工匠精神"。"工匠精神"已经成为时代精神，是中国乃至人类未来发展核心价值观，也是人类的一种审美境界。"工匠精神"可以从"现实层"和"超越层"两方面来理解。所谓"现实层"主要是指"工匠精神"实存性的本位状态和事实（本来的意义）。而所谓"工匠精神"的"超越层"是指"工匠精神"已从其本位性的实体工匠创造活动延展为一种具有普遍性的方法论意义的层面。这个"超越性层面"已不再落实到具体的工匠活动领域，而是一种人生价值信仰，一种生存方式，一种工作态度，也就是马克思所说的"一种人的本质力量的确认"境界。因此，面对人类对美的追求的广度和深度，我们的各项工作如何尽善尽美、恪尽职守，更好地满足人们的物质和精神多方面的需求，就一定要用"工匠精神"方式来实现这种价值。

匠心独运，工匠美学的价值。唐代王士源《孟浩然集序》："文不按古，匠心独妙。"工匠不仅是艺术之父，更是艺术之"匠心"。匠心独运，就是工匠美学促进艺术发展的重大价值和力量。同时，工匠美学，更有一种"匠心"播撒在人类发展的各个方面，推进和提升人类生活品质，也为我国的创新社会、工匠社会的建立与发展提供精神营养。

第 一 篇

工匠文化生态学

第一章　工匠文化与美好生活

一、工匠文化与中国当代文化建设

"中华工匠文化体系及其传承创新研究"（16ZDA105）的立项，首次将人类文明原初性问题——"工匠文化"问题纳入当代学术层面（实际上与国家层面、社会层面、人类层面等多维度互动互生共生关系）展开系统深入探索与研究，进一步拓展、挖掘与建构人类学术思想的新思路、新领域、新体系、新生活。该项目立足于中国问题，厚植中华传统，打通古今中外，传承人类"人民"思想理论系统，努力创造中国气派的当代"人民"共同体话语系统，为人类的未来发展作出自己的努力或贡献。①

长期以来（直到现在），大多都是为少数人（帝王将相等）服务的所谓"课题"（仅就近年的重大课题而言，大多是没有价值的假命题，更无法谈重大价值），真正体现"人民"的思想体系，并不完善和稳定，虽然有以马克思、毛泽东等为代表的"人民"思想，但还缺少更为精细的理论话语体系。"中华工匠文化体系"就是想推进这一伟大思想体系，为人类的发展服务。中华工匠文化体系是中华文化体系的重要组成部分，也是当代中国实现中华文化伟大复兴的核心部分之一。中华工匠文化体系及其传承创新研究，具有极大

---

① 人民的核心部分，是工匠。工匠开创了人类社会，创造了人工世界——第二自然，也是劳动创造精神的真正体现者。

的开创性质（至今没有国际参照系），因此具有十分重大的理论与历史价值和当代实践意义。

中华工匠文化体系研究，旨在从文化理论的视角也就是从工匠活动的主体方面（人的方面）对 20 世纪 20 年代以前的中华工匠进行系统研究（特别是 1949 年之后，就应属于"非遗"领域，本课题虽有涉猎或延伸，但"非遗"在此不是讨论的中心或主题），深入系统挖掘中华工匠的文化史意义和当代价值。本课题以"工匠"为主题，以"工匠文化"为中心，以"工匠精神"为信仰或核心价值追求，系统整理、探索与显现中华"工匠文化"的生活世界，以期构建具有"中华特性"的中华工匠文化体系。

在整个中华工匠文化体系建构中，（1）"工匠"是其核心概念或主题，工匠应该是指那些凭借自身特殊技能改造世界和创造人类新世界的人群或共同体，特别是大量普普通通的"物作"者（"物作"，日本常用于指称"制造业""做东西"），是人造世界的创造者和建设者。并且"工匠"既是一个职业共同体，也是一种生存方式，还是一种精神慰藉。"工匠"具有三大基本历史形态：农耕经济时代的手艺工匠、工业经济时代的机械工匠和虚拟经济时代的数字工匠。目前处于三种类型工匠的美美与共时代，共同创造着世界的新文明。（2）工匠文化是中心，即指从文化的视角考察工匠或工匠的文化方式。"工匠文化"应该属于人类原发性的创造性文化，是人类揖别动物走向"人"的文化世界的开端。"工匠文化"是由"劳动系统"和"生活系统"构成的一个包容精神文化和物质文化的庞大系统。"劳动系统"主要包含"技术系统""制度系统""传承系统"等；"生活系统"主要包含"习俗系统""思维系统""行为系统"等。（3）其中"工匠精神"是"工匠文化"的核心价值观，是"工匠文化"具有独特存在价值的根源所在。"工匠精神"是一种融"巧"（技术原则）、"饰"（艺术或审美原则）、"法"（行为原则）和"和"（生态原则）为一体的劳动精神、创新精神。"工匠精神"作为一种信仰、一种生存方式、一种生活态度，已经超越了"工匠"和"工匠文化"，成为人类社会健康发展的巨大精神驱动力，追求精致，对人类的过去、现在和未来发生着历史性的伟大作用。

二、工匠精神与新时代美好生活的设计与创造

在党的十九大报告中，习近平总书记向世界人民郑重宣布："中国特色社会主义进入新时代，我国社会主要矛盾已经转化为人民日益增长的美好生活需要和不平衡不充分的发展之间的矛盾。"① 美好生活是人民的愿景与向往，新时代人们对美好生活的向往更加强烈，对美好生活的需求呈现多样化、多层次、多方面的特点。带领人民创造美好生活，是共产党始终不渝的奋斗目标。因此，如何实现美好生活是当代迫切需要推进和探求的问题。从学术研究视角而言，新时代美好生活设计与创造研究则是关键，是重中之重。以"工匠精神"为切入点，以"新时代美好生活的设计与创造"为核心，展开深入系统研究，为实现美好生活提供理论支撑和可能性路径。

（一）美好生活

根据笔者粗略统计，从 2012 年至党的十九大召开这段时间内，习近平总书记的历次参会中，涉及"美好生活"的发言或文章共计 45 场（篇），提到"美好生活"共计 63 次。在党的十九大报告中，习近平总书记先后 14 次提到"美好生活"，为深刻理解"美好生活"这一核心概念提供了全面解读。美好生活是人民的向往，也是共产党奋斗的目标，它与中国梦紧密相连。根据习近平总书记重要讲话思想，"美好生活"既包括美好的物质生活，也包括美好的精神生活，还包括美好的生态环境，在新时代呈现"多样化、多层次、多方面的特点"。

概言之，"美好生活"是美好的物质生活与精神生活的统一；具体而言

---

① 《习近平谈治国理政》第三卷，外文出版社 2020 年版，第 9 页。

则是一种品质生活、精致生活、诗意生活。

（二）新时代

在党的十九大报告中，"新时代"出现 36 次之多。报告指出，"中国特色社会主义进入新时代，在中华人民共和国发展史上、中华民族发展史上具有重大意义，在世界社会主义发展史上、人类社会发展史上也具有重大意义。"[①] 根据习近平总书记的讲话精神以及具体的发展态势，新时代的基本内容表现为，它是承前启后、继往开来、在新的历史条件下继续夺取中国特色社会主义伟大胜利的时代，是决胜全面建成小康社会、进而全面建设社会主义现代化强国的时代，是全国各族人民团结奋斗、不断创造美好生活、逐步实现全体人民共同富裕的时代，是我国社会主要矛盾已经转化为人民日益增长的美好生活需要和不平衡不充分的发展之间的矛盾的时代，是全体中华儿女勠力同心、奋力实现中华民族伟大复兴中国梦的时代，是我国日益走近世界舞台中央、不断为人类作出更大贡献的时代。具体来看，新时代主要"新"在"综合国力迈上新台阶""人民生活水平实现新跨越""引领世界发展新潮流""风清气正的新环境正在形成""提出新目标，绘就新蓝图"等几个方面。

换句话说，新时代是质量时代、品质时代、品牌时代、精致时代。在新时代，我们有了新的发展与进步，同时也面临新的问题、新的挑战、新的机遇和新的任务。因此，美好生活的实现必须紧扣"新时代"这一新环境、新背景和新时期。

（三）工匠精神

工匠精神既是一个逻辑范畴，也是一个历史范畴，同时也是一个实践范

---

① 《习近平谈治国理政》第三卷，外文出版社 2020 年版，第 10 页。

畴。工匠精神的逻辑范畴主要考察其内涵、意义、特征与构成要素等；工匠精神的历史范畴主要考察其历史发展、演变过程；工匠精神的实践范畴主要考察世界范围内的工匠精神类型。

就逻辑范畴而言，工匠精神是人们凝结在劳作过程中所表现出的精益求精、一丝不苟、爱岗敬业、诚实守信等工作态度和道德品质，最终升华为一种人生信仰和人生价值。也就是说，工匠精神是在劳动中完成的，它与劳动分不开，而"美好生活靠劳动创造"。因此，工匠精神实际上与劳动精神和劳模精神相得益彰，无法割裂。

就历史范畴而言，工匠精神是人类在漫长的造物活动中积淀而成的一种独特精神。就中华工匠精神而言，它也经历了一个自我发展和不断调整以适应时代需求的过程。概括而言，工匠精神主要表现为三大历史形态：手艺工匠时代的工匠精神、机械工匠时代的工匠精神、数字工匠时代的工匠精神。

手艺工匠时代（农业经济时代），工匠主要借助双手和工具直接对对象（材料）进行加工、改造和创制。在整个过程中，人与工具、材料以及最终产品是一种在场关系，属于纯粹的手工劳动，工具的作用对象是有形的实体。

机械工匠时代（工业经济时代），工匠主要通过操作机器来作用于对象，进而生产出最终产品。在整个过程中，人与机器是在场关系，工匠的作用对象依然是有形的实体。

数字工匠时代（虚拟经济时代），工匠则以信息技术为工具，进行一系列交易、活动等，在整个过程中，其作用对象是无形的虚体。

而现阶段，是手艺工匠、机械工匠和数字工匠并存发展的新时期，各有其美，美美与共。相应地，工匠精神内涵了"切磋琢磨，惟精惟一""知行合一，求真务实""精致创新"多种品质与价值。

就实践范畴而言，工匠精神在不同的国家、地区表现出不同的气质，是各国经济发展的精神支撑。弘扬并践行工匠精神而获得成功的国家以欧美的德国、美国及亚洲的日本为代表。由于政治、经济、文化等各方面环境的不同，使得各国都显现出具有本国特色的工匠精神，如美国的工匠精神在于敢于打破常规、善于创新，他们的高新技术产业在全球独占鳌头；德国的工匠精神在于严谨苛刻、踏实负责，他们的制造业在世界经济体中一枝独秀；日本的工匠精神在于追求人性温度与美的享受，他们的产品以精细、温暖而深得人心；中国的工匠精神正在全力提倡与恢复中，它更多地表现为一种劳模精神、创造精神的统一体，将助力我们实现美好生活。

一言以蔽之，工匠精神本质上是一种劳模精神、创造精神、创新精神、人文精神的统一体，是人的本质特征的体现，工匠精神将助力我们实现新时代的美好生活愿景。

（四）设计与创造

"设计与创造"涉及落实具体工作，主要是指如何通过工匠精神的融合、引领，去实现和创造美好生活的具体实践工作。这也是工匠精神的现实价值所在，工匠精神既是引领人们创造美好生活的精神动力，也是"设计与创造"美好生活所必需的工作态度或生活方式，而美好生活的实现最终要通过具体实践和工作来完成或者达到。因此，"设计与创造"主要是指关涉美好生活实现的一系列具体步骤、过程和实践，更是工匠精神的具体呈现。

进入新时代，愿工匠精神为中国经济的转型升级、为新时代美好生活的设计与创造作出新的贡献。

第二章 工匠文化的基本内涵与研究缘起[*]

一、"中华工匠文化体系及其传承创新研究"的基本界定

中华工匠文化体系是中华文化体系的重要组成部分，也是当代中国实现中华文化伟大复兴的核心部分之一。中华工匠文化体系及其传承创新研究，具有十分重大的理论与历史价值和当代实践意义。

中华工匠文化体系研究，旨在从文化理论的视角也就是从工匠活动的主体方面（人的方面）对 20 世纪 20 年代以前的中华工匠进行系统研究（特别是 1949 年之后，就应属于"非遗"领域，本课题虽有涉猎或延伸，但"非遗"在此不是讨论的中心或主题），深入系统地挖掘中华工匠的文化史意义和当代价值。本课题以"工匠"为主题，以"工匠文化"为中心，以"工匠精神"为信仰或核心价值追求，系统整理、探索与显现中华"工匠文化"的生活世界，以期构建具有"中华特性"的中华工匠文化体系。

在整个中华工匠文化体系建构中，"工匠"是其核心概念或主题，并且"工匠"既是一个职业共同体，也是一种生存方式，还是一种精神慰藉。工匠文化是中心，即指从文化的视角考察工匠或工匠的文化方式，其中"工匠精神"是"工匠文化"的核心价值观，是"工匠文化"具有独特存在价值的根源所在，"工匠精神"作为一种信仰、一种生存方式、一种生活态度，已

<hr>

[*] 本章原载《创意与设计》2017 年第 3 期。

经超越"工匠"和"工匠文化",成为人类社会健康发展的巨大精神驱动力,为人类的过去、现在和未来发挥着历史性的伟大作用。[①] 在此仅将"工匠"问题,做些重复。

关于"工匠",本章从语义学、社会学、社会结构体系等方面界定了"工匠"的基本含义问题,认为"工匠"是一个语意丰富的概念,古代与"百工""匠""工""工官""国工""匠人"等同义。"工匠"的基本内涵是"巧"(技术原则或设计原则)和"饰"(艺术原则或审美原则)的统一体;是古代社会结构"四民"——"士农工商"之"工",指与"士""农""商"相对的主要从事器物发明、设计、创造、制造、劳动、传播、销售等领域的行业共同体。(当然,目前诸多学者将"工匠"一般意义称之为"手工艺人""手工业者"或现代意义的"工人",有其合理性,但也有一定的历史局限性。)从社会层级结构来看,"工匠"大致可以分为管理型的"工匠"(大匠、百工)、智慧型的"工匠"(哲匠、意匠)、技术高超型的"工匠"(巧匠、艺匠)、一般性的"工匠"(匠人以及各工种的从业人员如木匠、银匠、石匠、花匠、画匠等)四类。这四类并无实质性差别(都属于"匠"的范畴,只是"匠"性的高下程度的差异),仍然只是一种理论或具体社会行为组织的要求或体现。就整个造物活动过程而言,"工匠"是一种具有复杂性的结构体,具有"造物主"的性质,承载着造物活动的全过程,从而创造并建构了一个不同于第一自然的"第二自然"的人造(人工)世界(人工界,man-built world,实际上应该是著名设计理论家 Victor Margolin 所说的 the Designed World)。"工匠"既要"创物"(包括发明、创造、设计等)以弥补自然的缺失,还要"制器"(制造、生产)以满足人类日常生活及其相关需求,更要"饰物"以满足人类日益丰富精神需求或提升社会生活品质,等等,是三位一体的。由此而言,依据现代社会分工,"工匠"既是哲学家、科学发明家,也是工程师和技术创新专家,还是艺术家和美化师,等等,是多重身份或职能的统一。

---

① 关于"工匠""工匠精神""工匠文化""工匠文化体系"等概念的基本含义,见本书第五章。

因此，我们完全有理由说，"工匠"实际上更符合当今的"设计师"称谓。设计师既包括广义的设计师，也包括工程技术设计师、科学理论设计师、人文设计师等各种专项设计师。

中华工匠文化体系既是一个逻辑范畴，即科学理论研究的对象或结果，也是一个历史范畴，即人类历史发展的产物，依据人类（工匠）社会实践活动的深度和广度，中华工匠文化体系的建构也呈现出历史性的时代性的独特风貌。

作为逻辑范畴，中华工匠文化体系应该具有独特的学理性价值，包括精神境界追求、理论体系建构、核心范畴系统乃至内部各个子系统的构成等核心结构。中华工匠文化体系有三大核心要素：技术体系、工匠精神、工匠（百工）制度，另有两个层面：生命传承（教育）和生命意蕴（民俗）。其中，"工匠精神"是中华工匠文化体系中最为核心的价值要素，"技术系统（体系）"是中华"工匠"文化体系存在的本体要素，而"制度体系"则是中华工匠文化体系生存发展的保障要素。而这三者的统一（三位一体）既支撑起了工匠文化体系大厦或环境，同时工匠文化体系所营造的氛围又有力地促进了三者的健康发展。也就是说，中华工匠文化体系与"工匠精神""技术体系""百工制度"三者的关系，是密不可分而互动生成的关系。

作为历史范畴，中华工匠文化体系建构是一个发展的历程。历史上主要有三种典型的历史建构范式，我们称之为《考工记》范式、《营造法式》范式和《天工开物》范式。这三种范式各具特色，具有一定历史性或代表性。《考工记》范式，主要是指国家管理者层面从整体社会结构组织来规范或建构工匠文化体系，突出工匠文化的社会职能、行业结构、考核制度、评价体系等核心要素系统。为中华工匠文化体系创构期的重要范本，也是后世中华工匠文化体系建构的关键性文本或理论模式。《营造法式》范式，主要是指国家管理层面从具体工匠系统即"营造工匠"系统组织结构来规范或建构工匠文化体系，强调工匠文化的行业职能、制度体系、经济体系、管理体系、评价体系、审美体系以及营造设计理论体系等核心价值系统。为中华工匠文化体系成熟期的重要范本，也为后世进一步完善中华工匠文化体系建构提供重要理论文本。《天工开物》范式，是一个纯学者从学术体系建构方面探讨和研究工匠文化体系建构问题的，突出强调了传统农业社会典型生活图景——男耕女织生活世界展开工匠文化体系的建构，以"贵五谷而贱金玉"为指导思想对工匠制度文化、民俗文化、伦理文化、技术文化、评价体系等展开系统思考与提升，为中华工匠文化体系转型期的重要范本，也是传统工匠文化体系走向总结的重要方向或指向。

中华工匠文化体系的知识谱系定位大致如下：中华工匠文化体系属于中华工匠体系（文化、心理生理等）的重要组成部分，中华工匠体系属于中华设计造物体系（人的因素部分，此外还有"物""器""事"等重要部分）的重要组成部分，中华设计造物体系属于中华文化体系（造物、精神、治理等）的重要组成部分，中华文化体系又是整个中华体系的重要组成部分。因此，中华工匠文化体系研究应该属于一个基础性的理论建设工程。同时，因其属于历史研究，所以与"非遗"问题有本质性差别，本章虽有涉猎或延伸至"非遗"问题，可能也会有专题讨论，但不是本章的主题或中心。

当然，中华工匠文化体系建构研究是一项十分艰巨而意义重大的、跨学科融合的庞大系统工程。时代呼唤工匠精神，当代学者理应肩负起这一历史使命，不负众望，努力做好做强中国的事！

二、"中华工匠文化体系及其传承创新研究"的缘起

关于本选题缘起，至少有四个方面：第一，受到李约瑟研究[①]的启示；第二，学术研究现状的促使；第三，当下"非遗"问题的反思；第四，学者的特殊使命。

---

① 关于李约瑟与齐尔塞尔论题问题，另文撰写。

　　第一，受到李约瑟研究的启示：李约瑟是中国科技史的研究大家，虽然其研究有其自身的内在逻辑，没有专门考察"中华工匠文化"问题，但其《中国科学技术史》的卓越历史成就对我们系统考察中华工匠文化体系具有极大的启发作用。比如，李约瑟在《中国科学技术史》①中设专节（引论部分）讨论了"工程师"（匠）问题，包括"工程师的名称和概念""封建官僚社会的工匠与工程师""工匠界的传说"以及"工具与材料"等。在这些问题讨论中，李约瑟有很多对"工匠文化"的思考。（1）关于中华"工匠"的时代背景，李约瑟采用了芒福德的技术史分类，即新技术——电、原子能、合金和塑料为特征；旧时代——煤、铁为特征；古技术——木、竹和水为特征（以中国为代表）。认为中华工匠文化属于"古技术"时代。（2）关于"工匠"文化史编写的意义，李约瑟认为："编写一本详尽的专题论文，从头到尾地叙述中国的工场、皇家工场和官方工场的历史，是最迫切的汉学任务之一。"（第14页）还特别指出了当代历史研究只重物而忽略人的弊端。他说："唐代历史只叙述产品，而不叙述所用的技术。"（第18页）技术，实际上依据人而存在的，尤其是古技术时代。（3）关于"工匠"的身份问题，李约瑟考察了大量中国古文献，指出："到目前为止，本书所谈的技术工作者都是'自由'平民。一个轮匠或漆匠是一个'家庭清白的''庶人'或'自由民'；或是一个'良人'，字义上是'好人'。他属于平民（小民）阶层，对于古代的哲学家来说，这些人必定是'小人'（卑贱的人），以与'君子'（高尚的半贵族的博学公职人员）区别开来。既然他有姓，他便是'百姓'（'古老的百家'）之一，并属于'编民'（登记过的人民）。"（第19页）这里，李约瑟发现并提出中华传统"工匠"的身份问题，并作了简要阐述，认为"工匠"不能简单地归于"奴隶"的范畴，而应该属于"自由民""良人"的范畴。"工匠"属于"民"的范畴，自然就与"君子"形成对照，被传统哲学家们划定

---

① 李约瑟：《中国科学技术史》第四卷第二分册《机械工程》，科学出版社1999年版。以下引文皆出自该书，只随文注明页码。

为"贱民""小人"之列。即使如此，工匠也不是社会最底层的人群。作为工匠共同体也有一个统一的身份或姓，是"百姓"之一，并且编入户籍——匠籍，有了自己的行业结构系统。(4)关于"工匠"的社会作用，李约瑟突破一般历史学家的观念，发掘出了"工匠"所具有的社会历史作用（不只是用自身的技术造物）。他说："关于工匠在政治史上所起的作用，几乎全部还需要有人去写出来。"（第20页）并将王小波和李顺领导的993—995年间的四川起义作为例证加以简要说明。当然，目前这方面的研究还未真正开始，因此他呼吁，"阐明发明家、工程师和有科学创造能力的人在他们那个时代的社会中的地位，这本身就是一种专门的研究，我们现在还不能系统地进行，部分地因为它在某种意义上是次要的，首要任务是证明他们的身份和他们实际上做了什么"。（第25页）而这应该对我们有很好的启示。(5)关于"工匠"的分类研究问题，李约瑟作了较为系统的研究并得出较为合理的结论。他说："我们把发明家和工程师的生活历史分为五类：a.高级官员，即有着成功的和丰富成果的经历的学者；b.平民；c.半奴隶集团的成员；d.被奴役的人；e.相当重要的小官吏，就是在官僚队伍里未能爬上去的学者。"（第25页）他认为，第一类，高级官员，主要有张衡、郭守敬等；第二类，平民，如毕昇；第三类，半奴隶集团的成员，如信都芳等；第四类，被奴役的人，如耿询等。第五类，相当重要的小官吏，就是在官僚队伍里未能爬上去的学者，数量最多的一类，如李诫等。

如上所示，就足以让我们作出很多关于中华工匠文化问题的系统深入研究成果，启示重大。

第二，当代学术研究现状的促使：如上李约瑟所示，中华工匠理应成为中华文化研究的主体部分或重要部分，然而一直以来，中国学术史，包括哲学史、思想史、文化史、美学史、艺术史等工匠共同体，只是背景、配角，没有走向历史前台，即使是技术史、工程史、工艺美术史等也只是大量篇幅呈现"器物"、考察"器物"方面的问题（当然，器物是人造的，也可以借此考察造物者——工匠，但这是间接的不是直接的），人的问题基本缺席。

即使谈"人"的因素，也更多只是从接受者（消费者、欣赏者）的角度去讨论其审美价值、经济价值、文化价值等，往往忽略器物创造者自身的历史文化价值。诚如笔者在国家社科重大课题申报书的"首席专家情况"中所言，"中华工匠文化体系及其传承创新研究"不仅具有设计学价值，而且具有更大的文化史价值和世界观价值。就文化史价值而言，"工匠"作为"造物主"特性的人类生活世界的创造者，理应具有极其崇高的历史地位（百工之事，皆圣人之作也）。然而，直到现在，我们的文化史（包括艺术史、科技史等）并未使"工匠"获得其本该具有的真正价值。李约瑟在讨论中华工匠问题时，曾说："唐代历史只叙述产品，而不叙述所用的技术。"（第18页）比如艺术史，真正意义上的艺术史应该是"艺术"产生之后的事，也就是"纯艺术"之后才有的事。而此前的"艺术史"，应该是"工匠史"或"设计史"。尽管"工匠""设计"本身也都有某些"艺术"的成分，但绝不等同于艺术。造成这一窘境的原因固然很多，但其根本性的原因就是世界观问题。所谓世界观问题，就是人们如何看待生活中的"工匠"问题 [工匠应该是指那些凭借自身特殊技能改造世界和创造人类新世界的人群或共同体，特别是大量普普通通的"物作"者（"物作"，日本常用于指称"制造业""做东西"），是他们默默无闻地为我们生活世界实实在在增色添彩]。就"雅俗"观念而言，"工匠"属于"俗"的性质，而我们长期以来，或几千年以来，都是在追求"雅"（虽然偶尔也会关注"俗"，一般都是"雅"的需要而为）、追求"高大上"、追求奢华、追求名牌等，而不知道真正制造和创造"高大上""名牌"的人，更不知道真正要尊重这些"工匠"。我们当今为了发展经济提升产品质量等，大力提倡"工匠精神"，有一定的合理性，是时代的呼唤，但还应该进一步深入探讨"工匠精神"背后的生态环境——工匠文化（工匠文化体系）问题。当然，这样一来，这个话题可能更沉重了，而且极具现实性（在此，不展开讨论）。实际上，如果工匠文化氛围的缺失或缺少，那么工匠精神是不可能获得真正的普及和深入人心的。也就是说工匠文化是工匠精神确立的基础和生长的生态环境。在理论层面加强工匠文化的研究，为中国当代社会实践活动服务，已显得十分重要。

第三，当前"非遗"问题的反思：随着高科技的发展，人类生产力的大幅提升，工业化文明程度越来越高，人类已进入"地球村"的"互联网"数字化、全球化时代，传统民族文化如何有效保护与发展，成为当今世界文化发展的一大世界性主题。联合国教科文组织先后发布了《保护非物质遗产公约》和《保护世界文化和自然遗产公约》，大力推动了世界各民族传统文化（包括"非遗"）的保护、传承与发展。以联合国教科文组织为首组建了世界各国非物质文化遗产（简称"非遗"）保护组织。为了适应世界潮流，有效保护中华传统非物质文化遗产和民族文化，中国政府采取了相关措施大力推进这一事业发展，并颁布了《中华人民共和国非物质文化遗产法》等。

关于"非遗"的含义，主要有两种解释：（1）根据联合国教科文组织《保护非物质文化遗产公约》定义：非物质文化遗产（intangible cultural heritage）指被各群体、团体、有时为个人视为其文化遗产的各种实践、表演、表现形式、知识体系和技能及其有关的工具、实物、工艺品和文化场所。各个群体和团体随着其所处环境、与自然界的相互关系和历史条件的变化不断使这种代代相传的非物质文化遗产得到创新，同时使他们自己具有一种认同感和历史感，从而促进文化多样性和激发人类的创造力。（2）根据《中华人民共和国非物质文化遗产法》规定：非物质文化遗产是指各族人民世代相传并视为其文化遗产组成部分的各种传统文化表现形式，以及与传统文化表现形式相关的实物和场所。包括：a.传统口头文学以及作为其载体的语言；b.传统美术、书法、音乐、舞蹈、戏剧、曲艺和杂技；c.传统技艺、医药和历法；d.传统礼仪、节庆等民俗；e.传统体育和游艺；f.其他非物质文化遗产。属于非物质文化遗产组成部分的实物和场所，凡属文物的，适用《中华人民共和国文物保护法》的有关规定。由此可见，"非遗"保护的核心应该是对"工匠"的保护。

为了促进中国的非物质文化遗产保护工作规范化，国务院发布了《关于加强文化遗产保护的通知》，并制定"国家＋省＋市＋县"共4级保护体系，要求各地方和各有关部门贯彻"保护为主、抢救第一、合理利用、传承发展"的工作方针，切实做好非物质文化遗产的保护、管理和合理利用工作。先后展开世界非遗保护名录和国家各级非遗保护名录的申报工作与保护传承措施。例如，近期由文化部、教育部等机构牵头组织和部署实施"中国非物质文化遗产传承人群研修研习培训计划"，在全国蓬勃展开，风生水起，并将这一计划纳入常规化发展行列。

然而，也逐渐暴露出一些问题，比如，传承人的确定问题，虽然有很多限定或规范性条文，但在具体实施的过程中，可能出现一些偏差（当然这是难免的）。而且传承人群研修、研习、培训，如何实质性落实与展开，这些都是有待研讨的。更重要的是，"非遗"是一项十分庞大而艰巨的系统工程，目前对"非遗"问题的探讨，大多还停留于基本概念和简单的操作层面（包括手工艺人口述史、工艺美术大师全集等成果），还没有出现深入系统探讨的学术成果。

这些问题展开的前提，是应该加大对中华工匠文化体系的深入系统研究。

第四，当代中国学者的历史使命思考：自鲁班以来，中国素有工匠大国之称，面对高科技发展、生存方式的变迁，中国传统工匠文化体系及其工匠精神，以及中国工匠文化如何保存、如何发展、如何更有效地提升人类生存品质，促进人类的更健康、更生态、更文明、更和谐的发展与进步，等等，都有待于我们深入系统地展开研究。这是本课题研究的核心宗旨所在。

我始终认为，任何时代的大学者都必然要思考人类、民族、文化及其未来发展的重大理论问题。古今中外概莫能外，中国的孔子、老子、墨子、朱熹、王阳明等，西方柏拉图、耶稣、康德、黑格尔、马克思、杜威等皆是如此。是他们，为人类的发展、人类的文明作出了历史贡献。在中华民族伟大复兴的时代，作为学者，应该有所担当，为人类、民族、国家的发展作出自己的努力。

依据个人的学术体会，我始终关注中华当代体系（我对"中国梦"的一种用语）建构问题。结合本专业教学和研究，大力倡导和系统深入探索中国当代设计理论体系建构问题。依据目前的考察，中国当代设计理论体系建构的基本路径有三个：中华传统设计理论体系（考工学体系）、国外设计优秀理论资源和当代设计实践基础上生成的理论系统。对于具有五千年文明的中国，中华传统设计理论体系显得尤为重要和亲切。为此，这些年来一直围绕中华传统设计理论体系经典论著的研读与创新建构，获得了一批成果，受到学界关注，并对中华设计理论体系的内部结构逐渐有了清晰的认识，其中，从"考工学"（很宽泛的大概念）逐渐聚焦到"造物美学"（但还是很宽泛）再到"工匠文化体系"（更明确，也更具中华意蕴、中华民族精神），显示出对中华传统设计理论体系——考工学体系有了更进一步的认识和明晰化。应该说这是我研究中华工匠文化体系的基本路径。没有中国当代设计理论体系的建构研究，就不可能有对中华工匠文化体系的系统思考与研究，互动生成的关系是密不可分的。

上述四点，坚定了我提出本选题，并加以深入系统研究工匠文化这一新领域的决心和信念。

第三章 "工匠"问题研究的学术史考察

就目前考察来看，就 1949 年以来的学术研究状况而言，大致有如下几个方面特征。1949—1976 年社会主义改造，大多以经济学、科学研究为主，主要考虑手工业者如何成为大工业时代的工人问题，对"工匠"的大部分考察移植到了"工艺美术"的创汇领域。其中 1956—1976 年基本处于停滞状况。

1977 年至今，"工匠"问题研究才逐渐展开，并呈现出多学科多领域交叉融合的研究态势。随着 1978 年被誉为"科学的春天"的"科学大会"的召开，科学研究各领域逐步走向正轨。"工匠"问题的研究，也开始在经济学、技术学、艺术学等领域逐步展开，并出现了大量标志性成果。特别是进入 21 世纪，"工匠"问题越来越受到关注，研究成果也逐年增加，特别是 2015 年、2016 年有极大幅度增加。2016 年 3 月 5 日，随着李克强总理在《政府工作报告》提倡"工匠精神"，更是推波助澜，一夜之间，"工匠""工匠精神"等热词，红遍大江南北，成为历史发展的必然。同时，"工匠"问题的研究与探索也逐渐成为学界的重要研究课题。各行各业、各学科都在大谈特谈"工匠精神"，都在依据自身的学科背景，从不同的路径对工匠文化展开思考与研究。

在此，本章重点梳理和探讨一下 20 世纪以来"中华工匠文化"问题研究的学术路径。

第一，经济学研究路径。

从经济学视角研究"工匠"问题，主要有两种情况：一是作为讨论经济问题的附属性问题被提及；二是专门探讨"工匠"相关的经济问题，如考察工匠行业的经济问题。

第一类比较有代表性的文献即为《资本论》、两套《中国经济通史》① 等。其中，马克思在《资本论》中讨论手工业与机器大生产时，在一个重要注释中谈及"工艺史"（工匠文化史）问题。他说：

> 在他以前，最早大概在意大利，就已经有人使用机器纺纱了，虽然当时的机器还很不完善。如果有一部考证性的工艺史，就会证明，18世纪的任何发明，很少是属于个人的。可是直到现在还没有这样的著作。达尔文注意到自然工艺史，即注意到在动植物的生活中作为生产工具的动植物器官是怎样形成的。社会人的生产器官的形成史，即每一个特殊社会组织的物质基础的形成史，难道不值得同样注意吗？而且，这样一部历史不是更容易写出来吗？因为，如维科所说的那样，人类史同自然史的区别在于，人类史是我们自己创造的，而自然史不是我们自己创造的。工艺学揭示出人对自然的能动关系，人的生活的直接生产过程，从而人的社会生活关系和由此产生的精神观念的直接生产过程。甚至所有抽象掉这个物质基础的宗教史，都是非批判的。事实上，通过分析找出宗教幻象的世俗核心，比反过来从当时的现实生活关系中引出它的天国形式要容易得多。后面这种方法是唯一的唯物主义的方法，因而也是唯一科学的方法。那种排除历史过程的、抽象的自然科学的唯物主义的缺点，每当它的代表越出自己的专业范围时，就在他们的抽象的和意识形态的观念中显露出来。②

马克思在考察手工业与大机器生产的过程中注意到了"工艺史"的缺失，也就是工匠文化史的缺失。他认为"工艺史"实际上是人类创造发展史，

---

① 两部同名《中国经济通史》，经济日报出版社 2000 年版，第 9 卷第 16 册；湖南人民出版社 2002 年版，第 10 卷第 12 册。

② 马克思：《资本论》第 1 卷，人民出版社 2004 年版，第 428—429 页注释 89。

它内涵了人对自然的改造，人类的生产过程，以及基于此产生的精神、文化等，对它展开研究既是容易的也是必要的。首先，它是与人类自身相关，是由人类自身创造的，相对于纯粹的自然对象而言，对其的研究显然更加容易；其次，它包含了人类生存、发展的方方面面，既有物质的，也有精神的，对于了解人类自身并更好地发展而言，它是极其必要和重要的。这段话事实上提示了"工匠"问题的两个方面：一是工匠文化史的内涵。二是，工匠文化史研究的重要性。当然，作为马克思考察经济问题的附属问题，"工匠"问题的讨论未能展开，但是我们应看到，"工匠"问题具有极大的研究价值。

第二类论著，即从经济学路径，探索中华工匠问题，比较有代表性的著作主要有：童书业《中国手工业商业发展史》①、陈振中《先秦手工业史》②、魏明孔主编的《中国手工业经济通史》③、李伯重《江南的早期工业化》④ 等。

由于中国古代手工业与商业的密切关系，使得"工"与"商"常常被放在一起讨论，也就是工匠相关的专题经济问题，具体表现为手工业经济研究。工匠作为手工业主体，其使用的工具、技术，其身份地位问题，管理体制等众多问题都被纳入考察范围。

其中魏明孔主编的《中国手工业经济通史》共有四卷本，对古代手工业及其主体展开了历时性考察，论述了从先秦两汉到明清时期，我国手工业经济的发展状况，其中对手工业劳动者（即工匠）的描述相当详细，从中可以了解到不同时期，不同类型工匠的身份地位、经济待遇以及生活状

---

① 童书业：《中国手工业商业发展史》，中华书局 2005 年版。

② 陈振中：《先秦手工业史》，福建人民出版社 2008 年版。

③ 魏明孔主编：《中国手工业经济通史》（4 卷本），福建人民出版社 2005 年版。各卷如下：蔡锋著《中国手工业经济通史·先秦秦汉卷》；魏明孔著《中国手工业经济通史·魏晋南朝隋唐五代卷》；胡小鹏著《中国手工业经济通史·宋元卷》；李绍强著《中国手工业经济通史·明清卷》。

④ 李伯重：《江南的早期工业化》（1550—1850），社会科学文献出版社 2000 年版、中国人民大学出版社 2010 年修订版。

况。从手工业经济入手展现了古代工匠的生活境遇。此四卷本既线性梳理
了不同朝代手工业经济发展状况、手工业劳动的生产生活境遇，也对每一
时期进行了总结思考，是我们了解古代工匠生产、生活等各方面的宝贵
资料。

当然，从经济史角度，最集中探讨工匠问题的当属余同元的《传统工匠
现代转型研究》①。该论著被称作江南地区技术经济的开辟创新之作。文章首
先分析了中国传统工匠的概念以及传统工匠的制度沿革，并介绍了现代转型
的意义等问题。在此基础上分别从工匠技术转型和角色转换两个方面论述传
统工匠的现代转型问题。首先是工匠的技术转型，作者认为技术转型主要体
现在技术科学化和科学技术化的互动过程中，其典型标志就是工匠技术的文
本化和学科化。所以说，对工匠的技术转型的研究实际上是技术理论化的研
究，而明清时期江南地区工匠传统与学者传统的结合，恰恰在很大程度上促
成了技术的理论化和科学的实践化，这也是使得传统工业向现代工业化过渡
成为可能。其次是工匠的角色转换，也就是人力资源转型与配置的问题，作
者借助人力资源开发相关理论论述了传统工匠角色转换的过程以及方法途
径。这种转换途径主要包括：工匠因技术入仕围官；工匠与学者结合形成技
术专家群体；西方技术和生产机器的引起，促成了现代意义上的工程技术人
才队伍和企业家队伍。②最终这种转换带来的结果就是"现代技术工人和工
业科技专家队伍的形成"，这也是工业化社会形成的重要标志。这是一部集
中探讨工匠转型问题的著作，为研究传统向现代过渡阶段工匠问题提供了研
究范本，且著作中总结汇编了工匠名录、工匠相关书籍等对工匠问题的研究
具有重要的学术价值。

第二，技术学研究路径。

工匠作为古代技术工作的直接从事者，其生产过程与技术问题息息相

---

① 余同元：《传统工匠现代转型研究》，天津古籍出版社 2012 年版。
② 参见吴建华、何伟：《开辟技术经济史研究新领域——评余同元〈传统工匠现代转型研究〉》，
《中国社会经济史研究》2014 年第 3 期。

关。从技术路径研究工匠问题，最直接体现在对制造工具、使用工具、材料技术、制作工艺等方面的考察与研究。

从技术学视角研究中华工匠的著述较多，最具代表性的有三大书系。（1）李约瑟耗费近50年心血撰著的《中国科学技术史》①（七卷，共计34册）。该书通过丰富的史料、深入的分析及其全球视野的比较研究，全面、系统地阐述了中国古代科学技术的辉煌成就及其对世界文明的伟大贡献，内容涉及哲学、历史、科学思想、数、理、化、天、地、生、农、医及工程技术等诸多领域，具有极高的学术价值。从1954年出版第一卷开始，就在中西方引起了轰动，成为一座丰碑，对于中国和世界科学技术史（包括工匠文化史）研究与写作都具有重大的理论指导意义和历史实践价值。如辛格主编的《技术史》②（七卷本）就是受李约瑟的影响。（2）卢嘉锡总主编的《中国科学技术

---

① 《中国科学技术史》凡七卷共34分册。卷册与内容如下：第1卷 导论；第2卷 科学思想史；第3卷 数学、天学和地学；第4卷第一分册 物理学、第4卷第二分册 机械工程、第4卷第三分册 土木工程与航海技术；第5卷第一分册 纸和印刷、第5卷第二分册 炼丹术的发现与发明：点金术和长生术、第5卷第三分册 炼丹术的发现与发明：从长生不老药到合成胰岛素的历史考察、第5卷第四分册 炼丹术的发现与发明（续）：器具、理论和中外比较、第5卷第五分册 炼丹术的发现与发明(续)：内丹、第5卷第六分册 军事技术：抛射武器和攻守城技术、第5卷第七分册 火药的史诗、第5卷第八分册 军事技术：射击武器和骑兵、第5卷第九分册 纺织技术：纺纱、第5卷第十分册 纺织技术：织布和织机、第5卷第十一分册 有色金属冶炼术、第5卷第十二分册 陶瓷技术、第5卷第十三分册 采矿、第5卷第十四分册 盐业、墨、漆、颜料、染料和胶粘剂；第6卷第一分册 植物学、第6卷第二分册 农业、第6卷第三分册 农产品加工和林业、第6卷第四分册 园艺和植物技术（植物学续编）、第6卷第五分册 发酵与食品科学、第6卷第六分册 医学；第7卷第一分册 传统中国的语言与逻辑、第7卷第二分册 总的结论和思考、第7卷第三分册 经济结构、第7卷第四分册 政治制度与思想体系。中文译本自1990年以来陆续在科学出版社出版（尚未出齐）。
② [美]辛格主编的《技术史》（七卷本）英文原版由牛津大学出版社1954年陆续出版，历时30年，被英美媒体冠以"权威""宏伟""全面""专业""超群"这样的字眼，是目前世界上最具权威性、篇幅最大、资料最全的世界技术与社会发展通史。中译本由上海科学教育出版社2004年出版。第Ⅰ卷（远古至古代帝国衰落）；第Ⅱ卷（地中海文明与中世纪）；第Ⅲ卷（文艺复兴至工业革命）；第Ⅳ卷（工业革命）；第Ⅴ卷（19世纪下半叶）；第Ⅵ卷（20世纪上部）；第Ⅶ卷（20世纪下部）。

史》①是中国科学技术史界近 60 多年来仅见的一部系统、完整的大型著作，集全国知名科学技术史家近百人历经 20 年毕其功业的"大书"。这也是目前系统了解我国传统科学技术发展史的一部权威性著作。（3）路甬祥总主编的《中国古代工程技术史大系》②是中国古代工程技术史研究的一座里程碑式巨著。于 1995 年开始筹划，计划出版 20 卷，目前已经出版 10 大卷。整套著作分门别类梳理了中国古代的工程技术发展历程。是我们了解古代专题技术的重要文献。还有陆敬严的《中国古代机械文明史》③等论著。

具体来看，李约瑟的《中国科学技术史》主要围绕"近代科学为什么没有诞生在中国"之"李约瑟难题"展开了对中国科学技术的探索之路。李约瑟在其著作中十分关心工匠群体，甚至认为撰写一部专门的著作来描述这个群体也不为过，他在著作中列举了许多中国历史上的能工巧匠，如墨子、公

---

① 卢嘉锡总主编：《中国科学技术史》，科学出版社 1998 年陆续出版，共计 27 卷。它们是：杜石然主编《通史卷》，席泽宗主编《科学思想卷》，金秋鹏主编《人物卷》，郭书春主编《数学卷》，戴念祖主编《物理学卷》，赵匡华、周嘉华著《化学卷》，陈美东著《天文学卷》，唐锡仁、杨文衡主编《地学卷》，罗桂环、汪子春主编《生物学卷》，董恺忱、范楚玉主编《农学卷》，廖育群、傅芳、郑金生著《医学卷》，周魁一著《水利卷》，陆敬严、华觉明主编《机械卷》，傅熹年著《建筑卷》，唐寰澄著《桥梁卷》，韩汝玢、柯俊主编《矿冶卷》，赵承泽主编《纺织卷》，李家治主编《陶瓷卷》，潘吉星著《造纸与印刷卷》，席龙飞、杨熺、唐锡仁主编《交通卷》，王兆春著《军事技术卷》，丘光明、邱隆、杨平著《度量衡卷》，郭书春、李家明主编《辞典卷》，金秋鹏主编《图录卷》，艾素珍、宋正海主编《年表卷》，姜丽蓉主编《论著索引卷》以及汪前进、王扬宗、韩琦主撰《中外科技交流卷》等。初始计划的 30 卷本中，鉴于某种不可抗拒的原因和其他因素，原计划中的《典籍概要》2 卷、《教育、机构和管理》1 卷不得不放弃撰稿。最后完成的这部《大书》是 27 卷本。

② 路甬祥总主编：《中国古代工程技术史大系》，山西教育出版社 2010 年版，已出版的有：《中国古代手工业工程技术史（上、下）》（何堂坤）、《中国古代印刷工程技术史》（方晓阳、韩琦）、《中国古代日用化学工程技术史》（后德俊）、《中国古代灌溉工程技术史》（张芳）、《中国古代军事工程技术史（上古至五代卷）》（钟少异）、《中国古代军事工程技术史（宋元明清卷）》（钟少异）、《中国古代金属冶炼和加工工程技术史》（何堂坤）、《中国古代造纸工程技术史》（王菊华）、《中国古代金属矿和煤矿开采工程技术史》（李进尧、吴晓煜、卢本珊）、《中国古代井盐及油气钻采工程技术史》（刘德林、周志征、刘瑛）、《中国古代制瓷工程技术史》（熊寥）等。

③ 陆敬严：《中国古代机械文明史》，同济大学出版社 2012 年版。

输般等；也谈到了许多工匠的试验对近代科学的影响，如墨子制作的"木鸢"，李约瑟认为可能是近代飞机翼和螺旋桨的早期尝试；李约瑟还对工匠的身份阶级问题等做了一般性考察，认为大部分民间工匠属于"良民"；此外，李约瑟还尤其关注工匠的社会作用，还谈到了被历史所忽视的政治作用等。李约瑟在考察中国古代科学技术发展过程中，认识到工匠群体对中国古代技术发展的重大意义与作用，因此，也格外关心这一群体的历史状况。尽管著作中对工匠群体的考察相对薄弱，但对工匠问题的研究具有重大的启发意义。

卢嘉锡总主编的《中国科学技术史》则系统梳理了中国古代重要的科技成就、科技器物、科技典籍、科技事件、科技人物等。其中囊括了丰富的工匠材料，包括工匠的技术成就、技术事件以及重要的工匠代表等。如其中论述到的《墨经》《考工记》《齐民要术》等都是我们了解古代工匠问题的重要典籍；提到的越王剑、青铜器、瓷器等都是出自工匠之手的时代精品……这部《中国科学技术史》给我们呈现了古代科学技术发展的详尽面貌，其中工匠材料俯拾皆是，特别是《人物卷》研究了大量工匠问题，是研究工匠文化问题的重要资料。

路甬祥总主编的《中国古代工程技术史大系》以史为主，以史带论，融学术性、资料性为一体，具有较高的学术价值和史料价值。这套书系则主要以不同门类分述，主要涉及诸如陶瓷、采矿、冶炼、建筑等具体门类的技术发展。如其中的《中国古代工程技术史大系：中国古代制瓷工程技术史》就详细介绍了古代制瓷过程中地各道工序及其技术，包括原料选择及其加工技术、成型技术、烧造技术、器表装饰技术等，微观上，把握制瓷过程中不同技术和工序。另外，论著还从历史的角度分期论述了制瓷技术的发展与成熟，宏观上把握制瓷技术的演变。是研究我国古代手工业技术的重要论著，有着极高的参考价值。

第三，建筑学研究路径。

从建筑学视角研究工匠问题，主要聚焦于对营造工匠及其营造技术等的考察，是了解具体行业及其主体（工匠）的主要资料。

这方面的资料也较多，比较有代表性的是"中国营造学社"的相关研究及其成果。20世纪初，以朱启钤为首的"中国营造学社"展开了对中华营造学及其营造工匠的系统探讨与研究，产生大批研究成果，影响深远，后来还出现了《哲匠录》①《中国古代营造类工官》② 专门研究营造工匠的专著以及《中国古代建筑史（5卷本）》③《中国古代建筑技术史》④《中国传统建筑形制与工艺》⑤ 等。

以朱启钤先生为首的营造学社，从创立之初就十分重视工匠问题，认为"匠作传统"是研究古建筑的核心和主要切入点，朱启钤先生多次提到"'匠作传统'以及'沟通儒匠'的特殊价值，并力倡'以匠为师，沟通儒匠'，创建沟通'匠作传统'与'文献传统'之津梁"⑥。在古文献的整理编辑过程中，尤其重视对工匠群体的采访考察，根据所获得的一手资料对古文献中的纰漏进行订正等。在此基础上，"中国营造学社"整理了一批古建筑相关文献，如宋《营造法式》、清《工部工程做法则例》等，也发表了大量古建筑相关的论文，如《大木小式做法》《大木杂事做法》《瓦作做法》《石作分法》《庑殿歇山斗科大木大式做法》等。这些成果不仅是了解我国古代建筑的宝贵资料，也是了解古代营造技术、营造匠人的丰富材料。

此外，还出版了专门介绍历史上著名匠人的《哲匠录》。这本著作不仅收录、论述了大量营造类工匠，还包括"肇自唐虞，迄于近代"⑦ 的各类工

---

① 杨永生编撰：《哲匠录》，中国建筑工业出版社2005年版。

② 张映莹等：《中国古代营造类工官》，文物出版社2011年版。

③ 《中国古代建筑史》（五卷本），中国建筑工业出版社出版2003年版。包括：《中国古代建筑史——原始社会、夏、商、周、秦、汉建筑》（第1卷），刘叙杰编著；《中国古代建筑史——三国、两晋、南北朝、隋唐五代建筑》（第2卷），傅熹年编著；《中国古代建筑史——宋、辽、金、西夏建筑》（第3卷），郭黛姮编著；《中国古代建筑史——元明建筑》（第4卷），潘谷西编著；《中国古代建筑史——清代建筑》（第5卷），孙大章编著。

④ 中国科学院自然科学史研究所编撰：《中国古代建筑技术史》，科学出版社1985年版。

⑤ 李浈：《中国传统建筑形制与工艺》，同济大学出版社2010年版。

⑥ 温玉清、王其亨：《中国营造学社学术成就与历史贡献述评》，《建筑创作》2007年第6期。

⑦ 杨永生编：《哲匠录》，中国建筑工业出版社2005年版，"编者的话"第1页。

匠，有煅冶、陶瓷、髹饰、雕塑等各方面的能工巧匠。是了解古代各行业匠人生产生活情况的重要材料。

而五卷本的《中国古代建筑史》则是最为系统、全面介绍中国古代建筑及其营造技术的大型专著。该书系在历史文献、考古资料的二重证据下，应用现代科学方法对传统建筑进行梳理。融建筑史学与建筑技术研究于一体，并对部分重要建筑进行了复原工作，使人们更加直观地了解古代建筑的形式、结构、技术等。是我们研究古代营造技术和营造工匠智慧的珍贵资料。

第四，艺术学研究路径。

从艺术学路径研究工匠问题主要涵盖在工艺史、美术史、设计史的研究范围之内。代表性文献有《中国传统工艺全集》①丛书（共 20 卷 20 册）、《中国设计全集》②（20 卷）、《中国美术全集》"工艺美术"部分，以及诸多《中国手工艺》《中国工艺美术史》（以田自秉的著作为代表）和《中国设计史》教材等。

具体来看，由中国科学院自然科学史研究所和大象出版社共同推出的《中国传统工艺全集》，共计 20 卷 20 册，于 2016 年全部出版完毕，是迄今为止较为详尽的中国工艺发展史，经过 20 余年对传统工艺的考察研究编撰而成，涵盖传统工艺十四大类，记载了近 600 余种手工艺。考察了不同手工艺的发展、呈现以及具体的技术问题和代表性的手工匠人，特别是《历代工艺名家》收录了大量历代工匠，是了解中国古代丰富物质文化和聪慧的手艺匠人的重要资料。

集结众多国内科研院所之力完成的《中国设计全集》是第一部大型设计学研究学术专著。该书涵盖了华夏民族从新石器时期到民国时期的 8000 年

---

① 路甬祥总主编：《中国传统工艺全集》，大象出版社 2007 年版。共有 20 卷 20 册，内容包括《漆艺》《陶瓷》《金银细金工艺和景泰蓝》《造纸·印刷》《中药炮制》《金属工艺》《丝绸织染》《民间手工艺》《文物修复和辨伪》《酿造》《历代工艺名家》《传统机械调查研究》《雕塑》《甲胄复原》《农畜矿产品加工》《锻铜和银饰工艺（上、下）》《造纸（续）·制笔》《制墨·制砚》等。全书计 1200 万字、1.4 万幅图和照片。

② 《中国设计全集》（20 卷本），商务印书馆、海天出版社 2012 年版。

文明发展历史，根据中国设计史的具体特点和现代设计学的新观念，分为建筑类编（4卷）、服饰类编（4卷）、餐饮类编（3卷）、工具类编（3卷）、用具类编（3卷）、文具类编（3卷）等，囊括了中国历史上3000个经典设计案例和约18000幅图像资料，采用现代设计学研究标准，从功能、材料、工艺、造型等几大要素对传统设计进行分析，以详细的分析图配文字解说，以便更直观了解古代设计的精妙之处，是从设计学视角解读工匠问题的重要代表。

上述成果均有部分涉及工匠问题，有一定的价值。而真正从艺术角度研究工匠问题的专著，当属英国爱德华·露西—史密斯的《工艺史——工匠在社会中的作用》（the Story of Craft: the Craftsman's Role in Society）。该书介绍了从远古时代一直到20世纪70年代期间的手工艺发展的历史变化，其中突出社会对工匠及其劳动看法的变化，以及手工艺风格与观念的变化，从艺术的角度论述了工匠的地位与作用。事实上这一变化也暗含了技术与艺术关系的变化。应该说该书的难能可贵之处在于打破传统手工艺类书籍"重物轻人"的状况，将重点放在"人"（工匠）而不是"物"（手工艺品），阐述了工匠在整个社会发展中的重要作用及地位。此外，该书有一条清晰的行文逻辑，即探讨了制作与设计为一体的手工艺人如何发展成设计与制作分离，设计成为独立的职业，为区别当代设计师与传统工匠提供了合理的解释。同时也有利于人们更加了解工匠的工作及其历史地位和作用。

第五，文化学研究路径。

随着物质文化研究的兴起，从文化学角度探索工匠文化问题也逐渐增多，例如《沈从文全集》①有五卷本（28—32卷）探讨中华工匠文化问题。

---

① 张兆和编：《沈从文全集·物质文化史》（第28—32卷），北岳文艺出版社2009年版。《物质文化史》五卷内容如下：第28卷，中国玉工艺研究、中国陶瓷史、中国陶瓷研究、漆器及螺钿工艺研究、狮子艺术、陈列设计与展出；第29卷，唐宋铜镜、镜子史话、扇子应用进展、文物研究资料草目；第30卷，中国丝绸图案、织绣染缬与服饰、《红楼梦》衣物及当时种种、说"熊经"、文物谈小录；第31卷，龙凤艺术新编、马字艺术和装备、文史研究必须结合文物；第32卷，中国古代服饰研究。

还有孙机的《中国古代物质文化》《汉代物质文化资料图说》《中国古舆服论丛》①等。

《沈从文全集》中卷28—32集中探讨了中华物质文化发展史，撷取了不同时代重要的造物门类，包括玉器、陶瓷器、漆器、织绣、服饰、装饰图案、建筑和室内陈设以及各种生活器具，如铜镜、扇子、梳篦等，介绍了其制作、生产技术等的发展演变技艺使用场景与社会作用等，是窥探古代物质社会的重要窗口，也是从文化学视角了解工匠制作工艺等问题的重要载体。

孙机先生的《中国古代物质文化》展现了古人衣食住行、生产生活的生动场景。全书记载了包括衣（纺织与服饰）、食（农业、膳食、酒、茶、糖、烟）、住（建筑与家具）、行（交通工具）、用（文具、印刷、乐器、漆器、玉器、瓷器）以及武备及其科学技术等各个方面，涵盖了古人生活的方方面面。难能可贵的是文中配有作者亲自绘制的线图以帮助读者更直观地了解文本。该书从物质文化的视角，展现了古代匠人生产生活以及相应的技术发展状况，是了解古代工匠问题的重要资料。

第六，人类学研究路径。

一般认为，人类学作为一门学科起源于19世纪末，是一门重点研究非西方社会的文化结构和实践的学问。其主要方法在于：在具体的社会背景下进行详细的实证研究的基础上展开社会和文化的比较性研究。② 从人类学、社会学角度考察中华工匠文化问题，更能客观地以"他者"的眼光或方式展开多维度研究，特别是对女性工匠的考察。因此，目前这一领域的代表性论著也主要来源于海外汉学家，如伊沛霞（Patricia Buckley Ebrey）的《内闱》③、

---

① 孙机著《中国古代物质文化》（中华书局2014年版）、《汉代物质文化资料图说》（上海古籍出版社2012年版）、《中国古舆服论丛》（上海古籍出版社2013年版）。

② Ton Otto and Rachel Charlotte Smith：《设计人类学：一种独特的认知方式》（"Design Anthropology: A Distinct Style of Knowing"），载于《设计人类学：理论与实践》（*Design Anthropology: Theory and Practice*），Bloomsbury出版社2013年版，第2页。

③ ［美］伊沛霞：《宋代妇女的婚姻和生活：内闱》，胡志宏译，江苏人民出版社2010年版。

白馥兰（Francesca Bray）的《技术与性别》①、薛凤（Dagmar Schafer）的《工开万物》② 等。

伊沛霞的《内闱》主要关注宋代女性婚姻及其生活问题。在传统社会，女性话语权较弱，关于女性工匠问题的记载与研究更是少之又少。《内闱》一书在探讨宋代妇女婚姻与生活的同时，也为我们展现了妇女生产、劳作的场景。其中"女红"一章则专门介绍了宋时妇女的纺线织布活动，包括养蚕、缫丝、绩麻、织布、染布、整布等，是了解民间纺织事业的重要资料。《内闱》一书为我们了解宋代女性工匠的婚姻与生活情况及其生产劳作（主要指纺织）提供了丰富的资料。

白馥兰的《技术与性别》主要描述了中国封建晚期女性与技术的关系，全书以女性为核心，考察了其外围居住空间、居住空间之内的纺织生产以及生育与女性群体的密切关系。其中，纺织生产活动的考察最能体现女性工匠群体的生活情况：由于封建晚期，纺织业商品化加强，家庭纺织活动已经逐渐被削弱，这也象征着女性经济地位在某种程度上的削弱。以这种独特的视角，揭示了中国封建中晚期，女性工匠群体的生存状况。本书是了解被忽视的女性工匠群体的代表性著作。

还有钟敬民主编的《中国民俗史》③（6 卷本）、陈高华等主编的《中国风俗通史》④（13 卷）等也部分涉及"工匠"问题。而民俗与风俗史无不展现了中华工匠文化的魅力。如钟敬民主编的《中国民俗史》（6 卷本）有专节介绍手工业风俗，此外还有各种器物、建筑、交通工具等相关风俗，这些无不是研究中华工匠文化的重要内容。

第七，哲学（科学）研究路径。

这一研究路径主要始于古希腊哲学。如柏拉图在讨论三个世界时，以床

---

① ［美］白馥兰：《技术与性别》，江湄、邓京力译，江苏人民出版社 2006 年版。

② ［德］薛凤：《工开万物》，江苏人民出版社 2015 年版。

③ 钟敬民主编：《中国民俗史》（6 卷本），人民出版社 2008 年版。

④ 陈高华等主编：《中国风俗通史》（13 卷本），上海文艺出版社 2002 年陆续出版。

为例，就认为工匠的"床"世界就比"诗人"的床世界要真实，因为他是对"理念"（真理）世界的直接模仿。"工匠"的地位高于"诗人"。亚里士多德以知识的目的为依据，将所有知识分成三类：为着自身而被追求的知识是"理论（思辨）知识"（theoretike），包括数学、自然科学（第二哲学）和第一哲学（形而上学、神学）；为着行动而被追求的知识是"实践知识"（praktike），包括伦理学、政治学、家政（经济）学；为着创作和制造而被追求的知识是"创制知识"（poietike），包括诗学（艺术哲学）和其他生产性的技艺。"工匠"就属于"创制知识"范畴。

真正从哲学角度探讨工匠问题的，要数美国哲学家理查德·桑内特的《匠人》①。全书从批判哲学理论出发，深入探讨一种基本的人性冲动：纯粹为了把事情做好而好好工作的欲望。分别从"匠人""匠艺""匠艺活动"三大板块对"工匠"展开跨时空、跨学科、跨行业等文化价值及其历史意义的考察，具有强烈的历史感和现实价值。如在该书第四章物质意识中，作者就集中讨论了匠人那种投入的物质意识，详细分析了匠人活动过程中的三种不同形式的物质意识，即变形、留名、拟人。变形关涉匠人劳动过程中技术的演变与发展，是量变与质变的统一；留名不仅仅是一种个人的印记，在某种程度上还是自我指涉——"我存在"；拟人则是"将某些人性的东西灌注给没有生命的东西"，很明显这是对匠人及其所制造物品的一种高度赞扬。作者认为这种人性化的赞扬容易"催生物质意识中的二元对立：自然之性和人造之性之间的对峙"。可见，作者已经将匠人、匠人的劳动及其劳动成果的讨论置于哲学维度，十分深刻、耐人寻味。

依据上述研究路径及其相关成果可知，关于"工匠"问题的专门性研究相对较少，多依附于技术、经济、艺术、文化等问题的讨论框架之内。当然，工匠及其劳作关乎工具、技术、经济、文化、生活等各方面，其自身的多维特性也正好适应了对其研究路径的多元性。但也存在研究不平衡的问

---

① ［美］理查德·桑内特：《匠人》，上海译文出版社 2015 年版。

题，如"工匠"问题的研究多关注物而忽视"人"的问题，一部以"工匠"为主体的工匠文化史，至今还没有出现；另外，其相关研究主要集中在经济、技术领域，而其他相关领域，明显要弱，特别是哲学领域探讨中华"工匠"问题的专著，至今还没有出现。

第四章　李约瑟与中华工匠文化研究

　　李约瑟对中国科学技术史研究的贡献是不言而喻的，其著作《中国科学技术史》在一定程度上还原了中国古代科学技术的发展面貌。他提出的"李约瑟难题"——"近代科学为什么没有诞生在中国"问题更是引起大批学者的浓厚兴趣而经久不衰。由此，这在很大程度上引导学者们就中国古代科学技术所产生与发展的环境、机制以及其他重大相关问题进行系统探索。难能可贵的是，这部鸿篇巨制不仅仅关注宏观的科学技术史，也关注历史长河中为这些技术作出贡献的工匠、手艺人。李约瑟认为工匠们为中国古代科学技术的发展作出了突出的贡献。并且，李约瑟《中国科学技术史》对工匠问题的探讨对中华工匠文化体系的研究尤为重要，具体体现在：李约瑟在《中国科学技术史》第四卷第二分册中设专节（引论部分）讨论了"工程师"（匠）问题，包括"工程师的名称和概念""封建官僚社会的工匠与工程师""工匠界的传说""工具与材料"等。在这些问题讨论中，李约瑟展现了对"工匠文化"的独特思考。

一、关于中华"工匠"的时代背景

　　李约瑟借鉴芒福德《技术与文明》[①] 一书中以能源和材料为主体的技术

---

① 原文："按照能源和使用的典型材料而言，始生代技术时期是一个'水能—木材'的体系；古生代技术时期是'煤炭—钢铁体系'；新生代技术时期是'电力—合金'体系。"（刘易斯·芒福德：《技术与文明》，陈允明等译，中国建筑工业出版社 2009 年版，第 102 页）

历史分类法，将历史划分为新技术——电、原子能、合金和塑料为特征；旧时代——煤、铁为特征；古技术——木、竹和水为特征（以中国为代表）三个阶段，认为中华工匠文化属于"古技术"时代。

事实上，学界对工匠问题的研究很少有专门探讨其时代所属问题，仅在探讨某一时期工匠问题时，会简述其所处时代背景。而对某一问题的探讨是与其时代背景须臾不可分离的。"工匠"作为一种职业普遍存在也有其特定的时代背景。中华工匠首先是作为古代社会结构中"士农工商"之"工"，主要是指区别于文人学者、农民、商人的"从事器物发明、设计、创造、制造、劳动、传播、销售等领域的行业共同体"①。从这个意义上来讲，工匠是从事不同种类、不同领域手工业劳作的职业共同体，是古代社会中一种重要的职业（尽管现当代也有工匠这样的职业存在，但已然不是社会主流）。职业的产生必然有其特定的历史条件，比如，现代工人（作为一种广义的职业称呼）是在工业革命之后，机器化大生产普及的情况下才有的一种职业。所以说时代背景也是研究工匠文化不可忽视的一个重要问题。

李约瑟在讨论古代"工程师"的问题时，开篇就提出了其所属的时代问题。他认为，古代中国尽管对各种金属的应用已经达到较高的水平，"但是大部分古代大型工程仍然是由木石构成的"②，水则作为主要动力。此三者（木、石、水）是当时社会应用最多最为广泛的材料和资源。采用技术史分类法来界定工匠的时代问题，尽管只是众多分类方法中的一种，但具有其独特的优势。技术是社会不断发展的动力。古代社会的技术水平最直观的表现为工具体系，而工匠所从事的劳作是基于工具与其双手、大脑的协调。因此，工具就成为工匠活动最基本的外部条件。而以技术要素来区分工匠的时代属性，能够在纷杂的因素中把握一条重要线索，为研究不同时代甚至不同地区工匠的共同问题提供可能。如古代中国的木匠与古希腊、古罗马的砖石匠就是明

---

① 邹其昌：《论中华工匠文化体系》，《艺术探索》2016 年第 5 期。

② 李约瑟：《中国科学技术史》第四卷第二分册"机械工程"部分，科学出版社 1999 年版，第 1 页。

显实例。古代中国，木材的广泛使用以及木构房屋的兴建促使大批木匠的产生与发展；而古代西方尤其以古希腊古罗马为代表，石块、砖块为主要的营建材料，大型的公共建筑与民用建筑多采用大理石、砖块，这就使得社会上有很多相应技能的工匠，即石匠、砖匠等（当然，这种影响是相互的）。

　　一言以蔽之，关于中华工匠时代背景，李约瑟的启发来自两方面：其一，时代背景作为工匠成长、生产、生活的大环境，应该是研究工匠问题的一个重要议题，应给予足够的重视。其二，打破单一的历时性研究方法，对工匠时代背景展开多维度的共时性研究，为中华工匠文化体系的系统研究提供一条新的思路。

二、关于"工匠"文化史编写的意义

　　在考察中国古代的机械工程问题时，李约瑟发现专门介绍古代工程的书籍、文献相当少，以至于我们对皇家工厂的组织与劳动者以及他们的生产情况、对技术的掌握和控制情况等等，都不能详尽地了解。他认为："编写一本详尽的专题论文，从头到尾地叙述中国的工场、皇家工场和官方工场的历史，是最迫切的汉学任务之一。"[①]事实上，直到今天这样的专门论著也没有真正出现。这也促使我们进一步思考，为什么工程相关的书籍如此少？为什么关于工匠的专门论著如此少？李约瑟提示了相关答案：在中国古代，受传统"劳心者治人，劳力者治于人"的观念影响，"学者传统"与"工匠传统"[②]分离发展，学者主要关心形而上的哲学问题，而工匠从事的形而下的活动自然被排除在外。正如李约瑟所认为的："工匠的创作虽精巧，但常常被儒生

---

① 　李约瑟：《中国科学技术史》第四卷第二分册"机械工程"部分，科学出版社 1999 年版，第639 页。

② 　李约瑟：《中国科学技术史》第四卷第二分册"机械工程"部分，科学出版社 1999 年版，第1 页。

认为不值得注意。"① 并且，当代历史研究只重物而忽略人，尤其是工艺美术史的研究甚至完全忽略器物之所成的主体——工匠。由此，李约瑟还进一步指出："唐代历史只叙述产品，而不叙述所用的技术。"作为一种活态性存在的技术，实际上是依据人而存在的，尤其是古技术时代。技术往往随着人的存在、变化、消亡而定，也就是人决定了技术的存在和价值。这就涉及"非遗"保护问题。"不叙述所用的技术"，就是不关注人②，不叙述创造人类人造产品的工匠。事实上不仅仅是唐代，整个古代中国都是类似的状况，不仅仅很少叙述所采用的技术，更是很少关注其制作者。

传统观念对形而下器物的偏见，使得工匠及其所从事的活动受到了忽视。工匠共同体作为社会主要生活产品和生产工具的生产者或制作者，其应有的社会地位被遮蔽；其相关资料的缺乏也给今天我们进一步研究并了解工匠及其技艺，带来了很大的困难。因此，无论出于何种目的，专门的"工匠"文化史都是非常有必要的。

关于中华"工匠"文化史研究的相关问题，李约瑟的启示主要体现在：其一，编写一本专门的工匠文化史，梳理工匠不同类型（如官、私工匠等）、不同工种的活动及其历史是相当迫切的，也是研究中华工匠文化首要解决的一大问题。其二，为工匠正名，也是为整个文化史的研究方向纠偏，无论是对了解过去、把握今天还是启示未来，人的研究都有着重要的意义。

三、关于"工匠"身份问题

李约瑟考察了大量中国古文献，指出："到目前为止，本书所谈的技术

---

① 李约瑟：《中国科学技术史》第四卷第二分册"机械工程"部分，科学出版社 1999 年版，第 18 页。

② 赵建军：《从古代东西方科学传统的差异看近代科学产生于欧洲的必然性》，《科学技术哲学》2000 年第 3 期。

工作者都是'自由'平民。一个轮匠或漆匠是一个'家庭清白的''庶人'或'自由民'；或是一个'良人'，字义上是'好人'。他属于平民（小民）阶层，对于古代的哲学家来说，这些人必定是'小人'（卑贱的人），以与'君子'（高尚的半贵族的博学公职人员）区别开来。既然他有姓，他便是'百姓'（'古老的百家'）之一，并属于'编民'（登记过的人民）。"① 这里，李约瑟发现并指出中华传统"工匠"身份问题，并作了简要阐述，认为"工匠"不能简单归于"奴隶"的范畴，而应该属于"自由民""良人"的范畴。"工匠"属于"民"的范畴，自然就与"君子"形成对照，被社会划定为"贱民""小人"之列。即使如此，工匠也不是社会最底层的人群。作为工匠共同体也有了一个统一的身份或姓，是"百姓"之一，并且被编入户籍——匠籍，有了自己的行业结构系统。

　　需要强调的是，李约瑟关于工匠身份问题的论述侧重于探讨其隶属的阶层，他认为平民工匠属于自由人，即"百姓""庶民"，而工匠又绝不仅限于这一个阶层。他指出，在当时社会还有比百姓更低的阶层，"几乎可以叫做'颓丧阶级'，而他们当中一定包括有工匠，有的确实是有技巧和才能的人"②。这就自然引出了关于工匠所属阶层的更多疑问：那些没有人身自由或者半自由的工匠又属于什么阶层呢？中国古代是否存在奴隶工匠？这类工匠的身份问题事实上到目前为止也没有一个明确的答案，尤其是对于半自由工匠的阶层归属问题是一个值得进一步探讨的问题。

　　工匠所属的阶层也决定了其社会身份地位的高低。总体来看，在我国古代，工匠身份相当低下，其职业世袭不得更改，"百工伎巧、驺卒子息，当习其父兄之业，不听私立学校。违者师身死，主人门诛"③。不得读书入仕，

---

① 李约瑟：《中国科学技术史》第四卷第二分册"机械工程"部分，科学出版社 1999 年版，第 19 页。

② 李约瑟：《中国科学技术史》第四卷第二分册"机械工程"部分，科学出版社 1999 年版，第 21 页。

③ 魏收：《魏书》卷 4 下，《世祖纪》，转引自魏明孔：《中国手工业经济通史》魏晋南北朝隋唐五代卷，福建人民出版社 2004 年版，第 179 页。

不得与士民之家通婚，甚至在穿着方面也有很多限制，如晋朝法律规定"士卒百工，不得著假髻"（《太平御览》卷七百十五）、"士卒百工，不得服真珠珰珥"（《太平御览》卷八百二）、"士卒百工，不得服犀玳瑁"（《太平御览》卷八百七）、"士卒百工，不得服越叠"（《太平御览》卷八百二十）①等等。明朝更是针对僭越有严格的处罚，"凡官民房舍车服器物各有等第，若违式僭用，有官者，杖一目，罢职不叙；无官者，苔五十，罪坐家长，工匠并笞五十"②。唐以前官府工匠多采取征集制，基本是强制性入职，直到中唐后，和雇制逐渐兴起，官府对工匠的管制和剥削才稍微减少。目前，"工匠"的身份地位是学界围绕工匠问题讨论较多的一个方面。而工匠身份问题的讨论则侧重于其工粮制度、雇佣制度、管理制度、培训制度以及婚嫁限定等各方面。而传统学术认为，中国古代历史上，工匠尤其是官工匠的身份地位基本上低于一般平民百姓，介于百姓和奴隶之间。而就工匠的阶级所属还没有专门或者明确的论述，李约瑟将普通工匠看作"自由人""百姓"，将少部分完全无自由的工匠归为奴隶阶层，而其他半自由工匠的阶层所属，他认为难以界定。由于古代"男耕女织"的社会形态，农民在农闲时也充当了工匠的角色，从这个意义来说，李约瑟对工匠身份的描述是合理的。但工匠的情况相当复杂，其来源也很庞杂，除去世袭的工匠，有失去土地的农民、有士兵、有俘虏、有刑徒罪犯等等，是否存在奴隶工匠或者半自由工匠的阶层归属问题，暂时也没有明确证据证明。

无论如何，关于工匠身份地位的论述，李约瑟给我们带来了以下启示：首先，无论古代工匠身份地位如何低下，也不能简单视为"奴隶"；其次，民间工匠，尤其是从事家庭副业手工业的工匠确实属于"自由人"行列；最后，在讨论工匠身份问题时应该有区别地进行讨论，不能一概而论。

---

① 此书原文为"士卒百工，都得着假髻"，现据《太平御览》更改。参见严可均：《全上古三代秦汉三国六朝文》，中华书局 1958 年版，第 2294 页。

② 刘惟谦等：《大明律》第十二，礼律·仪制·服舍违式条，转引自曹焕旭：《中国古代的工匠》，商务印书馆 1996 年版，第 116 页。

四、关于"工匠"的社会作用

李约瑟突破一般历史学家的观念，发掘出了"工匠"所具有的社会历史作用（不只是用自身的技术造物），他说："关于工匠在政治史上所起的作用，几乎全部还需要有人去写出来。"[1]并用993—995年间王小波和李顺领导的四川起义作为例证加以简要说明[2]。当然，目前这方面的研究还未真正开始，因此他呼吁，"阐明发明家、工程师和有科学创造能力的人在他们那个时代的社会中的地位，这本身就是一种专门的研究，我们现在还不能系统地进行，部分地因为它在这种意义上是次要的，首要任务是证明他们的身份和他们实际上做了什么"[3]。这里的"发明家""工程师""有科学创造能力的人"在古代社会有很大一部分出自于工匠群体，由于社会话语权的缺失，他们常常被历史所遗忘。李约瑟认为研究这一群体当时的社会地位是十分必要的，但首先要建立在他们在当时具体做了哪些事情，留下了什么，创造了什么的基础之上，并证明其身份。李约瑟在这里谈到的身份，实际上侧重于探究工匠在当时社会中所承担的角色及其产生的作用。工匠的社会作用是讨论工匠问题极其重要的一个方面。

工匠的创作和生产大体上构成了人类社会的物质世界，其对人类社会的作用是了然于目的。然而由于社会对体力劳动的偏见，使得工匠体现的社会

---

① 李约瑟：《中国科学技术史》第四卷第二分册"机械工程"部分，科学出版社1999年版，第20页。

② 李约瑟认为，北宋后期实施的一些贸易措施给四川丝业带来毁灭性打击，致使丝业工匠们穷困潦倒，几近绝望。这些丝业工匠则是构成这次起义的主要人力来源。尽管这种说法有待考证，但四川起义的主要人力确实是当时被逼得走投无路的贫苦大众们，而包含各行业工匠的可能性也不是没有。参见李约瑟：《中国科学技术史》第四卷第二分册"机械工程"部分，科学出版社1999年版，第20—21页。

③ 李约瑟：《中国科学技术史》第四卷第二分册"机械工程"部分，科学出版社1999年版，第25页。

价值和社会作用，往往不被人重视、甚至有意忽视。这就促使我们进一步探讨工匠的历史作用问题。目前，学界对工匠作用的探讨多从技术发展或者经济价值等方面入手，在此不赘述。李约瑟的论述为我们打开了新的思路，其政治作用、文化作用等都是我们研究工匠问题不可忽视的。就政治作用而言，李约瑟所提到的王小波和李顺领导的四川起义也许只是个案甚至其所指有待论证，但历史上确实存在过这样的斗争与反抗。如，魏晋南北朝时期由造墓工唐寓之带领的起义，在一定程度上迫使政府放松对人们的人身束缚。还有万历年间，以葛贤为代表的织工队伍掀起了反抗税监孙隆的暴动，最终也产生了很大的影响。尽管匠人参与政治活动的案例有记载的较少，但我们无法完全否认，在历史上的众多农民起义中，作为社会底层的工匠是否加入其中。此外，尽管古代工匠几乎没有机会读书入仕，但是也有少数能够通过其自身卓绝的技艺才能晋升官场甚至有参政的权利，达到一定的政治影响。如明代的蒯祥（1397—1481），作为技艺精湛的木工，深得朝廷喜爱，多次主持参与皇室建筑工程，官至工部侍郎；出生于石匠世家的陆祥（？—1470），也是由于高超的技艺，官至工部侍郎；还有官至工部尚书的徐杲（1522—1572）等，代表了工匠也有可能在政治生活中得到赏识并立足于官场。

就文化作用而言，工匠造物历史本就属于文化史的一个重要部分。工匠在造物活动中，使用的工具、制作的器具、遵循的规则等合力构成了工匠文化。当然，工匠根据自身经验所编写的一些口诀、民谣，无论是口传的抑或是文字版的，都是工匠对文化发展的贡献。

对工匠社会作用的关注实际上是在印证"人民群众（劳动人民）是历史的创造者"。历史对匠人的忽视与遮蔽有其历史原因，但是重新重视这一群体的社会作用也是历史必然。在李约瑟的启发下，这里仅简略论述了工匠社会作用的几个方面，一方面提示学界对工匠历史作用给予足够认识；另一方面也表明对工匠社会作用的研究是探讨工匠相关问题不可或缺的论题。

五、关于"工匠"的分类研究问题

关于"工匠"的分类问题，李约瑟作了较为系统的研究，并得出较为合理的结论。他说："我们把发明家和工程师的生活历史分为五类：a.高级官员，即有着成功的和丰富成果的经历的学者；b.平民；c.半奴隶集团的成员；d.被奴役的人；e.相当重要的小官吏，就是在官僚队伍里未能爬上去的学者。"[①]他认为，第一类，高级官员，主要有张衡、郭守敬等；第二类，平民，如毕昇；第三类半奴隶集团的成员，如信都芳等；第四类，被奴役的人，如耿询等；第五类，相当重要的小官吏，就是在官僚队伍里未能爬上去的学者，是数量最多的一类，如李诫等。

在此，我们可以明显感受到中西方学者对工匠分类的差异：李约瑟采用共时性研究方法，将工匠按照社会层级分为五种类型，进行跨时空、有代表的介绍；而中国学者则倾向于采用历时性研究方法，将工匠以其所属性分为官府工匠和民间工匠进行历时性梳理和介绍。李约瑟的分类方式有利于跳出时代的局限性，从整体上把握不同种类工匠的活动，一方面利于把握不同时期工匠的共通性；另一方面易于抓住不同层级工匠的主要特点。例如，属于"高级官员"这一类的"工匠"或身居要职或为无所事事的皇亲国戚，他们受过良好的教育，拥有空间时间优势，同时也有财富支持。另外，这类"工匠"多为"博学家"，如，东汉时期的张衡，既是地动仪发明者，还设计了浑天仪，同时也是有名的数学家。元朝郭守敬既是通惠渠、元大运河的工程师，同时也是卓越的数学家、天文学家。这类工匠由于其特殊的身份，在历史文献中多有详细的记载。而属于"平民"类的"工匠"除了少数卓越者之外，历史文献中很少有相关工匠的完整名字和详细记载。历史上这类"工匠"的突出代表有汉代丁缓、隋代李春、五代末北宋初的喻皓、北宋毕昇等。

---

① 李约瑟：《中国科学技术史》第四卷第二分册"机械工程"部分，科学出版社 1999 年版，第 25 页。

这类"工匠"多为布衣出生，属于"良人""自由民"，在某一方面有着卓越的、无可比拟的才能或技巧。如喻皓设计的木塔、李春设计的拱桥等，都是经典之作。另外，李约瑟将小军官、道士、和尚等也归入这一类。这些都是拥有不同职业的特殊工匠，因为其职业的特殊性，所以对某些相关技术尤其娴熟。如在军队工场中工作的刀剑匠綦母怀文，对灌钢冶炼法的推行和普及起了巨大的促进作用。属于"半奴隶集团成员"的工匠，其社会地位极其低，文献记载也很少。北齐信都芳是其重要代表。这类工匠一般学识精通，作为"家臣""门客"等依附于贵族。属于"被奴役人"这类工匠的记载则更少，他们可能是俘虏也有可能是刑徒，完全失去人身自由，但却拥有卓越的技艺，幸运的话，可能因为卓越的才能被放免为良民。陈隋时期的耿询参加起义被俘后，因为卓越的技术才能被免死充当家奴，后因为设计了可以用水力持续转动的浑天仪，而深受赏识，最后被免为平民。这类工匠毫无人身自由可言，身份地位是五大类工匠中最低的，除了少数个别才能、技艺极其卓越的被载入史册，其他基本消失于浩瀚历史之中。最后一类，"小官吏"工匠，则是为数最多的。这类工匠拥有特殊的技术才能，受过教育，多通过读书入仕，一心投入工程、技术等领域。北宋李诫是这类工匠的重要代表。由此观之，五大类工匠各有其特点，这种分类研究有利于从整体上把握不同种类工匠的各自特点以及同一类工匠的共同特征。

而中国学者多采用的所属性分类，并在此基础上进行历史性梳理。官私工匠的分类则较为清晰地呈现了官府工匠与民间工匠的差异，而历史性梳理又利于线性把握不同性质工匠的发展脉络。如鞠清远先生将元代工匠分为"系官匠户""军匠""民匠"，进而考察其差异性，而童书业先生主编的《中国手工业经济通史》又从整体上将各朝各代的工匠分为官私工匠进行梳理，有利于把握官私工匠的历史发展。

李约瑟对工匠的分类只是众多分类可能中的一种，在此无意于评判孰好孰坏，只是期待提供一种不一样的分类方法，以从多方面、多角度去把握工匠问题。

六、"李约瑟难题"中的工匠问题

在谈论"李约瑟难题"之前不得不先介绍一下对他影响至深的齐尔塞尔（1891—1944）。齐尔塞尔是现代思想史上一位伟大的人物，对科学技术史的研究作出了巨大的贡献。著名的"齐尔塞尔论题"主要围绕学者与工匠关系的变化来探讨近代科学技术的发展、起源问题，引起了学界对近代科学起源问题的广泛讨论。其中，李约瑟受其深刻的影响，妇孺皆知的"李约瑟难题"可以说是"齐尔塞尔论题"的具体化。

"齐尔塞尔论题"认为在近代科学发展中，工匠与学者的结合是一个关键契机，学者"对工匠的实验、量化方法和因果思维的吸收就是新科学得以产生的决定性因素"①。而"李约瑟难题"实际上也是对这一论题的回应，只不过李约瑟将其宏大的研究落脚于中国古代，以考察器具、技术、工匠、学者（包括文人士大夫）及其制器活动为主要内容，展开对中国古代科学技术的研究。在考察过程中，李约瑟发现工匠对中国古代技术的发展具有关键作用，并格外关注工匠主体问题，他将墨子、公输盘等称之为"奇巧的工匠"，认为他们发明的某些器具可能对后世科学技术产生了重要影响，如"木鸢"的发明"或许就已经实验过了现代航空科学的两个重大组成部件，就是风筝的翼和螺旋桨"②。可见，李约瑟已笃定工匠对近代科学技术的重要作用。在整个中国科学技术史的考察过程中，李约瑟不曾忽视工匠群体，甚至再三提示其重要性。

李约瑟对中国科学技术的考察，不仅仅让我们看到古代灿烂的科学技术文化和成果，同时也让我们把目光投向被历史忽视的工匠群体。工匠对中国科学技术的贡献，在整个科技史中的重要作用是李约瑟对我们的又一重要提

---

① 王哲然：《近代早期学者》，《科学文化评论》2016 年第 1 期。

② 李约瑟：《中国科学技术史》第四卷第二分册"机械工程"部分，科学出版社 1999 年版，第 639 页。

示。在此，只是简单提示了"李约瑟难题"中工匠问题的部分思考，要弄清楚李约瑟的"工匠情结"，还需回到对其影响至深的齐尔塞尔那里进一步考察。这也是考察工匠问题一个非常重要的切入点。

以上所述，虽浅尝辄止，还有待深入研究，但足以让我们做出很多关于中华工匠文化问题的系统深入研究成果，启示重大。尽管李约瑟的部分观点有待进一步研究与论证，但无论如何他为研究工匠相关问题提供了重要的线索和资料。

第 二 篇

工匠文化结构学

第五章 中华工匠文化体系基本结构[*]

　　中华工匠文化体系旨在从文化理论的视角也就是从工匠活动的主体方面（人的方面）对 20 世纪 20 年代以前的中华工匠进行系统研究，深入挖掘中华工匠的文化史意义和当代价值。中华工匠文化体系也就是指中华工匠文化的整体性特征及其世界性价值存在体，是整个中华文化体系的重要组成部分，也是中华文化体系重大特征性构成要素。那么这里就自然排除了中华工匠文化体系中的负面价值，尽管"负面价值"对认识事物本身具有其历史价值，但我们应该以"取其精华，去其糟粕"的方式审视中华工匠文化体系，深入系统挖掘其当代实践价值，为当代中华文化伟大复兴，提升中国品质，实现中国梦服务。

一、"工匠"的意涵

　　"工匠"，很自然地成为中华工匠文化体系研究与建构的核心概念或主题。对"工匠"内涵的合理把握在此显得十分关键。"工匠"亦称之为"匠人""匠""工""人匠""百工"等，是一个意指非常广泛的概念。"工匠"最为基本的含义就是古代社会结构"四民"——"士农工商"之"工"，指与"士""农""商"相对的主要从事器物发明、设计、创造、制造、劳动、

---

* 本章原载《艺术探索》2016 年第 5 期，原标题为《中华工匠文化体系》。

传播、销售等领域的行业共同体，也就是工（手工业）与农（农业）和商（商业）一起共同构筑了古代社会经济三大支撑性系统部门。古代文献中对此有诸多的阐释，如《春秋·穀梁传》有"古者有四民：有士民、有商民、有农民、有工民"，《管子·小匡》中有："士农工商四民者，国之石民也。""国之石民"即国家的柱石。《汉书·食货志上》中有"士农工商，四民有业，学以居位曰士"等。当然，将"工匠"一般意义称之为"手工艺人""手工业者"或现代意义的"工人"，有其合理性，但也有一定的历史局限性。

就语义学而言，"工匠"是由"工""匠"所组成的一个或偏正结构或并列结构的复合词。"工"是一个象形字，其本含义是"木工的曲尺"，《说文·工部》："工，巧饰也。象人有规矩也。与巫同意。凡工之属皆从工。"这里的"工""象人有规矩"，是指那些能够利用"规矩"之类的人造工具来从事造物活动的技术人员。"工，巧饰也"，强调了"工"所具有的特殊性质即设计造物活动的两大基本性质——"巧"（技术原则，或技术设计）和"饰"（艺术原则，或艺术设计原则、审美原则）。

"巧"，技术原则。《说文》："巧，技也。"《广韵》："能也，善也。"《韵会》："机巧也。"在《说文》中，"技""巧"互释，突出了"巧""技"的技术理性原则，即都应该遵循自然法则、法度和社会道德规范，这样的"巧"或"技"才能称之为"工"。也就是徐锴所言："为巧必遵规矩、法度，然后为工。否则，目巧也。巫事无形，失在于诡，亦当遵规矩。故曰与巫同意。"强调"巧"必须遵循"规矩""法度"，才能实现"工"的价值和目标。

"饰"，艺术原则或艺术设计原则、审美原则。《说文》："饰，刷也。"而"刷"，《说文》曰："刷，刮也。"《尔雅·释诂》："刷，清也。""刷"具有"清理""擦拭"美化意味。"饰"即《玉篇》所说的"修饰也"。《逸雅》中所说的"饰，拭也，物秽者拭其上使明，由他物而后明，犹加文于质上也"。也就是"装饰"功能，即艺术性设计活动。另外，"刷""饰"后来合成为一种装饰设计方法——"刷饰"。如《营造法式》中"彩画作制度"论及彩画类型时，就有"刷饰"一目。

"工"作为一种造物结果或设计品，应该是技术原则（巧）和艺术原则（饰）的高度统一。作为从事造物设计活动的人，也应该具备技术理性原则（包括社会道德原则）高超技术和较高的艺术修养相统一的能力。

同样，作为一种方法或工作原则，"工"又是一种"精致""高超""专注"的性质，常常作形容词，与"匠"构成"偏正结构"复合词，即工艺精致、技术高超的匠人。那么，"匠"又如何把握呢？"匠"，《说文》："匠，木工也。从匚从斤。斤，所以作器也。"段玉裁《说文解字注》："匠，木工也。工者、巧饰也。百工皆称工、称匠。独举木工者、其字从斤也。以木工之偁引申为凡工之偁也。匚者，桼也。"由此可见，"匠"的本意是"木工"。"匠"，会意字，是由一个工具箱"匚"里面装着的工具"斤"所构成，强调了"匠"的职业性质，即每一位"匠"都要在一定的规矩、法度"匚"中进行，即"匚者，桼也"。同时，要熟悉一门工具，要有一门专业技术，这就是"斤"。"斤，所以作器也。""匠"还有泛指一切工种的引申义，这样，"匠"就与"工"同义，"工匠"就是一个"并列结构"复合词。"百工皆称工、称匠。"《广韵》就有了"匠，工匠"之说。

就社会学而言，"工匠"是一类社会群体，一种经济共同体，是通过身体器官及其相关工具的利用对自然世界所发生的物质性结构变化或物化形态的创造者或劳动者。就性别而言，既包括男性的"工""匠""工匠""百工"等，也包括女性的"女红"（主要从事纺织工作类型的女性人员）。如《考工记》中开篇所示。就管理体制而言，分为官府"工匠"和民间"工匠"。

就社会经济结构而言，"工匠"既是一个共同体，也是一个层级性社会群体。从上述基本内涵所示，"工匠"是一个独立体，即能够通过自己独特的技术或能力维持生活并获得其独立的经济价值，显然就不是一个自然人（此处的自然人不是在法律意义上使用的，是指没有独立生活能力，只能依据本能性、依附性没有独立人格价值状态的"人"，按照马克思的说法，就是一个没有获得"人的意义"的人）。"工匠"从社会层级结构来看，大致可以分为管理型的"工匠"（大匠、百工）、智慧型的"工匠"（哲匠、意匠）、技术高超型的"工匠"（巧匠、艺匠）、一般性的"工匠"（匠人，以及各工种的从业人员如木匠、银匠、石匠、花匠、画匠等）四类。这四类并无实质性差别（都属于"匠"的范畴，只是"匠"性的高下程度的差异），仍然只是一种理论或具体社会行为组织的要求或体现。

就整个造物活动过程而言，"工匠"是一种具有复杂性的结构体，具有"造物主"的性质，承载着造物活动的全过程，从而创造并建构了一个不同于第一自然的"第二自然"的人造（人工）世界（人工界，man-built world，实际上应该是著名设计理论家 Victor Margolin 所说的 the Designed World）。"工匠"既要"创物"（包括发明、创造、设计等）以弥补自然的缺失，还要"制器"（制造、生产）以满足人类日常生活及其相关需求，更要"饰物"以满足人类日益丰富的精神需求或提升社会生活品质，等等，是三位一体。由此而言，依据现代社会分工，"工匠"既是哲学家、科学发明家，也是工程师和技术创新专家，还是艺术家和美化师等，是多重身份或职能的统一。

因此，我们完全有理由说，"工匠"实际上更符合于当今的"设计师"称谓。"设计"或"设计师"也有广义和狭义之分。广义的"设计"或"设计师"是指人类一切非自然性或本能性的社会实践活动，包括政治的、经济的、文化的以及一切人类社会实践活动的事或人。大到"中国梦"是一种宏伟的设计，小到一个具体日用品设计等。狭义的"设计"或"设计师"则是从事设计专业或行业的事或人，主要是指包括工程设计、技术设计、艺术设计、服务设计、规划设计等领域中的事或人。

二、工匠文化

随着历史的发展以及工匠工作领域的拓展，他们的影响必定会超越物质，而成为文化的一部分，即"工匠文化"。"工匠文化"是人类文化的核心组成部分之一。

那么，如何理解"工匠文化"呢？最好的方式和最有效的路径还是从理解"文化"开始为好。就目前的文化理论研究成果而言，文化，有广义和狭义之分。狭义的文化，特指通常意义的与政治、经济相对的"文化"，即"科学、技术、艺术等"。广义的文化，则指人类的一切活动所造就的现象或结果的总和，亦即文化即人化。这种现象或结果，既包括有形的物质性实体性的"器""物"，也包括无形的精神性的虚拟性的"思想""道义"等，还包括以遗传密码方式传承下来的人类各种社会生活习俗、"礼仪""节庆"等行为方式。文化也是一个历史范畴，随着人类社会实践活动领域的不断扩展，文化也发生着历史的变化与发展。如与农业经济相一致的手工艺文化，与商品经济相一致的工业制造文化，与虚拟经济相一致的数字智造文化等。文化还是一种社会学范畴，由于地域性差异，自然环境的不同，文化具有地域性、民族性和多元性等特征。如东方文化和西方文化之分，也有中华文化、古希腊文化、古埃及文化之别，还有中原文化、西域文化等都属于中华文化。

此处的"文化"，就是在广义上的意义进行使用的。中华工匠文化自然就是指中华工匠作为一种文化现象的历史价值状态。就中国传统社会结构而言，工匠文化主要体现在两个基本系统中，即劳动系统与生活系统（work system and live system）所谓"劳动系统"是指工匠的工作性质而言，此处借用了马克思的用语——劳动（而非"工作"），突出工匠的工作具有"一般劳动"的特质（这也是马克思对"工匠"历史地位提升的重大贡献），包括了各个领域和历史时期的"工匠"文化所具有的劳动力生产、劳动力价值、劳动力消费以及劳动的创造性等各类文化形态系统。所谓"生活系统"是指工匠为人们日常生活中的衣、食、住、行、用等各领域创造的器物文化世界。

在劳动系统中，工匠文化首先涉及特定的技术（包括工匠个人的手工技能以及机械技术）以及在技术的运用过程中形成的方法。在汉语的使用中，作为专业术语，"技术"有两种基本含义：一是指能通过学习、训练而获得的手工技艺、技巧（skill），在同样的劳动条件下，手工技艺的高低会影响产品质量的好坏；二是指科学技术（Technology），是在一定科学原理基础上而发展出的一系列技术应用，如机械技术、工程技术等。无论是哪种含义上的"技术"，在其实际运用过程中，为提高技术的效率，必然会形成特定的方法。方法的总结是一个不断探索的过程。经过一段时间的积累，特定的技术在应用过程中会形成最佳方法。当技术的成熟与推广达到一定程度的时候，与之匹配的方法也必然随之传播。

然而，如何使技术与方法达到最佳匹配（尤其是在规模化应用中），这就必然涉及制度与管理的问题。在中国，每一个朝代都有工匠制度。总体来看中国传统工匠制度大致类似，但事实上每个朝代都有不同。一方面，作为中国传统行政体制的一部分，工匠制度的设置不能脱离于总体行政体系的发展。如先秦时期中国行政体系的发展处于初级阶段，这就决定了其工匠制度松散凌乱且因工设职的特点。又如明代朱元璋出于集权的需要，废除中书省，导致长期并行的工匠体系的双轨制（即服务于政府与服务于皇家的工匠及分属不同的管理体系，各自独立）被彻底废除，统一于工部的管理。另一方面，工匠制度的设置往往与特定的时代需求密切相关，体现出鲜明的时代特点。如秦代，举全国之力而大兴土木，这涉及大量的材料采购、施工人员的征役、工程的设计与施工等问题，没有严格的规划与管理很难保证效率。因此，秦代的工匠制度一改先秦时期的松散与随机，出现专业的管理机构——将作少府，这使得秦朝成为中国传统工匠制度发展的重要转折期，后世工匠制度的发展根源很多都可以追溯到秦代。

其次，应该承认，无论是有意识还是无意识，技术以及方法的运用必定接受特定思想及理论的指导或影响，这也是工匠文化重要的一个方面。比如，关于技术伦理的评价问题，不同的人有不同的观点。不同观念指导下形成的技术应用，必然会产生不同的文化面貌。以先秦思想为例，如老庄的技术否定论，认为技术带来的是道德沦丧。受其影响的工匠文化必然呈现出反技术倾向，能用体力解决的，绝不借助工具，《庄子》中抱瓮浇菜的汉阴丈人就是典型例子。又如孔、孟，在一定程度上肯定技术，但是否定技术的过分应用，否定奇技淫巧。受其影响的工匠文化必然呈现出强烈的中庸倾向，一切设计都有特定的目的，一切功能够用就好，不能越雷池一步，否则就是僭越。再如管子，是一个彻底的功利主义者，对技术相关的一切运用都大加赞颂。受其影响的工匠文化必然是赏心悦目的，仅仅够用是不够的，还要有足够的感官吸引力。

在生活系统中，日常生活的正常运转得益于工匠们的辛苦劳动，从建筑到家具，从服装到器皿，无不出自工匠们之手。然而，产品的作用并不仅限于物质需求的满足，通过特定的结构与使用方式，它们会作用于人的行为，并最终会影响人的行为方式。如唐宋之前，中国传统生活中均采用低矮型家具，这种家具的式样就决定了人的室内活动大多是在地面上进行，至少是以地面为主要活动空间。同样，传统服装中博衣宽袖的设计，也决定了人的行为必定受到极大约束，不能快速灵活地行动。因此，只适合于以精神创作为特长的文人雅士，以显示其风度翩翩，而不适合策马奔驰、弯弓射箭的武士。

因此，生活中的各类产品，虽然其基本的目的是满足物质生活的基本需求，然而，事实上其影响或作用远不止于此。当生活中的各种产品构成一个完整系统的时候（就成为一个特定的环境），其作用就远远超越对人的具体行为的改造，而且还会影响人对生活概念的基本认知。简单来说，就是特定的产品体系会塑造出一个特定的生活体系，而生活其间的人很难超越产品为人所描绘的关于生活的认知。因此，人对生活的理解和认识也是被产品所塑造出来的。这也就是，人改造环境的同时，环境也会改造人，重新塑造人。

众所周知，人都是社会中的人，是特定环境中的人。因此，产品对人的塑造最终会进入社会层面，实现对整个社会体系的塑造。当然，这是一个非常复杂的问题，本章无法在此详述。但是应该强调，工匠文化，并不只是体现于工匠们物质层面的劳动，也不只是体现于对个体生活的认识及塑造，它还会进入并且必定会进入社会层面才会真正实现其特殊功能与价值，才会真正生成工匠文化的完整体系。

三、工匠精神

如上所述，工匠文化是中国传统文化的重要组成部分甚至是核心部分。然而，工匠文化之所以能够生根发芽，之所以能够超越劳动制作，超越生活而进入社会层面，超越"工匠文化"而进入人类生活世界的广阔领域，其中有一个重要的基础与前提就是"工匠精神"。也就是说"工匠精神"是"工匠文化"的核心价值部分，是"工匠文化"的灵魂之所在。

关于何谓"工匠精神"，学界已有大量的阐述与研究成果。结合学界的研究成果或观点，"工匠精神"可以从"现实层"和"超越层"两方面来理解。所谓"现实层"主要是指"工匠精神"实存性的本位状态和事实（本来的意义）。这个实存性的本位状态也就是现象学所示的"事物本身"——"工匠"本位。也就是说，"工匠精神"首先是一种"工匠"本位的精神，而不是其他的或别的精神。这种精神的本位是内在于"工匠"的性质、领域或世界之中的。当然也指"工匠"的"精神世界"，也就是"工匠"所思所想的精神，往往是以"手作"的方式、工作态度、人生追求、器物世界等传达出来的，不是靠语言文字等形式传达的。这种精神，显然不同于科学理论研究的概念、范畴命题的方式，也不同于纯艺术的线条、色彩、乐音、诗句、文采、意境等方式。比如，一把锤子所体现的"工匠精神"，是靠"工匠"手作的依据锤子的"事物本身"进行调研、设计、实验、制作、体验等一系列程序化情感化工程，最后完成一把好用乐用的锤子。这把锤子，不再是一件单纯性质的"物质形态"，更是一种包含情感赋有生命性质"精神存在"，这就是"工匠"对"精神"的书写方式。正因为这一本位精神，就有了"工匠""工匠文化"区别于艺术，区别于其他文化所具有的自身独特存在价值。那么"工匠精神""现实层"有哪些基本要素呢？其基本要素有"巧"（技术原则）、"饰"（艺术原则）、"法"（行为准则）、"和"（生态原则）。这四种的有机结合，就会出现"工匠精神"的物态化。这也正是《考工记》所言"天有时，地有气，材有美，工有巧。合此四者，然后可以为良"的意蕴。

　　而所谓"工匠精神"的"超越层"是指"工匠精神"已从其本位性的实体工匠创造活动延展为一种具有普遍性的方法论意义的层面。这个"超越性层面"已不再落实到具体的工匠活动领域，而是一种人生价值信仰，一种生存方式，一种工作态度，也就是马克思所说的"一种人的本质力量的确认"境界。因此，面对人类对美的追求的广度和深度，我们的各项工作如何尽善尽美、恪尽职守，更好地满足人们的物质和精神多方面的需求，就一定要用"工匠精神"方式来实现这种价值。具体而言，"工匠精神"的方式或原则主要有两点：求真务实与精益求精。其中，前者是后者的基础；而后者则是对前者的超越，是更高的追求。同时，这两点主要在三个层面践行着工匠精神的真意：工作目标、行为准则与审美境界。在工作目标中，首先要根据各自的工作领域合理选择工作目标，求真务实。工作目标选定之后，要根据工作目标的性质、特征，发挥各方面的有效机制，积极探索高效优质的完成目标的行为准则和合理合法的技术手段。审美境界追求层面，则是在确保工作目标高效优质完成的基础上追求工作与人生、工作与服务、工作与幸福所达到的一种完美统一的生活状态。这也就是人生哲理性的"工匠精神"意蕴。

　　由此可见，"工匠精神"的两个层面是相互生成的，也是人的一种本真的存在方式，即物质性生命体和精神性的生命意蕴的统一方式。"工匠精神"是"工匠文化"的特征，也是"工匠文化"的核心价值所在。

四、中华工匠文化体系的历史建构

　　在整个中华工匠文化体系建构中，"工匠"是其核心概念或主题，并且"工匠"既是一个职业共同体，也是一种生存方式，还是一种精神慰藉。工匠文化是中心，即是指从文化的视角考察工匠或工匠的文化方式，其中"工匠精神"是"工匠文化"的核心价值观，是"工匠文化"具有独特存在价值的根源所在，"工匠精神"作为一种信仰、一种生存方式、一种生活态度，已经超越"工匠""工匠文化"成为人类社会健康发展的巨大精神驱动力，为人类的过去、现在和未来发生着历史性的伟大作用。正因为以"工匠"为主题，以"工匠文化"为中心，以"工匠精神"为信仰，系统整理、构建和探索"工匠文化"世界，形成了中华工匠文化体系。中华工匠文化体系既是一个逻辑范畴，即科学理论研究对象或结果；也是一个历史范畴，即人类历史发展的产物，依据人类（工匠）社会实践活动的深度和广度，中华工匠文化体系的建构也呈现出历史性、时代性的独特风貌。

就目前的考察而言，中华工匠文化体系建构主要有三种典型的建构范式，我们称之为《考工记》范式、《营造法式》范式和《天工开物》范式。这三种范式各具特色，具有一定历史性或代表性。《考工记》范式，主要是指国家管理者层面从整体社会结构组织来规范或建构工匠文化体系，突出了工匠文化的社会职能、行业结构、考核制度、评价体系等核心要素系统。为中华工匠文化体系创构期的重要范本，也是后世中华工匠文化体系建构的关键性文本或理论模式。《营造法式》范式，主要是指国家管理层面从具体工匠系统即"营造工匠"系统组织结构来规范或建构工匠文化体系，强调了工匠文化的行业职能、制度体系、经济体系、管理体系、评价体系、审美体系以及营造设计理论体系等核心价值系统。为中华工匠文化体系成熟期的重要范本，也为后世进一步完善中华工匠文化体系建构提供重要理论文本。《天工开物》范式，是一个纯学者从学术体系建构方面探讨和研究工匠文化体系建构问题的，突出强调了传统农业社会典型生活图景——男耕女织的生活世界展开工匠文化体系的建构，以"贵五谷而贱金玉"为指导思想对工匠制度文化、民俗文化、伦理文化、技术文化、评价体系等展开系统思考与提升，为中华工匠文化体系转型期的重要范本，也是传统工匠文化体系走向总结的重要方向或指向。

当然，还有其他很多建构模式或范本，《考工典》就是一种极其重要的集大成式的中华工匠文化体系建构方式或范本，具有重大的研究价值。《考工典》共分为三部分：考工总部、宫室总部和器用总部。其中《考工总部》以劳动为主，而后两者（宫室总部和器用总部）以生活为主。这种划分方式背后隐藏着深刻的思想文化逻辑，即先政治，再社会，后生活的逻辑。事实上，在这个过程中《考工典》初步完成了它对中国传统工匠文化体系建构的历史任务。并且，对当代工匠文化体系的建构来说，《考工典》也提供了一个重要的具有当代价值的历史坐标或参照系统。

第六章　中华工匠考核体系结构[*]

一、中华工匠文化体系简说

在整个中华工匠文化体系建构中，"工匠"是其核心概念或主题，并且"工匠"既是一个职业共同体，也是一种生存方式，还是一种精神慰藉。工匠文化是中心，即是指从文化的视角考察工匠或工匠的文化方式，其中"工匠精神"是"工匠文化"的核心价值观，是"工匠文化"具有独特存在价值的根源所在，"工匠精神"作为一种信仰、一种生存方式、一种生活态度，已经超越"工匠""工匠文化"成为人类社会健康发展的巨大精神驱动力，对人类的过去、现在和未来发生着历史性的伟大作用。正因为以"工匠"为主题，以"工匠文化"为中心，以"工匠精神"为信仰，系统整理、构建和探索"工匠文化"世界，才形成了中华工匠文化体系。中华工匠文化体系既是一个逻辑范畴，即科学理论研究对象或结果；也是一个历史范畴，即是人类历史发展的产物，依据人类（工匠）社会实践活动的深度和广度，中华工匠文化体系的建构也呈现出历史性的时代性独特风貌。就目前的考察而言，中华工匠文化体系建构主要有三种典型的建构范式，我们称之为《考工记》范式、《营造法式》范式和《天工开物》范式。这三种范式各具特色，具有一定的历史性或代表性。《考工记》范式，主要是指国家管理者层面从整体

＊　本章原载《创意设计源》2016 年第 6 期，原题为《论中华工匠考核体系的当代价值》。

社会结构组织来规范或建构工匠文化体系，突出了工匠文化的社会职能、行业结构、考核制度、评价体系等核心要素系统。为中华工匠文化体系创构期的重要范本，也是后世中华工匠文化体系建构的关键性文本或理论模式。《营造法式》范式，主要是指国家管理层面从具体工匠系统即"营造工匠"系统组织结构来规范或建构工匠文化体系，强调了工匠文化的行业职能、制度体系、经济体系、管理体系、评价体系、审美体系以及营造设计理论体系等核心价值系统。为中华工匠文化体系成熟期的重要范本，也为后世进一步完善中华工匠文化体系建构提供了重要理论文本。《天工开物》范式，是一个纯学者从学术体系建构方面探讨和研究工匠文化体系建构问题的，突出强调了传统农业社会典型生活图景——男耕女织生活世界展开工匠文化体系的建构，以"贵五谷而贱金玉"为指导思想对工匠制度文化、民俗文化、伦理文化、技术文化、评价体系等展开系统思考与提升，为中华工匠文化体系转型期的重要范本，也是传统工匠文化体系走向总结的重要方向或指向。

当然，还有其他很多建构模式或方法，清康熙年间的《考工典》，也是一种极其重要的集大成式的中华工匠文化体系建构方式或范本。①

二、百工制度体系概说

（一）中华工匠文化体系的三大核心要素简说

"百工制度体系"或"工匠制度体系"是中华工匠文化体系的重要组成部分之一，是中华工匠文化体系研究的三大核心之一。中华工匠文化体系的三大核心要素是"工匠精神""技术文化"和"制度体系"。其中，"工匠精神"

---

① 本小节文字出自邹其昌《论中华工匠文化体系》（《艺术探索》2016 年第 5 期）一文中的"中华工匠文化体系的历史建构"一节，此处标题已做调整。

是中华工匠文化体系最为核心的要素，"技术文化"是中华"工匠"文化体系存在的本体要素，而"制度体系"则是中华工匠文化体系生存发展的保障。而这三者的统一（三位一体）既支撑起了工匠文化体系的大厦或环境，同时工匠文化体系所营造的氛围又有力地促进了三者的健康发展。也就是说，中华工匠文化体系与"工匠精神""技术文化""百工制度"三者的关系，是密不可分而互动生成的关系。在此，本章重点考察"百工制度体系"中的工匠考核体系问题。

（二）"百工"（工匠）简说

"百工"（工匠）是中华工匠文化体系的主题，也是百工制度的主体，更是工匠考核体系中的主体。那么，如何理解"百工"或"工匠"呢？学界早已众说纷纭，借鉴于学界众多研究成果，我们认为，"工匠"亦称之为"匠人""匠""工""人匠""百工""国工""工官"等，是一个意指非常广泛的概念。"工匠"最为基本的含义就是古代社会结构"四民"——"士农工商"之"工"，是古代经济三大支撑（农工商）系统之一；从语义学角度看，工匠是集"巧"（技术原则，或技术设计）和"饰"（艺术原则，或艺术设计原则、审美原则）于一身的从事造物活动的创造者和劳动者；从社会学和社会经济结构的角度看，"工匠"既是一个共同体，也是一个层级性社会群体。从社会层级结构来看，大致可以分为管理型的"工匠"（大匠、百工）、智慧型的"工匠"（哲匠、意匠）、技术高超型的"工匠"（巧匠、艺匠）、一般性的"工匠"（匠人，以及各工种的从业人员如木匠、银匠、石匠、花匠、画匠等）四类。从性别而言，既包括男性的"工""匠""工匠""百工"等，也包括女性的"妇功"即"女红"。从管理体制而言，分为官府"工匠"和民间"工匠"。从造物活动这个角度来说，工匠又是第二自然"人工界"（man-built world）的创造者和构建者，具有"造物主"性质，地位神圣而崇高。"工匠"既要"创物"（包括发明、创造、设计等）以弥补自然的缺失，还要"制器"（制造、生产）以满足人类日常生活及其相关需求，更要"饰物"以满足人类日益丰富的精神需求或提升社会生活品质等，是三位一体。由此而言，依据现代社会分工，"工匠"既是哲学家、科学发明家，也是工程师和技术创新专家，还是艺术家和美化师等，是多重身份或职能的统一。因此，我们完全有理由说，"工匠"实际上更符合于当今的"设计师"称谓。[1]

（三）百工制度体系的基本内容

何为"百工制度"呢？所谓制度，主要有两个基本含义：一是指"订立法规"，强调社会组织或集团中各成员应该共同遵循的行为准则或法令等。二是指一种社会或机构（行业）的运行机制或体系，如国家层面的"职官"体系，行业机构的"帮会"体系，等等。由此，"百工制度"也可做两个基本方面的理解。其一，从国家层面而言，"百工制度"是整个国家运行体系的一部分，按照传统中国"三省六部"[2]制体系，"百工制度"隶属于"工部"。"工部"亦称为"尚书工部"，其性质和职能，依据《唐六典》的说法是"掌天下百工、屯田、山泽之政令"[3]。其二，从"百工"共同体而言，"百工制度"则是"百工"系统中各工种和行业相互之间共同遵守的行为规范与准则。本章的"百工制度"二者兼有。

"百工制度体系"则是指中华工匠文化体系发展中，"百工制度"所逐渐形成的较为严密的系统结构。据考察，百工制度体系主要由匠籍制度、行业制度、技术制度、考核制度四大部分组成。

（1）匠籍制度，是指将工匠编入专门的户籍，便于统一管理。入籍的工匠亦称之为"匠户"。"匠户"既有官府"工匠"也有民间"工匠"。在匠籍

---

① 参见邹其昌：《论中华工匠文化体系》（《艺术探索》2016 年第 5 期）之"'工匠'的意涵"一节。

② 三省六部：三省即中书省、门下省、尚书省，六部则是指隶属尚书省的六大部门，即吏部、户部、礼部、兵部、刑部、工部。

③ （唐）李林甫等撰：《唐六典》，陈仲夫点校，中华书局 1992 年版，第 215 页。

制度下，工匠世袭为"工匠"，其子孙后代不得脱籍而改变行业，而且随时听候官府的征调使用，人身自由受到一定限制。

（2）行业制度，是指各行业工种集团组织对工匠所作出的必须共同遵守的相关行为方式、规范和制度。在行业制度下，各行业之间不得越界从事自己本职工作之外的事。例如皮鞋行业，制皮者，不可做鞋；反之，做鞋者，也不可做制皮。否则，就会受到一定行规的处罚。行业制度保障了各行业之间的权利和义务，也削弱了竞争意识，不利于行业的繁荣，但对于行业内部精益求精的工匠精神的发扬则很有利。

（3）技术制度，是指各行业工种的工匠在造物活动中所获得的专门技术和技巧等应受到一定的保护或保密。在技术制度下，技术的传承要受到严格的控制，并实行相关的承受方式，如师徒式、父子式、兄弟式，更甚者家族式工匠技术，大多规定"传男不传女"等。如此的传承模式，虽然有利于技术"知识产权"的保护，但也阻碍了技术的有效传播和利用，不利于人类文明的发展。

（4）考核制度，是指行业组织机构对工匠造物活动成果的验收所制定的相关制度和法规。在考核制度下，工匠造物活动过程及其成果都会受到相应的监督、管理和奖惩，由此可以保障器物的质量和维护行业的荣誉，以获取可持续性的社会经济效益。考核制度体系是中华工匠文化体系的关键内容之一，也是本章探讨的重点，详述如下。

三、中华工匠考核体系的基本结构

如上所述，工匠考核制度是百工制度体系的四大组成部分之一，也是中华工匠文化体系的重要组成部分。中华工匠考核体系有着极为丰富的内容，在此，本章主要从考核原则、考核内容、考核方式、考核目标、考核机构、考核结果六大方面介绍中华工匠考核体系的基本结构。

（一）考核原则

考核原则，是指为保证工匠造物活动及其产品的质量和行业社会效益所制定的考核基本指导思想和规则。考核原则主要包括技术原则（法仪原则）和道德原则（诚信原则）。

（1）"法仪"原则。所谓"法仪"，出自《墨子·法仪第四》，意为"法度礼仪"。亦即做任何事情都要有法度准则可依循，否则一事无成。据《墨子·法仪》记载，"子墨子曰：天下从事者，不可以无法仪；无法仪而其事能成者，无有也。虽至士之为将相者，皆有法。虽至百工从事者，亦皆有法。百工为方以矩，为圆以规，直以绳，正以县，（平以水）。无巧工、不巧工，皆以此五者为法。巧者能中之，不巧者虽不能中，放依以从事，犹逾己。故百工从事，皆有法所度。"① 对于工匠而言，工匠造物活动必须遵循"为方以矩，为圆以规，直以绳，正以县，（平以水）"原则，即工匠们用矩划成方形，用圆规划圆形，用绳墨划成直线，用悬锤定好偏正，（用水平器制好平面）。而且，无论是巧工还是非巧工，都要依据此五种方法原则。五种原则掌握得好的就是巧工，掌握得不够好的也可以据此模仿而工作，也不会乱做一气。因此，工匠做事都要有法度可依。"法仪"原则，就自认成为"工匠"造物考核体系的第一原理——技术原则。

（2）诚信原则。诚信是考核百工的重要道德标准。诚实守信是中华民族的传统美德，凡事以诚信立本。诚信的要求适应于每一个人，当然也包括制造生活必需品的"百官"。如《管子·乘马》中记载："非诚贾不得食于贾，非诚工不得食于工。"就是说，不讲诚信的商人，就不得以经商为生；不讲诚信的工匠，就不得靠做工来谋生。同样，农夫、士人等概莫能外。各行各业的人要有敬业精神，诚信责己，诚信待人，只有讲诚信才能各食其所。由此可见，古代工匠的诚信精神是立业之本。若缺失诚信，匠人所从事的职

---

① 《墨子》原文中无"平以水"句，据王焕镳《墨子校释》补。

业也将前途晦暗，甚至闭门歇业。《吕氏春秋》曾有"物勒工名，以考其诚"的考核方法，突出强调工匠之"诚信"问题。所谓"物勒工名"，就是在器物上刻上工匠的名字，便于追查责任。

（二）考核内容

考核内容大致分为两类：对工匠组织机构的考核和对工匠个人的考核。

（1）对工匠组织机构的考核。首先，是对组织机构的绩效考核，也就是该组织机构对国家的贡献。如《礼记·曲礼下》中记载："天子之六工：曰土工、金工、石工、木工、兽工、草工，典制六材。五官致贡，曰享。"这里的"贡"即"功"，"功"是指该部门一年的成绩（绩效），"享"即"献"。大意是说，"五官"在年终时要各自向天子汇报其部门在一年内所取得的绩效情况，天子再根据其绩效进行评判论功行赏或是进行处罚等事宜。宋代刘敞《百工说》中说，"百工殊智而同巧，百子殊术而同治。……能并而容之，并而任之者，司空也。……能并而容之，并而任之者，圣人也。故司空氏得其人，百工者咸安其职，勉其业，居其次。司空失其人，百工者起而相时之好恶，以巧相倾，以利相排，以说相胜。圣人在上，百子者各输其术，陈其力，守其官。"[①]从圣人、司空的角度，论证百工系统的运作方式及其管理制度的优越性。陈舜俞《说工》："……惟是承平以来，经国之人不着法度以杜机巧，……朝廷以纯素之化，先之于六宫，次之于大臣，后之于天下。"[②]这句劝谏直言，反映出"经国之人"制定政策对下属机构的重要性，也从侧面反映出百工系统应该以"法"（法度）来"杜机巧"（杜绝或防止机巧之心），以遵循"纯素"的制作理念和工匠精神。年终考核时，上述两个方面也自然是考核的重中之重。

---

① （宋）刘敞撰：《公是集》卷四十二（四库全书本）。
② 《都官集》卷七，文渊阁四库全书本。

其次，体现在对百工制度的考核上。历朝历代的百工制度都是不同的，皆顺应生产环境的改变和经济发展的需要而改动，其主要目的就是为了适应国家机器的合理运转和满足帝王的个人意志。举例来说，唐改隋的工匠制度，是为满足其相较于前代高速发展的社会需求；元时大量征集匠人，并对匠人实施严苛管理，则很大程度上是为了满足统治者奢侈的需求。

（2）对个人的考核。对个人的考核，主要从百工个体的思想、道德和技术层面介入，简言之，即德与能。德是人的"风骨"，是人的灵魂，是中华千年文化对人潜移默化的结果。《吕氏春秋》早已有"治物者，不于物于人"①之说，以强调整治器物，不在于器物本身而在于整治器物的人。可见工匠之德于造物（治物）之首要价值。因此，对工匠个人的考核，主要是从德与能两个方面着手的。

首先，德的基本含义是"道德和品行"，是工匠考核体系中考核工匠的首要标准。"德"的标准包含善和诚两大核心组成部分。善，即善美。善美是中国人传统的审美观，也是中国人的道德准绳。与人为善、尽善尽美、止于至善，善被看作人类道德的最高标准和最低底线，这与中华民族文化中推崇的圣人文化密切相关。尧去世后，将部落首领的位置禅让给舜，这被视为大善；与人为善，处处礼让、尊敬，这也是大善。久经千年，善的概念已经深入每一个中国人的骨髓，更不要说在善文化中熏陶、成长的工匠阶层。尊师重道、长幼有序、成人之美，无一不体现在工匠考核系统之中。立人先立品，在拜师学艺之前，匠人们已然先经历了师父对其人品的考核，如若考核不过关，则通往学艺之路的大门已然上锁。宋代学者陈襄的《百工由圣人作赋》阐明了善之于"百工"称谓之意义就在于"工之立也，乃成器而尽善"②，亦即设立百工之职，其目的就是为了"成器"而成就"尽善"之境界。

其次，与善并提的是诚。凡事以诚信立本，诚信的要求适应于每一个

① 《吕氏春秋·不苟论第四·贵当》。
② 文渊阁四库全书本《古灵集》卷二十一。

人，自然也包括作为造物主体的"百工""工匠"。《礼记·中庸》："唯天下至诚，为能尽其性。能尽其性，则能尽人之性；能尽人之性，则能尽物之性；能尽物之性，则可以赞天地之化育；可以赞天地之化育，则可以与天地参矣。"《吕氏春秋·孟冬记》曰："工师效功，陈祭器……比工致为上，物勒工名，以考其诚。工有不当，比行其罪，以穷其情。"《吕氏春秋·离俗览第七·贵信》："百工不信，则器械苦伪，丹漆染色不贞。夫可与为始，可与为终，可与尊通，可与卑穷者，其唯信乎！信而又信，重袭于身，乃通于天。"信即诚信，若百工失信，造出的器械质量粗劣，不堪重用；若百工失信，染出的颜色就不纯正，不合于礼。百工只有做到"信而又信"，才能有所作为。不论何时何地，只要"工"被发现不诚，其本人、其家属都会受到影响。

"能"，即工人的个人能力、才能、技术水平，是个人考核体系中的"筋骨"。个人能力，首先体现在对工人的职称认定上；个人技术能力，体现在对产品功能及造型的把握上；创新能力则是工匠个人能力升华的体现，被视为能力的最高体现。

德与能的关系，就像人的精神风致与人的身体筋骨之关系，互为表里。

（三）考核目标

通过一系列考核，以期获得合理、系统、流畅的设计组织、管理流程，明确工匠的造物观。

古人行事习惯于依时节，时移事变。前文考核原则的"依时而考"原则明确规定春季"审五库之量"，审视所备材料的质量。命负责染织的官员利用夏季高温和易染色的便利条件染色。秋季天气干燥，命官员修筑河堤、宫室、制备冬衣，及至霜降，万民入室，百工休整，期间学习新知识、新技能。岁末，是年终清点的重要节点，此时"工师效工，陈祭器，按度程，无或作为淫巧，以荡上心，必功致为上。物勒工名，以考其诚；工有不当，必行其罪，以穷其情"。四个时节，做不同工。前期做好准备工作，中期按计划完成工作，后期修整学习，岁末考核并进行奖惩。设计活动组织完善、过程流程，既能做到按时完工，又体现出对工匠的人文关怀。

于工匠而言，考核也达到了端正造物观的目的，即以实用、诚信、格物致知为主的造物态度。"制器者，珍于周急，而不以采饰外形为善"，百工所作应"贵用，贱浮伪"，不为"淫巧"。诚信则关系到产品功能的好坏，选材、制作不精影响实用、影响产品使用寿命。格物致知是古代认识论的重要命题，强调百工应不断学习，勤于思考，探知事物原理，用于创新。

（四）考核机构

考核机构，主要有组织考核机构和"工师效工"考核机构。前者可参考历代监察机构，如御史大夫、御史台、都察院，其职能为监察和"主纠察内外百官之司"，按从高到低的官位顺序行使监察权。"工师效功"体现出工师对百工的直接考核的民间性组织，"工师"可被视为工匠的师父，也可被视为管理工匠的官员，此处分析传统的工匠培训制度有助于更好地理解"工师效功"。

百工制度大致分为三大历史阶段：先秦两汉为创构期，晋唐宋元为成熟期，明清时期为转型期。百工制度创构期，官府垄断手工业，技术为官府掌控，百工培训工作由官府完成。至百工制度成熟期、转型期，除官府培训外，家族传承和师徒传承也成为三大培训主流。学徒期一般为一到两年。据湖北省云梦出土的睡虎地秦竹简《秦律十八种·均工》所载："新工初工事，一岁半红（功），其后岁赋红（功）与故等。工师善教之，故工一岁而成，新工二岁而成。能先期成学者谒上，上且有以赏之。盈期不成学者，籍书而上内史。"就是说，新工匠开始工作，第一年要求达到规定产额的一半，第二年所收产品数额应与过去做过工的人相等。工师好好教导，过去做过工的一年学成，新工匠两年学成。能提前学成的，向上级报告，上级将有所奖励。满期仍不能学成的，应记名而上报内史。而且技术性越复杂，学徒期越长，出徒也就越慢。如《新唐书·百官志》少府条载有："细镂之工，教以四年；车路乐器之工三年；平漫刀槊之工二年，矢镞竹漆屈柳之工半焉；冠冕弁帻之工九月。教作者传家技，四季以令丞试之，岁终以监试之，皆物勒工名。"也就是制作越精细的工种，学徒期越长。在此过程中，"工师""教作者""令丞"这类官员，皆以考核为手段，直接检验百工的技术学习成绩，区别于都察院等职能部门。《考工记》中也有"梓师罪之"的记载，"梓师"是"梓人"的上司，倘若产品没通过检验，梓师可以直接处罚梓人。

（五）考核结果

考核结果最为直接的体现就是作为激励机制的依据。不论组织机构还是百工个人，考核结果优异，则奖励升迁；反之，"工有不当，必行其罪"。上述《秦律十八种·均工》曾引"能先期成业者谒上，上且有以赏之。盈期不成学者，籍而上内史"。于百工个人，考核结果尤为重要，具体体现在百工的"职称"认定上。

职称认定的标杆可以被认作百工所掌握的造物技术水准，可分为四个梯队。第一梯队的职称有"国工""巧工""哲匠""匠师"等，相当于当代的中科院院士、高级工程师等级别。《考工记·轮人》："凡为轮，行泽者欲杼，行山者欲侔。……故可规、可萬、可水、可县、可量、可权也，谓之国工。"又"轮人为盖。……良盖弗冒弗紘，殷亩而驰，不队，谓之国工。"在笔者看来，"国工"不仅是国家级的职称，也是掌握一流技术的代名词。"巧工""哲匠"，区别于"国工"的关键点在于"巧"字。《说文》释"巧"为"技也"，《墨子·贵义》："利于人，谓之巧。"马融《长笛赋》："工人巧士。"也就是说，"巧工"，是在熟练掌握某种技能基础上，"利于人"且高于工的"巧士"。"巧工"需有巧思，有巧技，最为关键的是巧妙，而妙则是美学中的重要范畴。

老子在《道德经》中首次提出妙的概念，并将之与"道"联系起来，体现出"道"的无规定性和无限性。"巧工"中引入"道"无限的概念，"工"的境界被无限提升。第二梯队的职称有"大匠""梓师""工师"等，相当于现代的公司技术主管、车间主任、技工学校教师等职。"大匠不斫，大庖不豆"，"水静则明烛须眉，平中准，大匠取法焉"，大匠专指手艺高超的木工。之所以将大匠放入百工职称的第二梯队，"盖大匠能与人规矩，不能使人巧"。"梓师""工师"为普通工匠的上级主管或师父，"工师效工"，有一定官职和权利。第三梯队就是普通工人。在政府有编制的工人，负责按照上级指令工作。第四梯队为"拙工"，指技术水准没达到要求的工人，或是所作器械"苦伪"之人。

四、工匠考核体系的当代价值

当前，我国产业结构正处在重大的转型升级时期。面对产品质量低下、科技含量不高、国际竞争力不强等现状，重提工匠，倡导工匠精神，成为改变现状的历史必然。就设计而言，我们不缺设计师，然而我们还没有世界级的设计大师和世界级的知名品牌。这与我国设计教育观念的严重滞后、设计人才培养的弊端、行业规则的不健全、职业道德的缺失等都有着极大关系。在此仅以工匠考核体系方面，提出以下几点思考。

（1）有利于改变旧有设计教育模式。中国有大量设计专业的学生，但生源素质参差不齐，多为文化课成绩差而以艺考为捷径走上"设计"之路的。入学后的设计教育教学，因师资整体水平低，仅仅只能应付日常教学，大多只会照本宣科，缺乏理论和科研能力，不能将设计学科的先进理念有效地应用于教学，学生既得不到有效的设计思维训练，也缺少技艺实践，更缺少产学研的实地学习。毕业时，大多数学生处于"学术素养缺乏、专业技能不强"的尴尬境地，难以满足社会的需求，难以满足庞大的制造业需求。很多学生要么从普通技术人员开始做起，要么干脆改行放弃本专业，造成了巨大的资源浪费。这与传统工匠考核中重视技术、术业专攻的观点相悖甚远，难以短时间内让中国设计回归到古时的巧思精妙。

（2）有利于营造尊重设计师，尊重设计文化，提高设计师地位的社会文化环境。毫无疑问，"万众创新、设计立国"已成为世界潮流。近半个世纪以来，世界上的发达国家的发展都与其设计发达相关，特别是美国、德国、日本、韩国等，设计立国成为他们的基本国策。设计和设计师的创新价值也有着其独特地位和意义。而我国目前的整体状况显示，设计和设计师的地位和价值，未能获得应有的重视。设计师的生存状态和工作环境不容乐观。由此而造成的全国性的创新能力和整个经济发展的严重滞后并缺乏活力。设计的价值就在于驱动创新、创造世界品牌和提升国家核心竞争力。我们认为，加强中华传统工匠考核文化体系的传承创新研究，将有助于营造良好的设计师生存环境，有助于造就浓厚的设计文化氛围，同时将有助于为国家的综合实力的提升作出积极的贡献。

（3）有利于探索与逐步建立起行之有效的当代设计管理体系。优秀的设计管理、设计组织早在周代时就已出现，而现代意义上的设计管理概念在我国设计领域只是流行了数十年，缺乏科学、系统的管理程序设计。工匠考核原则中"依时而考"的原则或许是建立当代设计管理体系的有效借鉴。此外，《周礼·掌皮》提到，每年春天掌皮官将皮革交给百工时，都要进行详细计量、统计，然后与制成品的数量进行比对，查验是否数量上有出入。再如《周礼·典丝》："典丝掌丝入而辨其物，以其贾楬之掌其藏与其出，以待兴功之时，颁丝与内外工，皆以物授之……及献功，则受良功而藏之，辨其物而书其数，以待有司之政令。"这充分体现了古代制造和生产严密的监管流程，无论是生产前的准备工作，还是生产过程，都要严谨，以防止生产流程出问题或生产过程中产生浪费，也防止工匠中饱私囊。工欲善其事，必先利其器。一套系统而有效的设计管理体系，不仅会提高设计的效率，也会提高生产效率。如果缺失有效设计管理制度保障，设计行业也不可能做大做强。因此，建构当代设计管理体系，是当代中国设计可持续发展和强大的基本保障。

　　当然，中华工匠考核体系内容十分丰富，有待于进一步系统化，本章仅仅只是抛砖引玉。

第七章 工匠精神结构分析

随着中国经济进入转型升级的重要阶段，"工匠精神"作为推动转型升级的重要精神动力被提上日程，"工匠精神"研究热也日益高涨。目前，学界对"工匠精神"的相关研究，有着重要的学术价值：就研究内容而言，关于工匠精神的内涵、价值与意义；工匠精神历史考察以及工匠精神的经验介绍等相关主题之成果颇多，也颇为集中；就研究视角而言，有设计学、美术学、经济学等视角，呈现多学科研究趋势。但从整体上来看，依然存在一些问题：如点的研究较多，面的研究较少；个体研究较多，整体研究较少；当代研究较多，历史梳理较少；等等。本章基于学者们的相关研究成果，对工匠精神之意涵、历史及其世界经验等进行了较为系统的梳理研究。

一、工匠精神的诠释

（一）工匠精神的基本内涵

所谓仁者见仁，智者见智，不同学者对"工匠精神"有不同的理解与定义。

王国领、吴戈认为工匠精神有狭义、广义之分，"狭义的工匠精神是指凝结在具有一定技艺的工匠身上和匠人制作中精益求精、视质量为生命的态度与品质；广义的工匠精神是指在所有劳动者身上、劳作中追求精益求精的态度与品质"。① 李任则专门论述了传统工匠精神的内涵，主要包括"刻苦钻研创新的精神品质""精益求精的职业追求""持之以恒的工作态度""敬业诚信的道德品质"②，这里的"工匠精神"既是一种职业态度也是一种道德品质。张培培则分析了传统工匠精神和当代"新"工匠精神的不同，他认为，"精益求精和将事情做好的专注坚持"是"工匠精神"的基本内涵，在此基础上，"新"工匠精神更加"重视创造创新，凸显个体自主性和人的价值，强调现实统一"，而"尊重传承和规则，个人直接完全参与生产流程而获得的完整感，以及通过劳作与社会连接获取意义"③，则更符合传统工匠精神的内涵。李海舰等人的《工匠精神与工业文明》一文则指出："'工匠精神'可以从六个维度加以界定，即：专注、标准、精准、创新、完美、人本。其中，专注是工匠精神的关键，标准是工匠精神的基石，精准是工匠精神的宗旨，创新是工匠精神的灵魂，完美是工匠精神的境界，人本是工匠精神核心。"④ 肖群忠、刘永春分别论述了中西方"工匠精神"的不同内涵，他们认为，在中国文化中生成的"工匠精神"主要包括"'尚巧'的创造精神""'求精'的工作态度""'道技合一'的人生境界"；而西方文化视阈下的"工匠精神"则主要表现为"唯艺的纯粹精神""善尽美的目的追求""对神负责的精业作风"⑤。薛栋专门分析了中国古代的"工匠精神"，并指出古代"工匠精神"以"善美"为价值追求，以"德艺"兼备为价值表征，具体表现为，"'强力而行'的敬业奉献精神""'切磋琢磨'的精益求精精神"以及"'兴利除害'的爱国为民精神"⑥。邹其昌对"工匠精神"的理解则上升到哲学层面，他从"现实层"和"超越层"详细论述了"工匠精神"的意涵。"'现实层'主要是指'工匠精神'实存性的本位状态和事实（本来的意义）"，是一种"工匠本位精神"，

---

① 王国领、吴戈：《试论工匠精神在现代中国的构建》，《中州学刊》2016 年第 10 期。

② 李任：《论工匠精神与传统技艺的传承》，《荆楚学刊》2016 年第 8 期。

③ 张培培：《互联时代匠精神回归的内在逻辑》，《浙江社会科学》2017 年第 1 期。

④ 李海舰、徐翊：《工匠精神与工业文明》，*China Economist* 2017 年第 7 期。

⑤ 肖群忠、刘永春：《工匠精神及其当代价值》，《湖南社会科学》2015 年第 6 期。

⑥ 薛栋：《论中国古代工匠精神的价值意蕴》，《职教论坛》2013 年第 34 期。

它是一种物态化和精神化统一。物态化主要通过"'巧'（技术原则）、'饰'（艺术原则）、'法'（行为准则）、'和'（生态原则）"四大原则在实践中的应用来实现，而精神化则主要指工匠造物活动中的所思所想，"往往是以'手作'的方式、工作态度、人生追求、器物世界等传达出来的"。"'工匠精神'的'超越层'是指'工匠精神'已从其本位性的实体工匠创造活动延展至具有普遍性的方法论意义的层面。这个超越性层面已不再落实到具体的工匠活动领域，是一种人生价值信仰、一种生存方式、一种工作态度，也就是马克思所说'一种人的本质力量的确认'境界'。"① 此外，关于"工匠精神"最为普遍的理解，是一种精益求精、一丝不苟、专业敬业的职业精神和做事态度，在此不一一举例。

基于学界对"工匠精神"的阐述与理解，可以得出以下几方面的结论："工匠精神"有传统与现代之分；"工匠精神"有具体（狭义）与抽象（广义）之分；"工匠精神"有中国与外国之分。可见，"工匠精神"是一个历史发展的概念，具有区域性、成长性和包容性，具有随着时代发展而不断自我更新的顽强生命力，它在不同的文化氛围里，呈现不同的精神气质。对一个发展的、开放的词汇进行明确定义是非常困难的，因此，要从不同维度去理解它。

传统的"工匠精神"，是针对工匠群体而言的，是指在工匠群体长期的劳作过程中形成的一丝不苟、认真细致、精益求精、诚实信用等态度和品格；而现代的"工匠精神"，是针对所有劳动者而言，正如桑内特所言，只要"拥有为了把事情做好而做好的愿望，我们每个人都是匠人"②，它不仅表现为爱岗敬业、精益求精、追求卓越等精神品质和工作态度，还表现为重创新精神，具有将劳动作为实现人生价值的追求和信仰。另外，还有一点值得注意的是，由于古代和现代政治、经济、文化发展的不同，促使"工匠"追

---

① 邹其昌：《论中华工匠文化体系——中华工匠文化体系系列研究之一》，《艺术探索》2016年第5期。

② ［美］理查德·桑内特：《匠人》，李继宏译，上海译文出版社2015年版，第177页。

求"工匠精神"的动力也是不一样的。譬如，在古代，民间工匠对产品精雕细琢、一丝不苟多是出于生计要求，为使产品获得更好的销路。官府工匠对产品的细致认真、追求卓越多是出于官府的强制性要求，是对现实的无奈妥协。因此，传统"工匠精神"是一种被动输出，尽管有少数主动投身事业的人们，但绝大多数出于被迫。而现代"工匠精神"则更多的表现为主动生发。尽管追逐利益也是迫使人们认真工作的一大动力，但更多的是为了在劳作中寻求一种满足感和自我价值，表现为一种积极主动、创新快乐的劳动。传统与现代"工匠精神"这种被动与主动、消极与积极的矛盾性属性，更多的是因为二者处于不同的文化氛围之中，传统文化中，工匠既表示一种职业群体，也代表了身份极其低下的一个阶层。工匠身份地位低下，受到士人甚至是农人的轻视，他们被迫为官府做工，失去人身自由；无权通过读书入仕，其职业也是世袭不得更改，甚至在衣食住行、婚嫁丧娶都有严格的规定和限制。在这样境遇下，工匠甚至没有选择自己兴趣工作的权利和机会，其劳作多出于被迫或无奈。因而在劳作中所表现出来的一丝不苟、精益求精更多地被蒙上了一层无奈的阴影。而在现代社会，每个人都有自由选择职业的权利和机会，尽管"劳心者治人，劳力者治于人"的传统观念还在影响着对社会体力劳动的轻视，但随着这种观念逐渐被自由、平等思潮冲淡，各行各业提倡"工匠精神"的回归，使得只要拥有"工匠精神"的每个人都成为人们称羡对象，人们更乐意于在自己的岗位中通过兢兢业业、创新精进来获得一种社会认同，这就为"工匠精神"增添了一份积极主动的意味。

再说，狭义与广义的"工匠精神"。狭义的"工匠精神"，其对象、表现都有比较明确的规定和范围，其对象在古代为工匠群体，在现代则指手工业者（手艺人），其面对的群体比较固定；多表现为一种职业精神和工作态度。简而言之，狭义的工匠精神主要是指这些固定的群体（手工业者）在劳作中表现出来的一丝不苟、精雕细琢、专业敬业等态度和品质。而广义的工匠精神则将这一固定群体扩展到所有劳动者，包括劳心者和劳力者。今天的程序员、作家、演员等都属于其中，不仅仅表现为一种工作态度、职业精神，还表现为一种价值追求和人生信仰。简而言之，广义的工匠精神是指凝结在劳动者身上的精益求精、追求卓越、专业敬业的工作态度和爱岗敬业精神，以及在此基础上追求人生价值的实现和自我认同感。

另外，不同地区、不同国家由于政治、经济、文化、历史以及地理等各方面的不同，导致其"工匠精神"的表现与内涵也不尽相同。譬如，日本的工匠精神更多地表现出一种人性化和美感的追求，德国的工匠精神则多了一些严谨，美国的工匠精神则融入了更多的创新精神（后文另辟小节详细论述）。因此，对不同地区"工匠精神"的解读应该考察其特殊的生成环境和历史。

很显然，我们无法为工匠精神下一个详细的定义，也无法仅从某一个方面去解释其内涵，更加不能直接照抄照搬其他地区的工匠精神。因此，应提倡从多维度、多角度去历史地、动态地理解和把握工匠精神。而工匠精神中那些不变的基本内涵，如一丝不苟、精益求精、专业敬业、追求卓越的精神品质是无论何时都不能忘记的。

（二）工匠精神的特征

根据上述考察，我们知道工匠精神是一个开放的、历史的概念。为更好地理解和把握工匠精神，本小节根据邹其昌的观点[①]，展开论述工匠精神的四大原则，即"巧"（技术原则）、"饰"（艺术原则）、"法"（行为准则）、"和"（生态原则）。

"'工匠'既要'创物'（包括发明、创造、设计等）以弥补自然的缺失，还要'制器'（制造、生产）以满足人类日常生活及其相关需求，更要'饰物'

---

① 邹其昌在《论中华工匠文化体系》一文中指出："'工匠精神''现实层'的基本要素有'巧'（技术原则）、'饰'（艺术原则）、'法'（行为准则）、'和'（生态原则）。这四种要素的有机结合，就会出现'工匠精神'的物态化"。

以满足人类日益丰富的精神需求或提升社会生活品质等，是三位一体的"①，工匠的劳动既创造物质世界也满足精神需求。由此可见，工匠劳作实际上也是一个不断处理自然、人与社会(工匠构建的人工社会，包括各种器具物等)三者之间关系的过程。他们利用大自然创造一个美好的人工世界，以保证人与社会更好地发展，这就要求工匠在活动过程中追求三者之间的和谐，这便是"和"的原则。而在这一创物制器的过程中，娴熟的技艺、技巧是基础与前提，这便是"巧"的原则；而对美的追求又是人之天性与历史发展的必然，因此，对于工匠群体来说良好的艺术修饰、造型功底也是必不可少的能力，这即为"饰"的原则。此外，由于长期的发展与积累，不同的工种也形成了自己独特的流程、准则和诀窍等。在创物制器的过程中，不同种类的工匠都应遵循相应的规矩法则，这就是"法"的原则。

　　"巧"，技术原则。《说文·工部》曰："巧，技也"；《说文·手部》曰："技，巧也"。"巧"与"技"互释，突出了"巧"的技术性。《广韵》曰："巧，能也，善也"。《韵会》有："巧，机巧也"，则进一步说明这种技术的精巧、娴熟。而《周礼·冬官考工记》"天有时，地有气，材有美，工有巧。合此四者，然后可以为良"，不仅仅指制造良器，要遵循天时地利人和等各方面要素，也暗含了"巧"为"工"的必备或主要要素与表征，就如"天有时，地有气，材有美"一样。由此可见，"巧"主要是指工匠所应具备的精巧、娴熟的技术特性，也即工匠精神所蕴含的技术原则。

　　事实上，成为工匠，尤其是巧工，精湛的技艺、技术是必不可少的前提条件，一定的技术、技能也是工匠之所以为工匠的第一要素。历史上对工匠的称赞无不是惊叹其高超的技艺，如，能工巧匠、巧夺天工、心灵手巧、熟能生巧等，皆为赞叹技艺、才能之高超用词。而历史上的庖丁、轮扁、鲁班、干将、喻皓、蒯祥、李春等名匠，无不是技艺精湛的代名词。

---

① 邹其昌：《论中华工匠文化体系——中华工匠文化体系系列研究之一》，《艺术探索》2016 年第 5 期。

此外，还有一点需要注意的是这里的技术原则不仅仅是高超、精湛的技术，它必须在一个规约的范畴之内，即"利于人，谓之巧"（《墨子·贵义》），否则就是"淫巧"。因此，我们可以说工匠精神之技术原则，不仅仅是一种纯技术、技巧的要求，更具有一种道德的意味。

"饰"，艺术原则或艺术设计原则、审美原则。《说文·工部》曰："工，巧饰也"，表明"工"还具有"饰"的属性。而"饰"，《说文·巾部》解释为"饰，刷也"。清代段玉裁《说文解字注》曰："凡物去其尘垢即所以增其光采。故馭者饰之本义。而凡踵事增华皆谓之饰。则其引伸之义也。"可见，"饰"有清理擦拭以增加光彩、使事物得到美化之意。另外，"刷""饰"后来合成为一种装饰设计方法——"刷饰"。如《营造法式·彩画作制度》论及彩画类型时，就有"刷饰"一目。①《玉篇》中则说："饰，修饰也。"《逸雅》："饰，拭也，物秽者拭其上使明，由他物而后明，犹加文于质上也。"强调"装饰"功能，即艺术性设计活动。《大戴礼记·劝学》云："运而有光者，饰也。"《史记·滑稽列传》"共粉饰之，如嫁女床席"。这里的"饰"都有装饰、修饰之意。依据考察，饰由一种清理美化行为，逐渐转化为一种装饰、设计之方法。

技术的发展也许会制约人类实现美的能力，却无法阻挡人类对美的追求。原始时期，人们用贝壳、石头、象牙等串成的手链、项链里就蕴含了人们对美的追求；原始彩陶上粗陋简朴的装饰纹样也是早期人们装饰器物的表现。随着技术的成熟、技艺的愈加精湛，在满足人类物质需求的基础上，为进一步满足日益增长的精神需求，各行业的匠人们合力构建了一个美的人工世界。可见，艺术原则是工匠精神的题中之义。

"法"，行为准则，制器原则。《尔雅·释诂》"法，常也"，取规则规律之意。《释名》"法，偪也。偪而使有所限也"，限制之意。《礼·月令》"乃

---

① 邹其昌：《论中华工匠文化体系——中华工匠文化体系系列研究之一》，《艺术探索》2016 年第 5 期。

命太史守典奉法"。《注》"法，八法也"，即周代管理官府的八种方法。《礼·曲礼》"谨修其法而审行之"，取制度之意。《孝经·卿大夫章》"非先王之法服不敢服"，取礼法之意。《易·系辞》"崇效天，法地"，取效法之意思。"法"的意思颇丰富，既可为名词也可作动词。在工匠活动中的"法"多取规矩、法则等意。《说文解字》云："工，巧饰也，像人有规矩也。"徐锴注曰："为巧必遵守规矩、法度，然后为工。"可见，工匠活动的前提是"遵守规矩、法度"。早期的"规矩"为工匠之工具，《墨子·天志上》"我有天志，譬若轮人之有规，匠人之有矩"。《楚辞·离骚》曰"圆曰规，方曰矩"。可见"规矩"是工匠画方圆之工具。后引申为礼法、法度、准则等意，不仅指导工匠制器，还成为规约工匠之行为准则。正如《礼记·经解》所言，"礼之于正国也：犹衡之于轻重也，绳墨之于曲直也，规矩之于方圜也。故衡诚县，不可欺以轻重；绳墨诚陈，不可欺以曲直；规矩诚设，不可欺以方圆；君子审礼，不可诬以奸诈。"工匠常用工具，如"绳墨""规矩"以其象征意义，如绳墨测曲直，象征辨别是非；规矩画方圆，象征做人（做事情）要遵循一定的规则、制度等，为人所乐道。而这些象征意义的广泛使用，或用来劝谏政治，或用来规劝人民。这就让工匠活动增添了一丝伦理意涵。

就工匠及其活动而言，他们在制器的过程中，都要遵循一定的制作"秘诀"，譬如选材的注意事项、制作过程中力道的把握、制作环境的选择等。这个"秘诀"有可能是匠人自己多年经验的摸索和总结；也有可能是来自于师傅的传授、父兄的叮嘱；也有可能是行业中流传的一些口诀、民谣甚或是一些专门书籍。木匠行业中有许多这样的口诀：如"大木不离中"，就是说在大木制作中，中线的重要性，木匠师傅首先要画好这条中线，以保证大木制作与安装有"线"可依。"冲东不冲西""晒公不晒母"，则是建筑建造中约定俗成的规则。古代建筑多为木构建筑，且朝向多坐北朝南，考虑到光照原因，习惯于将榫做成朝东方向的一端，卯做成朝西方向的一端。"冲三翘四撇半椽"也是建筑营造中对屋檐角梁部位的建造角度或尺寸的规定。匠人在制作过程中所遵循的这些经验、规则等就是所谓的"法"，即制作之法。

另外，工匠不仅仅要遵循制作之法，还应有一定的行为之法来约束自己。技术本是一个中性词，只是人的意志赋予了其"善"或"恶"，这种"善"或"恶"主要通过使用人是出于何种目的去利用这种技术。回到工匠活动中，工匠凭借其技艺造物，或造福于人，或为恶于社会，因此，必须要遵循一定的"法"，将这种造物活动导向善的一面。这也是为何墨子指责公输班制作各种战争器械是伤害民众，因为其目的是为挑起战事，攻打它国。所以说，匠人还需遵循一定的行为法则，使得自身事业"利于人"。这里的"法"即行为法则，一种向善之心。

"和"，即生态原则。和，《说文·口部》曰"相应也"。《广雅》曰"和，谐也"，"谐，和也"，"和"与"谐"互注，而"谐"《玉篇》作"合也，调也。"《广韵》"顺也，谐也，不坚不柔也"。可见，"和"有配合得当、配合协调，不偏不倚，恰到好处之意。此外，在古代讲音乐韵律之美妙合拍、协调优美也常用"和"来描绘，《老子》曰"音声相和"。《国语·周语下》有"乐从和。"《吕氏春秋·慎行论》曰"和五声"。音乐将不同的音符搭配演奏以获取一种赏心悦目的听感。以"和"论音乐，恰恰说明了"和"有将不同元素组合在一起以达到一种最佳状态之意。

事实上，工匠活动本身也是一个将不同元素组合而组成一个新的东西的过程。所以说，就工匠活动自身来说，它是一个"和"的过程，从开始的构思、选材用料、制造打磨到最后的修饰美化，环环相扣，配合得当才能制造出精美的器物。一团泥块经过"和"的过程成为了精美的陶瓷器；几段木头经过"和"的过程成为了实用美观的家具；几块布匹经过"和"的过程成为保暖美丽的服饰。也正是工匠活动的完整性，使得工匠活动本身成为一个内在的生态圈。借助自然之资源，使用人类之技术，将其改造成人类所需之器物，既满足了人类生存生活、发展之需求，也弥补了大自然之于人的"缺失"。另一方面，我们也应看到，工匠活动自身所构成的这一内生态圈，对自然也有一定的影响。因此，若要获得自然长久之支持，工匠活动还需与自然界之间达到"和"的状态，即生态原则。正如《考工记》曰："天有时，地有气，材有美，工有巧，合此四者，然后可以为良。"匠人在遵循自身活动的一套生态流程时，必须关注外在的生态圈，要同时考虑天时地利人和各方面要素。

二、工匠精神的逻辑构成

简单来讲，工匠精神是指工匠（这里主要谈广义的工匠精神，具有更大的普遍性。因此这里的工匠也是广义上的工匠[①]）在劳作过程中所表现出的精益求精、一丝不苟、爱岗敬业、诚实守信等工作态度和道德品质，最终升华为一种人生信仰和人生价值。而劳作过程是工匠发挥自己的主观能动性，利用工具（技术的物化）作用于材料而最终得到预期的产出（包括无形的和有形的产品）的一个完整过程。因此，为了更好地分析工匠精神，参考马克思的劳动过程三要素（劳动本身、劳动资料和劳动对象），将工匠精神的最终生成抽象成几个逻辑要素，即劳动者（工匠）、劳动资料、对象（工具、材料等）、劳动过程（工匠如何综合各要素实现预期成果的完整过程）以及劳动成果（包括无形的和有形的产品）。其中，劳动者是工匠精神得以存在的主体；劳动资料是工匠精神得以展现的中介；劳动成果则是工匠精神的载体，而整个劳动过程同时也是工匠精神生成的过程，是核心。

首先，是"工匠精神"依存的主体，即劳动者。马克思指出"劳动首先是人和自然之间的过程，是人以自身的活动来引起、调整和控制人和自然之间的物质变换过程"。[②] 因此，在劳动中，"人"作为第一要素首先参与其中。在古代社会，工匠精神的践行者以工匠为主体。工匠自身就是一个支撑工匠

---

① 李砚祖：《工匠精神与创造精致》，《装饰》2016 年第 5 期。"狭义的也即传统意义上专指从事手工造物和劳作的匠人，如木匠、瓦匠、铁匠、皮匠等；在现代，广义的指包括传统匠人在内的所有从事劳作的专业人员和生产者。"

② 马克思：《资本论》第 1 卷，人民出版社 1975 年版，第 201 页。

活动的有机体，而这个有机体依据"内运动"与"外运动"共同构筑于其匠艺活动。根据生物学知识，这个内运动即肌肉系统、消化系统、血液循环系统等生理上的构成系统所支持的活着的生命体。内系统决定人的身体健康状况，也就是劳动主体自身身体素质情况。而外运动则是指人这一机体向外的一种发展，通俗点讲，就是人通过躯体运动所支撑的一些活动。"人类的内运动支持人类的存在，人类的外运动支持人类征服自然、改造自然。"[1]从这个意义上讲，工匠是通过内运动与外运动的有机结合，有意识、有目的地展开工匠活动，践行工匠精神。也就是邹其昌先生所说的"'工匠精神'首先是一种工匠本位的精神"[2]，这种本位主要是指内置于工匠相关领域的活动之中，并且以工匠为主体。

在农业经济时代，工匠群体主要是以拥有专门技艺的手工业劳动者为代表的手艺工匠。一般分为官府工匠和民间工匠两大类，而民间工匠又可细分为个体工匠、作坊工匠以及家庭副业工匠等。就整体而看，这一群体地位低下、身份卑微，尤其是官府工匠对政府有着极强的人身依附关系，常常是不自由之身。他们没有学习入仕的机会、没有更换职业的权利甚至连衣食住行、婚姻大事等都有严格的规定与限制，如在唐代法律直接规定属于贱民的官工匠是不得与良民通婚，"诸杂户不得与良人为婚，违者，杖一百"（《唐律疏议·第十四户婚》），疏议曰"其工、悦、杂户、官户，依令'当色为婚'"。可见工匠群体只能与本群体内的人员通婚，否则是违法的。这种打上等级烙印的婚姻观实际上显示出工匠群体身份地位的低下。从历史发展来看，唐代工匠的身份地位相对而言是较高一点，可想而知在其他朝代，工匠的相关限制也许会更为严苛。所以说自然经济社会中工匠是处于一种边缘地位，他们唯有埋头苦干才有维持生计的希望。

在工业经济时代，工匠群体主要是以机械工匠为代表。他们主要借助机

---

[1] 黄宏云：《马克思〈资本论〉中的劳动概念》，湖南师范大学学位论文，2012年，第13页。

[2] 邹其昌：《论中华工匠文化体系——中华工匠文化体系系列研究之一》，《艺术探索》2016年第5期。

械化机器进行生产活动。而在数字经济时代，工匠群体则以数字工匠为代表。他们主要借助电脑，配合互联网、软件等来进行生产活动。在当代社会，手艺工匠、机械工匠和数字工匠共存，当然还有其他各种兢兢业业的劳动者都是值得称颂的工匠。他们是当代工匠精神的践行者。

但是，我们也应该看到不同时代的工匠因为社会经济、文化、科学等发展程度的不同，有着不同的特点或者面临着不同的问题。譬如古代工匠更多时候有来自官府和上级、长辈等权威的压迫，行为和思想上受到一定的限制，但他们（尤其是个体工匠）多可独自完成整个物品的生产（除大型工程项目外），能够享受制器的完整过程，自主掌控整个刳器过程。因此，就整体而言，他们尽管处于一种被压迫的地位，但是在制器活动中他们暂时能够享有这种自主自由。在自然经济形态下，工匠（尤其是以此谋生的工匠）生产的产品代表着工匠个人的技艺与造诣，因此，工匠们更愿意认真投入其中。这也是为什么工匠在历史上尽管处于被遮蔽的状态，但工匠精神却一直是我们孜孜不倦追求的劳动精神、人生信仰。而机械工匠尽管得益于机械化的发展，能利用工具更快速、便捷、精准地完成工作，但是我们也要看到，由于分工的日益细致，工匠完整的劳动过程被分解为各种"不需要费脑子"就能掌握的步骤（尤其是流水线上的工人），其劳动中的自我把控被剥夺了，劳动的愉悦感和成就感荡然无存，工人甚至成为机器中的某一个零件。那么，机械工匠如何解决这些问题，更好地发挥工匠精神，是一个值得深思的问题。

其次，是"工匠精神"得以展现的中介，即劳动资料和对象，在工匠活动中主要是工具（技术的物化）与原材料等。"劳动资料是劳动者之于自己和劳动对象之间、用来把自己的活动传导到劳动对象上去的物或物的综合体"[①]。因此，这里的劳动资料则主要指工匠在劳动过程中所使用的工具。工具，是人体机能的延伸；它是物化的技术，在一定程度上代表了科技发达程

---

① 　马克思：《资本论》第 1 卷，人民出版社 1975 年版，第 203 页。

度和社会发展状况。手艺工匠使用的工具多为人力驱动，机械工匠和数字工匠借助的工具多由电力驱动。工具对工匠而言如一把打开大门的钥匙，其重要性不言而喻。而劳动对象主要是指劳动者作用的对象，这里主要是指工匠劳动过程中所使用的材料或其改造的对象。如木匠正在用木材制作一个家具，那么木材作为其使用材料，是劳动对象；而营造匠正在修葺一栋房子，那么房子作为其作用对象，是劳动对象。此外，还需注意的是，作为劳动对象的材料往往分为直接来源于自然的原材料和经过加工的半成品两大类。在农业经济时代，工匠所使用的材料多为前者，而在工业经济时代，工匠所使用的材料多为后者。当然，劳动资料和劳动对象没有绝对的界限，在某些情况下是可以相互转换的。例如，刀具，在屠夫手里是劳动资料，在磨砺匠手里则是劳动对象。所谓"巧妇难为无米之炊"，工匠若没有工具与材料，即便拥有精湛技艺也无法凭空造出器物。作为劳动资料和对象的工具、材料是工匠劳动过程中必不可少的，它是展现工匠精神的物质中介。此外，是"工匠精神"呈现的物质载体，即劳动（物化）成果。工匠之劳动成果即是工匠劳动的物化，从广义来看，即为整个人工社会中的一切，即一切人造物。而"劳动的物化就是劳动主体的人在劳动过程中，将自己的意识目的贯彻在劳动中，从而生成劳动产品。这个劳动产品是劳动者本质力量的对象化。"① 所以说这些形形色色的劳动物化品，包含着工匠的"意识目的"，包含着工匠的"本质力量"，包含了无数工匠的心血。从广义来看包含的是文化、是技术、是科学、是智慧，从狭义来看包含着工匠兢兢业业的精神、如琢如磨的态度、精益求精的追求，是工匠人格、情操的显现。与其说是工匠精湛的技艺让器具变得精美无比，毋宁说是工匠精神的倾注让器物显得格外动人。一般而言工匠的（物化）成果具有实用价值、审美价值、教化价值等，也正是器物所体现的这些价值让倾注了工匠精神的器物显得弥足珍贵。试想下，工匠用心制作的器物与粗制滥造的器物，哪一个会更受

---

① 黄宏云：《马克思〈资本论〉中的劳动概念》，湖南师范大学学位论文，2012年，第19页。

欢迎呢？

作为工匠精神的物质载体，器具不动声色地讲述着工匠的故事。但是，我们也应该看到，工匠的劳动成果除了有物质形态，实际上还有非物质形态的，即精神层面的成果。这正是我所指出的"工匠精神的'超越层'"，指"'工匠精神'已从其本位性的实体工匠创造活动延展至具有普遍性的方法论意义的层面。这个超越性层面已不再落实到具体的工匠活动领域，而是一种人生价值信仰、一种生存方式、一种工作态度。"①

最后也是最重要的，是"工匠精神"的生成过程，即劳动过程。工匠的劳动过程即为工匠利用工具（劳动资料）有目的、有意识地改造材料（劳动对象），从而得到预期成果的一个完整过程。具体来看这个过程实际上首先包含了一种有意识、有目的的计划，这种计划大致包括如何选材、如何制作以及最后得出什么样的产品，在这种有意识的计划的指导下，工匠开始选材，接着经过对材料进行处理、加工等步骤得到初步的半成品，然后开始对半成品进行打磨、修饰等工序，最终得到满意的产品。这一过程中，工匠需熟悉材料的特性，熟悉工具的使用，熟悉技艺的流程等等，每一步需要精心拿捏，恰到好处，在此基础上，工匠会通过细节的打磨，装饰色彩、纹样、风格的选择来进一步凸显这一有意识的活动。因此，这一劳动过程又是工匠体力与脑力有机结合的消耗过程，最终物化为劳动产品。在这一过程中，这种体力与脑力的投入折射出可贵的工匠精神。不同的工匠也许会有不同的制作习惯和制作方法，但是我们应该看到，过程中的一丝不苟，过程中的心无旁骛，过程中的自主把握，过程中的凝思拿捏以及投射在这一过程中的情感、情操、价值观等共同构筑成了独特的工匠精神。

概括来讲，在工匠劳动的过程中，实际上有两条线索牵引着工匠活动，一条是工匠的一系列动作和步骤，是显性存在；一条则是工匠一种智识、情

---

① 邹其昌：《论中华工匠文化体系——中华工匠文化体系系列研究之一》，《艺术探索》2016年第5期。

操、责任态度等的投入，是隐性存在。这两条线指导工匠完成制作过程，也是工匠精神的生成过程，也是工匠精神之所以存在的核心所在。

三、工匠精神的历史发展

工匠精神是一个历史范畴。它是人类在漫长的造物活动中积淀而成的一种独特精神。就中华工匠精神而言，它也经历了一个自我发展和不断调整以适应时代需求的过程。概括而言，工匠精神的发展经历了一个从狭义到广义、从传统到现代的转变。当然这种发展是一种传承创新式的发展，而不是一种跨越式、否定的发展。因此，其最基本的精神——一丝不苟、精益求精、专业敬业——是不变的，只是在不同的发展阶段呈现出不同的侧重。概括来讲，工匠精神经历了萌芽、成长、发展以及当代的传承创新阶段，在每个阶段其内涵都有不同侧重。

（一）启蒙阶段：切磋琢磨，惟精惟一

《诗经·卫风·淇奥》中"如切如磋，如琢如磨"，是工匠精神早期的突出特征和品质。"切""磋""琢""磨"是古代制作玉石、骨器等的主要方法，在制作这些器具时，有的要切料、有的需磋磨、有的应雕琢、有的要抛光打磨，每一道工序都需要工匠耐心与细心的倾注。《大学》中："如切如磋者，道学也；如琢如磨者，自修也"。将工匠制作玉石等器具的方法与做学问、自我修养联系在一起，意指做学问的态度就该如制作象牙、骨器那般一丝不苟，自我修养当如加工玉器、打磨石器那般精益求精。在早期社会中，尤其是石器时代，科技发展比较落后，人们能够使用的工具非常有限，"切""磋""琢""磨"可能是将坚硬的材料制造成器具最先进（常用）的方法，而凝结于其中的精神就自然成为当时工匠精神的主要内容。

由于生产发展的低下，当时的一切生产活动以解决生存问题为最主要目标。而囿于有限的加工工具和简单的制造工艺等因素，器具的制造更倾向于简约、朴实的功能与外观。但尽管是这简单的器具，也离不开工匠的精心制作与打磨。譬如旧石器时代的石器在造型和手感方面都不如新石器时代：尖型石器具，旧石器相对来说比较钝，而圆形石器具也明显不如新石器光滑圆润……暂且不论工匠技艺水平和辅助工具，打磨得更加尖锐或更加圆润，很明显是需要更多耐心和细心，精益求精，不断琢磨。"惟精惟一，允执厥中"（《尚书·大禹谟》）成为当时工匠的追求。因此，可以粗糙的得出这么一个结论：在早期，尤其是石器时代，工匠精神更多地表现为一种"切磋琢磨"的细心、耐心与一丝不苟、"惟精惟一"的造物追求。

尽管，早期的工匠精神更多地表现为一种制作过程中的投入状态，但已大体上奠定了工匠精神的基本含义，即精益求精、一丝不苟。

（二）成长阶段：德艺兼备，道技统一

随着物质生产和造物技术的不断提高，工匠精神的内涵也不断丰富与扩大。春秋战国，百家争鸣，以技论道，以艺论政。《论语·述而篇》曰"志于道，据以德，依于仁，游于艺"。《庄子·天地》有"通于天地者德也，行于万物者道也，上治人者事也，能有所艺者技也。技兼于事，事兼于义，义兼于德，德兼于道，道兼于天"。以儒家为代表的"仁""德"思想，以道家为代表的"德""道"思想，对社会价值的选择与追求也产生了潜移默化的影响。在这样的文化氛围中，工匠精神融入了对"道"和"德"的向往。在考察工匠技艺的同时，会格外注重其个人"德"的造诣；在追求娴熟技艺的基础上，则进一步渴望进入"道"的层次。

儒家思想提倡修身正己，以德治国。仁德的核心思想对整个中国文化影响至深，正如钱穆先生所说，中国文化精神是一种"道德的精神"，这一种道德精神乃是中国人所内心追求的一种"做人"的理想标准，乃是中

国人所积极争取渴望到达的一种"理想人格"①。"德"是治国之道,"为政以德",治理国家必须以仁德服人,若"道之以政,齐之以刑,民免而无耻。道之以德,齐之以礼,有耻且格"(《论语·为政篇》)。考察君子品性,以"德"为重要标准,"君子怀德",且"德不孤,必有邻"(《论语·里仁篇》)。《墨子·尚贤(上)》中也明确"德"为贤士良人之品质,"况又有贤良之士,厚乎德行,辩乎言谈,博乎道术者乎!"可见,"德"在春秋战国时期经由诸子百家发扬光大,已初步奠定了其作为中华文化精神之基础地位。它也成为品评好坏的重要标准,工匠活动也避免不了受到"仁德"的规约。评判工匠造物活动之高下,已不限于其技艺之高低好坏,更多的依据是是否合乎"仁德"。而这个"仁德"一方面指工匠自身的品德,一方面也指工匠活动是否有益于、有德于社会和人民。这里,引介两则小故事加以说明。

> 公输子削竹木以为鹊,成而飞之,三日不下。公输子自以为至巧。子墨子谓公输子曰:"子之为鹊也,不如匠之为车辖。须臾刘三寸之木,而任五十石之重。故所为功,利于人谓之巧,不利于人,谓之拙。"(《墨子·鲁问》)

> 墨子为木鸢,三年而成,蜚一日而败。弟子曰:先生之巧,至能使木鸢飞。墨子曰:吾不如为车輗者巧也,用咫尺之木,不费二朝之事,而引三十石之任致远力多,久於岁数。今我为鸢日二年成,蜚一日而败。惠子闻之曰:墨子大巧,巧为輗,拙为鸢。(《韩非子·外储说左上》)

无论是对公输子制造的木鹊还是墨子自己制作的木鸢,墨子都持一种批评的态度,他认为这二者都无实际作用,无益于人们的生产生活。因此

---

① 钱穆:《中国历史精神》,九州出版社 2012 年版,第 121 页。

是"拙"，是不好，是不利人，是一种不德。这主要是就所制作的器物本身而言，而就工匠的制作意图而言，这种"仁德"的推崇，从墨子对公输子所发明制作的战争器械的批评便可见一斑。譬如，公输盘为楚国制造云梯打算攻伐宋国，墨子知道后赶来阻止他，"吾从北方闻子为梯，将以攻宋，宋何罪之有？荆国有余于地，而不足于民，杀所不足，而争所有余，不可谓智。宋无罪而攻之，不可谓仁。知而不争，不可谓忠。争而不得，不可谓强。义不杀少而杀众，不可谓知类。"（《墨子·公输》）可见，墨子认为公输这种做法是不仁、不智之举，并最终以自己的攻城技术打败了公输而阻止了这场战争。尽管，公输和墨子都拥有高超的技艺，但公输是为战争而服务，是不益于社会、不利于人民的；而墨子则相反，他利用各种攻城策略和器械是为了阻止战争，保持和平，保障人民安康。可见，工匠造物意图的不同也关乎着造物活动是否属于"仁德"之行。所以说，技艺的精湛娴熟已经不是评论工匠造诣高低的唯一标准，而是要求工匠"德艺兼备"，这也成为当时工匠精神的核心表征之一。

此外，"道""技"关系的讨论，也使得进入"道"的境界成为了工匠的最高向往。《庄子·养生主》曰"道也，进乎技矣"，这里的"道"便是依据"技"的更精深层次，庖丁解牛、轮扁斫轮、梓庆削木为鐻等故事，都描绘了工匠因精湛娴熟的技艺，以至于进入"道"的境界。这里的"道""技"是一种递进关系，"技"只有经过不断地提升与磨炼，才能最后进入"道"，可见娴熟的"技"是进入"道"的基础和必由之路，"道"无法脱离"技"而存在。所以说，当时的工匠精神绝不仅仅依附于娴熟的技艺，而是其升华之后对天地万物之规律的一种把握和超脱，是一种对超越于"技"的追求。因此，这一时期的工匠精神还表现为对"道技合一"的追求。

"德艺兼备"是指一种善的目的、品质与高的技艺的兼而有之；"道技合一"是指高的技术升华为一种普遍规律的把握，并与之融合为一体，是一种"物物，而不物于物"的主动和自觉。工匠精神的这两大核心内涵随着时代的发展越发显现出中国工匠精神的特色，直到今天我们谈论工匠精神的时候,依然能够见其熠熠生辉。

(三)发展阶段:知行合一,求真务实

初期的工匠精神更多地关注工匠的工作状态和工作态度以及对高超技艺的赞美,随着时间的推移则更加注重这种活动的"仁德"影响和规律把握,从最初对工匠活动本身的关注到对活动所蕴含的"仁德"意义及其产生影响的关注,使得工匠精神的内涵侧重不断发生变化。到了封建社会后期,工匠精神又增加了"求真务实,知行合一"的内涵。实际上,"知行合一"是在前文所述之"德艺兼备"的基础上又推进了一步,它是一种道德意识和道德实践的统一。如果说"德艺兼备"强调德行与技艺的统一,那么"知行合一"是基于这一前提下,所具有的道德意识和践行这种道德意识的统一。这就将匠人的道德意识与所制作产品的"道德"意涵相统一起来。

"知行合一"是由明代王阳明正式提出,但"知行合一"的思想也有一个历史发展的过程,只是到了王阳明这里被明确确定和提出。历史上关于理论与实践、认知与行动的讨论很早就有了。如《墨子·修身》"士虽有学,而行为本焉"。墨子强调"行"的重要性,《法言·修身》"君子强学而力行",杨雄在这里也强调君子不但要"强学",更要"力行",可见他们都认识到实践的重要性。荀子《儒效》也讲:"不闻不若闻之,闻之不若见之,见之不若知之,知之不若行之。学至于行之而止矣。"这里"知之不若行之""学至于行之而止矣",都强调了"知"与"学"要落脚于"行",强调了实践的重要性。到了朱熹这里,他的"知""行"关系也格外纠结,就先后逻辑而言,他认为"知"先而"行"后;就重要性而言,他又认为"行"为重。而在讨论"知""行"的结合时,他又提出"知行常相须,如目无足不行,足无目不见"(《朱子语类》卷九)。他认为"知""行"是相互伴随的,就像双眼与双足的关系一样,眼睛能够看到的东西,如果没有双脚前行,那么眼睛就

不能看到更多；双脚虽能够行走，如果没有眼睛，那么也是看不见东西，寸步难行。这样就很容易理解"知""行"这种相互伴随，不可偏废的关系了。到王阳明，他批判继承了朱熹的观点，提出了"知行合一"，将"知""行"统一起来，只是这里的"知"与"行"不仅仅是知识和实践之关系讨论，而更多指向道德意识与道德实践的关系。王阳明说："知是行的主意，行是知的功夫；知是行之始，行是知之成。若会得时，只说一个知，已自有行在；只说一个行，已自有知在。"这里进一步阐明了"知"与"行"的关系，即："'知'便即存在于'行'的过程之中，而'行'的过程便也纯然成为'知'的表达与实现过程。"① 可见，王阳明"知"与"行"在实践过程中具有同一性。另外，需要注意的是，王阳明的"知"不仅仅具有"知识"这一理性内涵，还有"良知"这一道德意涵。因此，当落脚于工匠活动（实践）时，强调"知行合一"，即强调经验、理论等知识与制器等活动的合一，同时也强调"良知"这类道德意义上的情感与造物活动的同一。"知行合一"既成为一种指导工匠实践的理论，也成为匠人们普遍追求的一种行为境界。"知行合一"成为明清工匠精神的主要特征。譬如，明清时期工匠除了训练精湛的技艺，也更多地刻苦钻研理论知识，著书立说者大大超过前代。根据路甬祥先生总主编的《中国传统工艺全集》之《历代工艺名家》的粗略统计，其中有著书立说的工匠共约89人，明清两朝约61人，史前至元代共28人。这一现象虽不能直接证明工匠精神的"知行合一"内涵，但至少佐证了，这一时期的工匠已经不仅仅只关注"行"，同时也注意"知"的学习与积累，并注重"知"的交流、宣传与推广以使更多人受益。这些工匠不仅技艺精湛，在所擅长制器领域有所造诣，对相关的理论知识也有精深的研究与总结，并且通过著书立说来进行广泛的交流与宣传，不再是为了保有自己的技术而秘不外传。这就在很大程度上有利于技术的传播与创新。如，明代的铜炉铸造

---

① 董平：《王阳明哲学的实践本质——以"知行合一"为中心》，《烟台大学学报（哲学社会科学版）》2013年第1期。

匠师吕震，"精于宣德铜炉的铸造和研究，著有《德鼎彝谱》八卷，分别论及宣德炉的原料、名目、造型、色彩和冶铸等。宣德炉在明代已多伪制，此书辨析极精，可据以鉴别"[1]。吕震通过著书将宣德炉的选材、用色、冶铸技术等普及给大众，一方面可以让专业铸造师作为提升技术的学习资料；另一方面对于收藏爱好者来说又是帮助鉴别真伪的工具书。明清时期这类工匠相对较多，如，明代造园家计成与他的论著《园冶》、髹漆工匠杨明与注解版《髹饰录》、墨工麻山衡和他的论著《墨志》、建桥师李长春与其论文《新修洪济桥回澜塔碑记》，清代墨工方瑞生与其论著《墨海》、造园师杨清岩和他的《遂初堂文集》、织锦匠人方观承与他的《御题棉花图册》、制锡名匠朱坚与其《壶史》等，不一而足。这难道不是工匠"知行合一"的表现吗？就"行"来看，他们都拥有实践经验，拥有高超的技艺和精美的作品；就"知"来看，狭义上他们有深厚的经验知识和理论知识，是"知"也；而将自己所知道、所了解、所积累的经验知识和理论知识以撰文成书的方式传播给他人和社会，有利于技术的交流与创新，是"知"也。可见，这一阶段的工匠精神又加入了新的诠释，即"知行合一"。

（四）传承阶段：现代转型，精致创新

进入工业社会后，工匠精神的发展随着"工匠"群体（作为一种职业）的逐渐消失而日益被遮蔽。但这并不意味着工匠精神的完全消失，而是以一种新的姿态对国家、对社会、对大众起着潜移默化的影响。随着经济技术的发展，生产方式和社会分工都有了很大的变化，工匠精神在这一过程中也实现了现代转型，继续发挥其价值。

在工业社会以前，工匠精神的传承与发展是一种缓慢而稳定的演变。自机械化大生产以来，工匠精神有了短暂的失落，继而在转型中逐渐回归人们的视

---

[1]　田自秉、华明觉主编：《历代工艺名家》，大象出版社 2008 年版，第 142 页。

野。工匠精神的内涵应时代的需求也有了相应的变化。就工匠精神的实践主体而言，已经不再局限于某一职业群体而是指向所有的劳动者，在《工匠精神：缔造伟大传奇的重要力量》中美国总统富兰克林、华盛顿是工匠，发明家迪恩·卡门是工匠，爱迪生是工匠，微软 CTO 是工匠……① 根岸康雄眼中的企业员工是工匠。桑内特《匠人》中的一切有意愿把事情做好的人，都是工匠。可见，我们当代所理解的工匠已经远远超越手艺人（手工业者）这一单一含义。事实上，即便是传统工匠，他们所从事的活动"依据现代社会分工，既是哲学家、科学发明家，又是工程师和技术创新专家，还是艺术家和美化师等，是多重身份或职能的统一"②。可见，工匠本身是一个包容性很强的词汇，只是由于社会分工和生产方式的变化，使得其内涵有所不同。而当代工匠更多的是抽象意义上的概念，拥有将事情做好的意愿，并付诸实践的所有劳动者都是工匠。

就工匠精神的内涵而言，工匠精神已经不仅仅是一种工作态度、职业精神，甚而上升为人生信仰和价值追求。它有着千百年的沉淀与积累，不仅仅是兢兢业业、一丝不苟的工作态度，德艺兼备、道技统一的人生追求；也不仅仅是求真务实、知行合一的科学精神和行为准则，在当代又更突出地表现为"精致创新"。

事实上，工匠的本质即为创新。工匠精神内含着创新精神。工匠作为第二自然，即人类物质世界的创造者，"要'创物'（包括发明、创造、设计等）以弥补自然的缺失……"③ 他们凭借双手、工具以及材料，创造了一个人工社会。其从事的活动与创新有密切关系，只是这种创新在传统社会多表现为一种循序渐进的过程。比如榫卯结构的发明与应用，实际上就是一个不断创新的过程。在距今六七千年前的河姆渡遗址中，就发现了大量榫卯结构的木

---

① 亚力克·福奇：《工匠精神：缔造伟大传奇的重要力量》，陈劲译，浙江人民出版社 2014年版。

② 邹其昌：《论中华工匠文化体系——中华工匠文化体系系列研究之一》，《艺术探索》2016年第 5 期。

③ 邹其昌：《论中华工匠文化体系——中华工匠文化体系系列研究之一》，《艺术探索》2016年第 5 期。

构件。此后，榫卯结构根据不同的应用环境而演变出各式各样的形式。在建筑中的应用最具代表性的有斗拱式、抬梁式、井干式。其结合方式也是多种多样的，有面与面的结合，如槽口榫、穿带榫、企口榫等；点与点的结合，如锁钉榫、双夹榫、格肩榫等；以上主要是两个构件的连接，此外还有三个构件的相互连接，如抱肩榫、粽角榫、托角榫等。而在家具中的应用，其榫卯形式与结合形式更是千变万化，单就明式家具应用的榫卯结合就有近百种，有暗榫、套榫、挂榫、勾挂榫、长短榫、栽榫、插肩榫等。这些千变万化的榫卯结合形式造就中国木构建筑的历史和明式家具的传奇，谁说这不是古代工匠的创新智慧所成就的呢？

而工匠精神在当代更突出"精致创新"更多是因为创新的环境与氛围更加轻松了，更因为在机械化生产下所产生的千篇一律的产品与生活对精致创新的强烈呼唤。这也是工匠精神发展至当代以适应时代需求而凸显出的精神气质。美国当代最著名的发明家迪恩·卡门曾说："工匠的本质——收集改装可利用的技术来解决问题或创造解决问题的方法从而创造财富，并不仅仅是这个国家的一部分，更是让这个国家生生不息的源泉。"[1]可见，"解决问题"，"创造解决问题的方法"都是工匠本职工作，其核心就是创新。今天中国的发展迫切地需要转型升级，实现从"中国制造"到"中国创造"、从"中国速度"到"中国质量"，从"中国产品"到"中国品牌"，而这条精致创新之路，离不开工匠精神的支撑。工匠精神内含着"创新精神"。

四、工匠精神的实践

如前文所述，工匠精神是一个开放性词汇。它有着丰富的内涵，在不同

---

[1]　亚力克·福奇:《工匠精神：缔造伟大传奇的重要力量》，陈劲译，浙江人民出版社2014年版，"序言"第1页。

的国家、地区表现出不同的气质，是各国经济发展的精神支撑。弘扬和践行工匠精神而获得成功的国家以欧美的德国与美国，以及亚洲的日本为代表。由于政治、经济、文化等各方面环境的不同，使得各国都显现出具有本国特色的工匠精神，如美国的工匠精神在于敢于打破常规、善于创新，他们的高兴技术产业在全球独占鳌头；德国的工匠精神在于严谨苛刻、踏实负责，他们的制造业在世界经济体中一枝独秀；日本的工匠精神在于追求人性温度与美的享受，他们的产品以精细、温暖而深得人心。

（一）工匠精神的美国实践——务实创新

美国是一个年轻的国家，"二战"后迅速崛起一跃而成为世界强国。短暂的历史却出现了大量的工匠人才，如"美国的第一位工匠"富兰克林，"既是好总统又是好工匠"的华盛顿，"天生就是工匠"的迪恩·卡门，"成功的工匠"爱迪生，等等，为美国历史和世界历史作出了重要的贡献；同时也诞生了众多享誉世界的品牌，如谷歌、苹果、亚马孙、沃尔玛、IBM，对我们每一个人的生活产生了看得见和看不见的影响。

就品牌而言，根据 Brand Finance（英国品牌评估机构）公布的 2017 年全球最具价值品牌 500 强榜单①公布的数据来看，500 强品牌中美国有 197 家，而前 100 强中，美国有 50 家，占据半壁江山，前 10 美国占 8 位。而《福布斯》所评出的 2016 年全球最具价值的 100 大品牌（涵盖 16 个国家、19 大行业），其中美国的公司占据榜单达到了 52 家，其次是德国（11 家）、日本（8 家）以及法国（6 家）。尽管这份数据不具有普遍意义，但一定程度上仍代表了美国强劲的产业发展势头。美国取得如此傲人的成绩与他们开拓进取、务实创新的工匠精神是分不开的。在某种程度上可以说，美国独特的工匠精神是支撑这一切的重要动力，"美国的工匠精神一直都是这个伟大国家发展前行

---

① 数据来源：http://brandirectory.com/league_tables/table/global-500-2017。

的重要组成部分。"①

具体来看，美国的工匠精神主要表现为创新与务实。这里的人们敢于创新又热衷于实践，敢想又敢做。正如亚力克·福奇所言，"美国的工匠们是一群不拘一格，依靠纯粹的意志和拼搏的劲头，作出了改变世界的发明创新的人"。② 创新是美国成功不可忽视的重要力量。在美国，创新在很大程度上能够得到金融的支持。也就是说，美国的创新活动促进了经济的发展，而强大的经济又最大限度地反哺创新活动。二者形成了良好的促进关系，使得人们对先进技术的探索和创新活动的激情能够得到有效的支持与释放。美国的政府部门通过一系列人才引进政策、科技扶持政策、教育培养政策等为美国创新精神的生根发芽营造了良好的环境。而美国的企业对创新研发的投入也是毫不吝啬。早在 19 世纪末，美国企业就开始投资建立自己独立的研究室进行研发工作，美国企业对研发的重视与投入形成了企业内部热衷于创新的传统，一直延续到今天。根据欧盟委员会发布的"2016 全球企业研发投入排行榜"③ 显示，美国企业研发投入占全球的 38.6%，其次是日本和德国，而其中研发投入前 100 强榜中，美国企业最多，达 35 家。这些都显示了美国企业对创新研发的重视。由此可见，无论是国家层面还是企业层面，都十分注重创新能力的培养与支撑。

美国的创新不仅仅是停留在实验室的概念，更多的是走出实验室，服务于社会并创造财富。他们认为，"每时每刻都有新出生的婴儿，如果你没有创造新的财富，你就拉低了世界 63 亿人口的平均水平。"④ 可见美国是一个十分注重财富与现实的国家。亚力克·福奇在谈到工匠的本质时，就

---

① ［美］亚力克·福奇：《工匠精神——缔造伟大传奇的重要力量》，陈劲译，浙江人民出版社 2014 年版，"引言"第 7 页。

② ［美］亚力克·福奇：《工匠精神——缔造伟大传奇的重要力量》，陈劲译，浙江人民出版社 2014 年版，"引言"第 7 页。

③ 数据来源：http://www.askci.com/news/hlw/20161229/14594285451.shtml。

④ ［美］亚力克·福奇：《工匠精神——缔造伟大传奇的重要力量》，陈劲译，浙江人民出版社 2014 年版，"引言"第 11 页。

指出，美国工匠的本质是"收集可利用的技术来解决问题或者创造解决问题的方法从而创造财富，并不仅仅是这个国家的一部分，更是让这个国家生生不息的源泉"[1]。所以说，美国的创新是与财富联系在一起的。他们有了创新的思路和想法，努力将其变成能够创造财富的技术或者产品。如迪恩·卡门，亚力克·福奇称他为天生的工匠，他就是将发明创新与商业财富相联系的典型。他在得知有些特殊病人在 24 小时之内要接受连续的输液治疗，而这种输液设备只有医院才有，所以他们不得不待在医院以保持这种持续的治疗。于是卡门决定设计一款便携式的输液设备来帮助他们，在经过系列研究与试验后，卡门终于成功设计出了自动输液泵。输液泵成功后，卡门接着就成立了相应的医疗设备公司，成为企业家，随后卡门还发明创新出许多设备仪器，并都投入生产和市场，大多都取得商业的成功。卡门的一生很好地诠释了创新与务实的结合。在美国像"卡门不仅喜欢发明，还想干出一番大事业"[2] 的人们还有许多，他们都是美国工匠的代表，是美国工匠精神的践行者。而这种创新精神与务实态度，则成为美国工匠精神的主要特征。

另外，美国创新精神还表现为独立性格与团队精神。尽管美国电影多歌颂个人英雄主义，但在美国的现实生活中多展现的是团队的合作与个人独立性格的有力结合。如，美国小孩独立个性的培养和与人相处艺术的培养是有机结合在一起的。家长会鼓励小孩独立思考、勇于提问，凡事尽量征求孩子的意见，教会孩子独立选择；教师在鼓励小孩子要勇于发表自己观点、表达自己想法的同时也引导他们善于倾听、接纳他人意见的习惯。在美国企业里，这种独立性格与团队精神更是表现得淋漓尽致。《美国式团队：最协调团队成员自述成长经历》一书通过企业员工自述，真实还原了美国企业中

---

[1]　[美] 亚力克·福奇：《工匠精神——缔造伟大传奇的重要力量》，陈劲译，浙江人民出版社 2014 年版，"引言"第 11 页。

[2]　[美] 亚力克·福奇：《工匠精神——缔造伟大传奇的重要力量》，陈劲译，浙江人民出版社 2014 年版，"引言"第 50 页。

的团队意识和团队精神。书中将美国的团队合作比做一场攀岩竞赛，指出："美国企业往往会利用协同合作的模式，成功发挥 1+1 > 2 的团队效应，就如在攀岩比赛中要想取得胜利，就必须使每一个人的优势得到恰到好处的发挥。"① 可见，美国企业的团队精神是以充分发挥员工个人的特长和个性为前提的。也正是基于这样 1+1 > 2 的团队合作精神，又充分尊重人们的独立个性，使得美国企业拥有强劲的世界竞争力。这种独立性格和合作精神的有机结合是美国工匠精神的特色。

（二）工匠精神的德国实践——科学严谨

早期德国产品质量低劣，以次充好，甚至用粗制滥造的产品印上其他国家的生产商出口到其他国家。"1887 年 8 月 23 日，英国议会通过对《商标法》的修改，要求所有进入英国本土和殖民地市场的德国商品都必须注明'德国制造'。'Made in Germany' 在当时实际上是一个带有侮辱性色彩的标注，意味着低质低价"。② 而到了 1896 年的时候，"英国罗斯伯里伯爵（Earl of Rosebery）痛心疾首呼吁道：'德国让我感到恐惧，德国人把所有的一切……做成了绝对的完美，我们超过了德国吗？刚好相反，我们落后了'。"③ 如今德国产品已经享誉全球，"Made in Germany" 则象征着高品质、高安全、科学严谨等，深受世界人民喜爱。这与德国人科学严谨、精诚精干的工匠精神分不开。

正如人们谈起德国人就联想到严谨，德国的工匠精神也突出地表现为一种科学严谨的精神。德国的产品无论是设计环节、生产制造环节还是最后的销售、售后环节，都遵循着严谨、有序的标准和原则。就设计而言，德国工业联盟开启理性、严谨之风，其宣言称，"在德国设计界应该宣传和主张功能主义和承担现代工业，反对任何形式的装饰，主张标准化和批量化

---

① 毕元：《美国式团队：最协调团队成员自述成长经历》，中国商业出版社 2005 年版，第 13 页。
② 唐林涛：《设计与工匠精神——以德国为镜》，《装饰》2016 年第 5 期。
③ 纪双城、丁大伟：《125 年："德国制造"由劣到强》，《报刊荟萃》2012 年第 10 期。

生……"① 而工业联盟提倡标准化设计、理性设计、功能主义设计都是基于科学、严谨的规则，是为了保证产品的质量。到了包豪斯，他们不仅提倡功能主义设计、理性设计，还积极投身实践，并开展教育工作，将这种严谨理性的德国设计推而广之。另外，包豪斯创始人格罗佩斯试图平衡"反对任何形式的装饰"的纯粹理性设计，他指出，应实现"艺术与技术的新统一"，为理性的功能主义设计注入了一丝艺术和美的可能，但这并不是说他们放弃了理性严谨的设计，而是要"攻克经济上、技术上和形式上的技巧美，由此才有可能生产出完美的产品"，其最终目的也是为了生产出更高品质、更完美的产品。战后成立的乌尔姆设计学院则接过这一棒，继续传承理性严谨的功能主义设计，相对于包豪斯成员关于设计中技术与艺术关系的摇摆不定，乌尔姆设计学院则更倾向于科学、严谨、理性，"成为具有科学性和系统性的理性主义设计思想的开拓者"②。这种严谨理性的设计理念与实践，一直影响着德国的设计界，德国的产品在整体上一以贯之地保持简洁、实用、耐用、好用。这完全不同于美国风靡的商业设计，以夸张的造型、浮夸的装饰来博取商业价值，德国设计力求以科学研究的态度攻克技术难关，以生产高品质、耐用可靠、实用的商品为目的。

此外，为了从制作环节保证产品的质量，德国建立了一套完整而严密的质量认证体系和行业评价标准。如德国标准化学会（DIN）、德国质量协会（DGQ）、德国质量管理体系认证公司（DQS）等。其中成立于1917年德国标准化学会（DIN）所制定的标准几乎涉及采矿、冶工、化工、电工、环境、卫生、建筑工程、交通运输、消防卫生等各领域，"截至2005年底，德国有DIN标准29583个。这些标准由76个标准委员会及其下属的共计3170个工作委员会、联合委员会、分委员会和工作组制定和维护"③，且DIN标准很大一部分为欧盟和国际标准，使得德国成为众多行业标准的制定者，这也说明

① 秦一杰：《德国现代主义设计的理性特质分析》，《贵州大学学报（艺术版）》2004年第3期。
② 王柔懿：《德国工业设计思想研究》，齐齐哈尔大学学位论文．2012年，第31页。
③ 王益谊等：《DIN技术组织体系研究》，《世界标准化与质量管理》2007年第3期。

了科学严谨的德国标准得到了世界的认可。在行业标准的基础上，德国配以严格甚至是苛刻的质量管理认证机制，对生产环节的每一步进行严格把控，包括生产流程、产品规格以及产品质量等一一把关，以保证产品的可靠性、安全性与耐用性。值得注意的是，德国的大多数质量认证机构或行业标准制定协会为民间营利性组织，也就是说，他们大多数标准或质量认证管理公司是私人的、营利性质的，这又从侧面说明这些私人机构的可靠性，其提供的标准和认证甚至在世界范围内通用，又一次印证了德国工匠精神的科学严谨，哪怕是民间组织也能够成为世界行业标准的制定者。

德国工匠精神的另一个特质就是追求完美。追求完美、精益求精是工匠精神的基本特质，但德国工匠精神的完美主义却有着近乎"一根筋"的偏执。德国人在生活的方方面面都有着完美主义的哲学追求，譬如对标准的极致遵循、对质量的极致追求。德国奔驰汽车在全球有口皆碑，尤其是在安全性方面，基本上做到了没有竞争对手。而为突出奔驰汽车的安全性和可靠性，奔驰集团也是耗尽心血，年复一年日复一日地对汽车安全技术进行车近乎偏执地研究与推进：1978 年 ABS（防抱死制动系统）投入应用，1995 年 ESP（电子稳定系统）投入应用，1996 年 BAS（制动辅助系统）投入应用，2002 年主动安全防护系统投入应用，2006 年的智能型头灯系统，2009 年搭载的驾驶注意力辅助系统，等等，奔驰汽车在技术安全性上不断地完善、不断地追求完美，正是德国工匠精神中完美主义的完美诠释。西门子总裁冯·西门子在接受采访时，就说过"恪守企业伦理、追求完美，是我们的天职"[①]。德国有一句谚语说"犯错误都要犯的十全十美"更是彰显了这种追求极致完美的德国性格。

德国工匠精神所表现出的完美主义实际上与上述科学严谨、惟精惟一的精神是分不开的，是相辅相成的。这种深入骨髓的工匠精神锻造了德国人的严谨、科学、精确、有序、完美、可靠，使得德国在世界之林处于不败

---

① 张继宏：《工匠精神：德国制造业品牌之道的观察与思考》，《对外经贸实务》2016 年第 7 期。

之地。

（三）工匠精神的日本实践——精致细腻

日本的工匠精神更多地被称为职人气质，在浓厚的职人文化氛围中，日本培养了无数能吃苦耐劳、手艺精湛的能工巧匠。"职人"在日语中是对传统手工业行业里有一技之长的人的一种称谓，也就是我们所说的工匠、匠人。"'职人文化'是指漫长的人类手工造物活动中，工匠所创造的物质财富与精神财富的总和，包括手工艺品、手工技艺、手工生产业态、手工观念形态以及手工创造活动在社会发展和人类生活中所起的作用。"①也正是日本浓厚工匠文化的持续影响，使得日本民族形成了极其重视匠人的传统。在这些拥有一定技能，并以做好自己工作为使命、为自豪的匠人们兢兢业业的努力下，日本从战后一个残败破旧、资源匮乏的战败国，摇身进入世界发达国家之列，其生产的产品在国际市场上皆有口碑。

具体来看，日本的工匠精神主要表现为精致、细腻。日本匠人对工作的投入是来自于内心想要把事情做好、做到极致的渴望。他们将工作的好坏与个人荣辱联系在一起，将做好手头工作视为使命。这也是为什么他们能够十年如一日坚持做一件事情，只是为了将它做好。日本寿司之神就是践行日本工匠精神的典型代表。90岁高龄的寿司之神小野二郎在纪录片中如是说："一旦你决定好职业，你必须全心投入工作之中，你必须爱自己的工作，千万不要有怨言，你必须穷尽一生磨炼技能，这就是成功的秘诀，也是让人家敬重的关键！"他如是说，也如是做，穷其一生在研究如何做好寿司这一件事。他将做好寿司视为一生的追求，从来都不怠慢，精益求精，"对寿司的理解，那是精确到秒的艺术，握寿司的生命有如樱花般短暂。要

① 赵云川：《日本"职人文化"与日本现代化》，《艺术设计研究》1998年第2期。

用最好的食材，在最佳的时间内，用最精准的技巧，做出来了，让客人最享受地吃掉，才不辜负寿司职人的心意。"这种想要将平凡的事情做到更精致的细腻心绪，将普通事情做到极致的愿望，是支撑每一位日本匠人耐心磨炼技艺的工匠精神。像小野二郎这样的匠人在日本受到极高的尊重，他们被尊称为国宝，这也更加说明了，日本对匠人的尊重，对这种精致细腻的工匠精神的认可和热爱。

在日本，这种对精致、细腻的追求绝不仅仅是个别人的执着。从整体上看，日本对精细、复杂工艺的追求在世界范围内几乎无可匹敌，这也在一定程度上体现了日本精益求精的态度与追求。如《2015—2016 年全球竞争力报告》中，有一项工艺精杂度的指标（Production process sophistication），复杂程度越高，其值就越大，（如图表 1）日本评估值为 6.4，德国、美国分别为 6.2 和 6.1，而中国只有 4.1，远低于这三个国家。面对强大的德国和美国，日本依然占据优势，可见日本对工艺程序投入之大。而《2016—2017 年全球竞争力报告》中这一数值，日、德、美、中分别为 6.3、6.1、6.0、4.3，除了中国有小幅上涨外，其他三国均有所回落，但日本的优势依然存在。尽管工艺技术的复杂程度不能全面说明日本更倾向于精细的生产，但至少可以说明日本在某些生产工艺中的确投入的精力更多，给予的关注更多。

图表 1　工艺技术精杂化对比

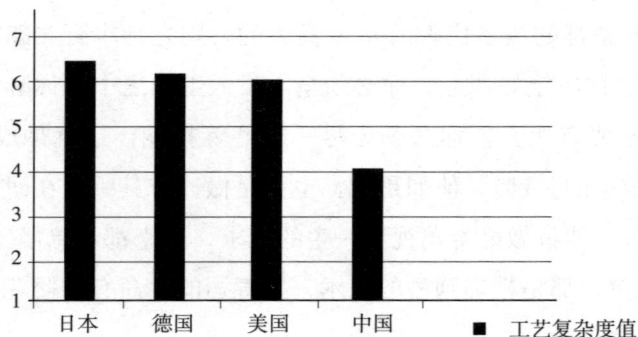

数据来源：*The Global Competitiveness Report 2015‑2016*。

　　日本工匠精神另一个特色就是专注、专一，一代人甚至几代人共同专注于同一事业。这也是日本家族企业、长寿企业最多的重要原因。如图表2[①]，截至2007年全球超过200年的企业总数是5565家，其中日本有3146家，约占全球56.53%，占据全球长寿企业大半个江山。尽管"从单个企业的角度来看，企业的长寿并不必然反映出持之以恒的专注精神，因为从长期来看，企业可以通过不断的转换业务领域来延其寿命。但长寿企业的占比可以较好地反映出一国企业平均意义上的专注程度"。[②] 日本的长寿企业大部分都是中小型企业，且以家族企业居多，但能够长时间存活的企业，必定是能够提供优良产品，拥有良好销路的企业；一定是有人一代一代传承，一代一代人共同专注于同一个目标，同一项事业，精耕细作，耐心耐力，才能使得那一亩三分地上长期茂盛繁荣。这些都与日本人精益求精、专一专注的工匠精神是分不开的。

图表2　各洲超过200年企业数量

洲	家数	占比（%）
美洲	23	0.40
其中美国	14	0.25
非洲	4	0.07
欧洲	2325	41.80
其中德国	837	15.04
亚洲	3213	57.70
其中日本	3146	56.53
合计	5565	

数据来源：后藤俊夫：《企业的生命力》，2007年。

---

① 蔡秀玲、余熙：《德日匠精神形成的制度基础及其启示》，《亚太经济》2016年第5期。

② 蔡秀玲、余熙：《德日匠精神形成的制度基础及其启示》，《亚太经济》2016年第5期。

另外，日本工匠精神还体现为对人的关注。日本的产品经常给人一种贴心、温暖的感觉，那是因为工匠们在制作的过程始终都考虑到使用之人的真切处境和需求。最常见的就是从细节入手去解决人们生活中的需求，譬如日本著名的设计师深泽直人，其设计以满足人们的隐性需求见长。他常常观察生活中的人和事，注意那些会给人造成不便、造成麻烦的细节，予以改进，如他设计的带有托盘的台灯，是因为观察到人们有随手往桌上放钥匙、小杂物的习惯，不仅使得桌上杂乱且在需要这些东西的时候常常不能及时找到，而带有托盘的台灯在不影响台灯功能的情况下自然就成为桌上很随意而又自然的小杂物收纳盘，这样就更方便管理。尽管是生活中极其琐碎的小事，但却也会经常给人带来不便，匠人在设计过程中很好地考虑到这一点。细节之处见关怀，这就是日本工匠精神在产品中的投射。而日本产品给人的暖心与踏实也使得日本产品受到更多大众的喜爱。

总的来说，日本独特的工匠精神主要表现为精致细腻、专注专一、人性关怀，它是国家发展的精神动力，而国家社会报之以支持、尊敬与热爱，这种良性的互动为日本提供了源源不断的匠人。这种对工匠的重视，对工匠精神的推崇都是值得我们学习的。

（四）小结

上文简述了美、德、日三国工匠精神的特色，而实际上，他们的工匠精神都内含着专注专一、踏实精干、创新创造、严谨有序、细腻精致，只是侧重有所不同。譬如说，美国的工匠精神更突出地表现为创新精神，且这种创新精神是一种从"0到1"的原创式创新，而德国和日本也是世界创新强国，只是他们的创新更多的是从"1到N"的迭代式创新。再说严谨专注方面，德国工匠精神中的严谨是一种精确、科学的严谨；而日本工匠精神中的严谨专注则表现为对细节的关注。美、德、日的工匠精神是促进其经济发展的动力，是提升其国际竞争力的重要法宝；而我们应看到支撑美、德、日三国工匠精神的发展，为其实践提供了良好的环境与氛围是他们政治、经济、文化等原因的合力促成。如，支撑美国创新精神茁壮成长的是美国自由民主的文化、开放创新的教育和一系列人才引进与培养政策，以及政府和社会企业的政策支撑与资金资助等；而德国工匠精神则源于新教伦理的"天职观"，其次是"双元制"教育、独特的企银关系和国家政策的支持等。日本工匠精神主要受到职人文化影响，其次日本的职业教育、政策支持等也是重要原因。工匠精神与国家政治、经济、文化等政策、制度之间良好的互动与促进关系是中国学习与参考的关键，也就是说我们不仅要学习各国优秀的工匠精神，还应借鉴培养这种工匠精神的氛围——工匠文化。

第八章　数字工匠结构探索

计算不再只和计算机有关，它还决定我们的生存。①

麻省理工学院教授兼媒体实验室主任内格罗蓬特（Nicholas Negroponte）在 20 年前的一部专著《数字化生存》（*Being Digital*）中预言了今天人们的生存和生活方式：数字媒体、数字艺术、数字版权、便携设备、虚拟现实……然而如今人们的"数字化生活""数字化生存"也远比内格罗蓬特所预想的丰富：智能制造、知识经济、创意产业、物联网、人工智能、区块链等，它们的共性在于离不开数字。

文章开头引用的这句话中的"计算"，其实也可以替换为"数字"，因为数字，以及数字的结晶"软件"就是进行计算的主体——的确，数字决定着我们的生存：如果说工业时代，社会的"变革者"是煤炭、石油、电力和蒸汽机／内燃机。而当今，煤炭、石油、电力变成了信息、数据，而蒸汽机／内燃机的角色则由软件所取代。

数字，通过编码，变成了信息、数据、软件，它是三者的最基本颗粒或载体，因而我们可以说，数字是当今人类社会中生产与生活的关键要素之一。而以"数字"为砖瓦，缔造了当今这个"数字社会"②，创造着当今人们数字化的"美好生活"的人们，我们称其为"数字工匠"（Digital

---

① Negroponte, N. *Being Digital*,w York: Vintage,1996.

② 或者说"信息社会""软件社会""虚拟经济社会"。

Craftspeople 或 Software Craftspeople）。

工匠是一个历史范畴，又是一个文化建构。工匠这个概念，传统意义上指涉的是工业社会以前的手工艺人，但是工匠的内涵应当是不断变化的：

> 手艺工匠在自然经济时代创造了男耕女织的手艺美学图景和天人合一的生活方式。机械工匠在工业经济时代创造了人类机械化大生产的机械美学图景与全新的人造生活方式。数字工匠在虚拟经济时代创造了人类高情感化智能的数字美学图景和后人类新生态生活方式。①

曾几何时，"工匠"也在相当长的时间内，被用作社会底层、身份卑贱、因循古制、缺乏创新的代名词，"匠气"意味着没有艺术性。工匠的地位，也一度在工业革命时期降到谷底，成千上万的工匠（手工艺人）的工作被大机器所剥夺、挤压。但是工匠并没有"死去"，新的时代，也应该有新形态的"工匠"。随着社会的进步与发展，工匠的价值开始受到重新审视——10年前（2008 年），软件行业从西方开始，掀起了"软件工艺运动"（Software Craftsmanship Movement），引领着软件开发的范式转变；而今天，"工匠精神"的理念也在中国各行各业广泛传播。

本章"数字工匠"是一个偏正结构，"工匠"是历史的，而"数字"是时代的；"工匠"（人）是主体，而"数字"则是外部的社会、科学、技术背景；"工匠"是生产关系、意识形态层面的，而"数字"则是生产力层面的。自然而然，考察"数字工匠"要从两方面辩证地看待——数字工匠，既有从传统的"工匠"中扬弃的内容，也有新时代的"数字"所注入的新特质，这也是本章的写法。"只知其一，一无所知"，本章将会考察"工匠"范畴的源流，在社会、经济、科学技术背景下比较各个时代的工匠文化问题，亦即手工业时代、机械工匠时代和数字工匠时代等的工匠文化问题。重点是数字时代的

---

① 邹其昌：《走向生活的工匠之美》，《人民日报海外版》2017 年 7 月 25 日。

工匠文化问题，以求探寻"工匠""工匠精神""数字工匠"的内涵、本质和时代价值。

一、数字工匠前史

工匠是一个历史范畴，而工匠的历史也是一部兴衰史。《现代汉语词典》解释工匠为："手工艺人"，《牛津在线词典》将英语的 craftsman 中的 crafts 解释为"手工或手工制品（Work or objects made by hand）"[①]，可见工匠的源头位于工业革命以前。世界各地都有不同的工匠传统，而且历史上，东西方的社会、产业、经济的发展过程也有所不同，因而本书考察工匠的源流，农业时代（自然经济时代）部分选取东方，即中华工匠体系为重点，而工业时代、信息时代部分则将重点放在西方。

（一）工者，巫也，巫者，君也

《说文解字·工部》解"工"字为："工，巧饰也。象人有规矩也。与巫同意。凡工之属皆从工。""工"字与"巫"字相近，"巫"即"工"字中两位巫祝跳降神之舞[②]。在中国文化传统中，工匠似乎与巫觋存在着不可分割的联系：神话传说中，燧人氏取火结绳，发明历法；伏羲氏开创八卦，教人渔猎；神农氏制耒耜种五谷、尝百草创医术；黄帝制衣冠、建舟车、制音律、创医学，简直就是工匠的集大成者；家天下的大禹也是一名水利工程师。正如《周礼·考工记》所说："百工之事，皆圣人之作也"。

神话传说虽然存在着后人的堆垒附会，但是中华文明的始祖们无不是

---

① https://en.oxforddictionaries.com/definition/craft。
② 《说文解字·巫部》解"巫"字为：祝也。女能事无形，以舞降神者也。象人两褒舞形。与工同意。

伟大的工匠、发明家、创造者，反映了先人的观念，或者一种"神话化的历史"：这些上古的领袖们（也许是一个群体），之所以被尊为圣人、帝王、神明，是因为他们开创、掌握、传播了与生产、生存、生活相关的实用技术本领，为社会作出了巨大的贡献。

李泽厚先生在《说巫史传统》中提出了"巫君合一"说：

> 从远古时代的大巫师到尧、舜、禹、汤、文、武、周公，所有这些著名的远古和上古政治大人物，还包括伊尹、巫咸、伯益等人在内，都是集政治统治权（王权）与精神统治权（神权）于一身的大巫。
>
> ……
>
> 毌（巫）字亦工匠所待规矩（数学、几何工具），商周时代，巫就是数学家。由此似可猜测，传说中所谓诸"圣人"作"河图""洛书"、作八卦、作周易等等，正表明巫师和巫术本身的演变发展。这也就是"巫术礼仪"通过"数"（筮、卜、易）而走向理性化的具体历史途径。①

而巫之所以为巫的"特质"之一，就在于独掌一门或多门技术："懂算数""识天象""知天道"等。然而在蒙昧未开的先人眼中，这些科学、技术变成了巫祝手中的"巫术""法力""神性"，随着社会的发展，人们的认识逐渐走向理性化，技术（工）才褪去了巫术（巫）的外皮，巫祝变成了圣人，"巫"从大传统转移到了小传统，"由巫到礼，释礼归仁"。

由此我们可以看到，在上古的"巫君时代"，工匠披上了神圣的外衣②，发明家、造物者、创造者被尊奉为帝王君主，受到无上的尊重与信仰，

---

① 李泽厚：《说巫史传统》，见《由巫到礼释礼归仁》，三联书店 2015 年版。

② 事实上，这并非中华文明所独有的文化现象，比如古埃及神话中的尼罗河河源之神库努牡就是陶匠的形象；古埃及的建筑师伊姆霍特普，在后世也被当做神祇崇拜；两河文明的一件文物"乌尔南塞的还愿（Votive relief of Ur-Nanshe）"上也刻画着一位国王建筑师 / 建筑工匠的形象等，数不胜数。

"craftsmen rule"，这或许是工匠"最好的时代"，亦即前书所谓农业文明之前的"工匠时代"。

（二）"百工"的诞生

随着生产力的发展，社会分工程度不断加深，中国古代社会在进入封建王朝的时候，已经基本上形成了"士""农""工""商"的"四民"结构。由此，工匠文化史进入了社会分工协作的"工匠化时代"。《考工记》详细描述了中国封建社会早期的社会分工：

> 国有六职，百工与居一焉。
> ……
>
> 坐而论道，谓之王公。作而行之，谓之士大夫。审曲面埶，以饬五材，以辨民器，谓之百工。通四方之珍异以资之，谓之商旅。饬力以长地财，谓之农夫。治丝麻以成之，谓之妇功。

在中国语境下，自然经济时代，工匠的最基本含义就是，指与"士""农""商"相区别的主要从事器物发明、设计、创造、制造、劳动、传播、销售等的行业共同体。[①] 而封建时代的开始，是中华工匠体系的重要转折点。

一方面，先有技术，再有工匠，新的工匠是随着新技术的产生而诞生的，技术不断发展成熟，对应工种的专业程度也会随之提高，分工是为了适应新的生产力发展水平。中国进入封建社会，正是建立在以铁农具的推广为代表的生产技术的革命之上的。

---

① 邹其昌：《论中华工匠文化体系——中华工匠文化体系研究系列之一》，《艺术探索》2016 年第 5 期。

在人类社会中，技术会不断发展，生产力会不断提高，各种各样的新职业、新类型的工匠会不断诞生，而进入封建社会这个节点正是发生质变的时候。成书于春秋战国时期的《考工记》作为中华工匠文化体系创构期的重要范本①，对工匠的称谓之一"百工"，就反映了当时"百工"之职分工之细致。而且书中依据造物材料的不同或相关工作性质，将工匠行业分成六大系统多达 30 个不同的职业工种，其中"车"的制造尤其体现了高度的多工种多行业协作分工。

另一方面，中国在进入封建社会后不久，便形成了统一的中央集权国家，国家为了能加强集权，举国力办大事，会在全社会推行标准化，例如秦朝"一法度衡石丈尺。车同轨。书同文字"，处于生产部门的工匠则更不要说了。工匠，正如"工"字的字形（工匠所持规矩的象形），其本身就内含着"标准化"的潜质。而建立行业的规矩，统一各工种的行为标准，"实际上是工匠行业文化体系建构的重要标志，是工匠技术文化系统的个体性特征走向工匠行业文化系统的社会性特征的标志"。② 正是因为这样的历史转型，工匠从此开始有了自己的行业、自己的社群，工匠文化开始逐渐形成自己的生态。

除此以外，秦朝还设立了专业的工匠管理机构———将作少府，一改先秦时期工匠制度的松散与随机，奠定了后世的工匠制度基础，国家对工匠的管理得到空前加强，因此随着专业化、标准化一同提高的，还有工匠的制度化。

由此，我们可以看到，"百工"诞生于封建王朝，这并不是说奴隶社会、原始社会没有各式各样的工匠，笔者认为，"百工"意味着工匠文化在封建社会中发生的专业化、标准化和制度化上的质变，正如《考工记》提出的"工

---

① 邹其昌：《论中华工匠文化体系——中华工匠文化体系研究系列之一》，《艺术探索》2016 年第 5 期。

② 邹其昌：《〈考工记〉与中华工匠文化体系之建构——中华工匠文化体系研究系列之三》，《武汉理工大学学报（社会科学版）》2016 年第 5 期。

匠悖论":

> 粤无镈，燕无函，秦无庐，胡无弓车。粤之无镈也，非无镈也，夫人而能为镈也。燕之无函也，非无函也，夫人而能为函也。秦之无庐也，非无庐也，夫人而能为庐也。胡之无弓车也，非无弓车也，夫人而能为弓车也。

"工匠"之所以得以存在，正是在于其技术的专业性。技术的发展，让全能型的"巫君"分化为各司其职、分工协作的"百工"。

（三）官府工匠与徭役

古代的封建社会是一个等级森严的阶级结构，社会的运转由六大分工"六职"而实现，而这六职基本上可以划分为统治阶级（王公贵族、士大夫）和劳动人民（农、工、商）的双重结构。但是，在中国的大传统中，从事不同行业的劳动人民地位也是不一样的，"士农工商"或"士农商工"的说法其实是对四民阶级地位的排序，工和商，无论什么说法，在中国的农业社会都是排在社会最底层的职业。与此同时，我们还能看到，工匠开始进入国家的治理体系，其制度化程度在不断提高。

在《史记》中，我们能看到，先秦的行政制度中，"百工"尚有"百官"之意，是各种官职的总代称。先秦诸子百家中，以匠作器议政、说道的现象尤其多①，比如《庄子》用"庖丁解牛"来论证"道近乎技"，《墨子》用工匠制器比喻治国大事。庖丁有机会在梁惠王面前表演绝技，而政治家墨子，本身就是一位伟大的工匠、发明家、科学家。但我们能看到，先秦时代"工匠

---

① 邹其昌：《〈史记〉的工匠文化观——中华工匠文化体系研究系列之八》，《同济大学学报（社会科学版）》2017 年第 6 期。

的地位还不至于像后代那么卑微低下，他们是可以'进谏'，有机会'说政'，其称呼都可与百官通称"。

　　然而，到了皇权空前集中，国家规模空前庞大的秦朝，诸如修筑城垣、修筑驰道、整治河渠、漕运运输、营缮宫苑、修筑陵寝等"匠人营国"之事变成了劳动人民的繁重徭役（更卒制度），后世更是出现了名为"匠役"的徭役变种，"百工"被强制为政府服务。《史记》中又有记载：

　　　　葬既已下，或言工匠为机，臧皆知之，臧重即泄。大事毕，已臧，闭中羡，下外羡门，尽闭工匠臧者，无复出者。①

　　为秦始皇建造皇陵的工匠，也许身怀绝技，但就是连生命权都被统治阶级所剥夺，落下了可悲的命运。

　　　　唐蒙已略通夜郎，因通西南夷道，发巴、蜀、广汉卒，作者数万人。治道二岁，道不成，士卒多物故，费以巨万计。②

　　西汉时期，政府派遣士卒修路，结果路修了两年还没修成，修路的工匠就死了不少。除此以外，在《史记》中还有大量关于军卒、囚徒、奴婢、乱民、良民被政府强制征用为工匠做工的记录，而且常常生命安全难以得到保障。他们通常从事的是，没有技术含量的工种，但是民间工匠被强制征用的情况也应当是存在的，任何生产、建造项目都存在着技术性工种，后世也建立了针对技术性工种的强制劳动制度"匠役"。在唐朝以前，作为徭役的一部分，官府工匠多采取工匠征集制，基本是强制性入职，直到中唐后，工匠的雇佣制逐渐兴起，官府对工匠的管制和剥削才稍微减少。

---

① 《史记卷六·秦始皇本纪第六》，第188页。
② 《史记卷一百一十七·司马相如列传第五十七》，第2320页。

传统学术认为，在中国古代历史上，工匠尤其是官工匠的身份地位基本上低于一般平民百姓，介于百姓和奴隶之间①。科技史家李约瑟在《中国科学技术史》第四卷第二分册中设专节（引论部分）讨论了"工程师"（工匠）问题，其中就以阶级属性为切入点将中国古代的工程师、发明家划分为 5 类：

> 高级官员，即有着成功的和丰富成果的经历的学者；平民；半奴隶集团的成员；被奴役的人；相当重要的小官吏，就是在官僚队伍里未能爬上去的学者。

由此我们可以知道，在封建时代，工匠与政府的关系越发密切，然而在工匠制度中，不仅包括各种工匠管理机构、官职的设立，也许还存在着标准化制度，但是不能忽视的部分，就是徭役制度（强制性劳动制度）。官府工匠的工作许多不仅强制性、缺乏自由，而且很多情况下连生命安全都难以得到保障。

到现在，我们已经可以对中华工匠体系有一个大致的把握：中华工匠可以分为官府、民间两条脉络——官府工匠主要包括管理工匠、主持工程、在大型工程项目中进行顶层设计的官员（比如郭守敬、李诫）、官府雇佣或委托的工匠、官府强制征召的工匠；民间工匠主要包括私营的工场或工坊（比如景德镇的民窑）中的专业工匠、个体工匠（通常是在农闲时进行造物活动、半专业性），以及一些特殊情况（比如黄道婆、计成）。这两条脉络并非截然分开的，而是紧密联系在一起的，比如个体工匠，有时候因为社会变迁，会进入专业的工场、工坊里工作；官府也会委托私营工场或工坊生产，比如皇室派员监烧的景德镇民窑。

但是官府工匠和民间工匠也存在着很大的区别，那就是社会的资源主要

---

① 邹其昌：《李约瑟对中华工匠文化的思考——中华工匠文化体系研究系列之六》，《中南民族大学学报（人文社会科学版）》2018 年第 1 期。

集中在官府工匠，或者说他们的雇佣 / 征用者统治阶级的手上。根据《考工典》，官府工匠主要建造的是道路、桥梁、城池、宫室（核心逻辑是维护封建统治），生产的是礼器仪仗或者兼具礼用和实用的产品；相比之下，民间工匠更侧重于生产生活的设施、工具、用品的建造与生产（其实还有官府、民间都有参与建造生产的宗教设施、宗教产品，本章不做讨论）。

（四）墨子、达·芬奇与齐尔塞尔论题

上文中，我们已经简要考察了中国古代工匠的地位，除此之外古代工匠的另一个重要侧面是，注重经验知识，相对而言不重视逻辑思辨，缺乏系统的理论建构；工匠的培养方式，也讲究父子、师徒间口传心授①（有时候甚至是独子相传），再加上日积月累的实践操练，由于大多数工匠的文化水平有限，通常不会留下文字著作，因而技术的交流性、传播性较低，失传率较高。而对于士大夫阶层，虽说"工不出则乏其事"，但是"学而优则仕"，"劳心者治人，劳力者治于人"，在工匠低贱的传统观念下，文化水平最高的知识分子关心的更多是形而上之道（哲学），而不是形而下之器（实用技术）。在知识体系上，统治阶级和劳动人民，学者与工匠之间也横跨着一条鸿沟。

而这条鸿沟，其实涉及另外一个和工匠息息相关的问题：近代科学是如何诞生的？为什么近代科学没在中国诞生？关于工匠 / 技术与学者 / 科学的互动关系，科学史学界已经有过活跃的讨论，其中著名的开端性研究之一就是"齐尔塞尔论题"：

科学史学家齐尔塞尔（Edgar Zilsel）在 20 世纪 30—40 年代在"科学的社会学根源"的课题下提出了一个工匠—学者论题，简单地说，就是文艺复兴以后（1600 年前后），脱离了工会的高级工匠和受过系统的学院教育的学

---

① 《魏书·卷 4 下·世祖纪》："百工技巧、驺卒子息，当习其父兄之业，不听私立学校。违者师身死，主人门诛"。可见，封建社会中，有的工匠是连择业的自由都不存在的，只能子承父（师）业。

者相结合。比如达·芬奇和帕多瓦大学解剖学教授马坎通尼奥（Marcantonio della Torre），工匠提供了因果思维、定量思维和实验思维，而学者则提供了数理逻辑和哲学思辨，两方面的统一就形成了近代科学（实验科学）的雏形，而二者结合的动因、氛围，就是人文主义、世俗化、竞争的城邦文化、货币经济、资本主义等的发展。

"齐尔塞尔论题"深深影响了李约瑟的中国科学技术史研究，在后世也不断受到学者们的批判与发展，比如潘诺夫斯基（Edwin Panofsky）的"去隔离化（decompartmentalization）"和工匠与学者结合的"视觉革命"、霍尔（Alfred Rupert Hall）对工匠—学者问题的重新界定、帕梅拉·隆（Pamela Long）提出的"交易地带/交易者"理论等①。虽然，或许科学的诞生没有齐尔塞尔说的那么简单，但是工匠在科学，尤其是所谓"非学院科学"（如实验物理学、化学、植物学、动物学和冶金学）的产生与发展中是不可或缺的要素。尤其是他所探讨的科学的社会根源，对于我们理解中华工匠也是重要的启示。

我们能看到，无论是西方，还是中国，在思想传统中，理论知识和实践技艺间都横跨着鸿沟。在亚里士多德的学说中，有知识（episteme）、实践知识（praxis）和技艺（techne）的区分，在中世纪有自由技艺（artes liberales）和机械技艺（artes mechanicae）的区分，这些范畴划分的潜台词就是，理论性知识都是高级的智力活动，而与生产生活相关的实用技艺则被认为是低贱的。然而后来，西方工匠走上了与中华工匠不一样的道路，那就是与学者合作或者融合。李约瑟在中国科学长期优胜论的基础上指出了，中华文明为什么没有发展出近代/现代科学，那是因为中国在完备而强势的封建官僚制度下，没有产生发达的资本主义和工商业，而此二者正是实用技术、应用数学、可控实验等，其发展的催化剂②，正所谓"大商人之未尝产生，此科学

① 王哲然：《近代早期学者——工匠问题的编史学考察》，《科学文化评论》2016年第1期。

② 陈方正：《一个传统，两次革命——论现代科学的渊源与李约瑟问题》，《科学文化评论》2009年第2期。

之所以不发达也"，[①] 而齐尔塞尔论题及其发展揭示了其中的细节：在竞争激烈、交流频繁、务实主义的商业文化氛围下，在宗教改革中工匠地位上升的氛围中，学者中的异类、工程师、工匠等各式各样的人在兵工厂的码头、印刷厂、建筑工地等"交易地带"进行着知识、方法与技能的"交易"，学者们开始吸纳工匠们的定量、实验方法，近现代科学革命就是从中萌芽的。

上述用来解决"李约瑟难题"的"齐尔塞尔论题"也常被批判为仅仅揭示了科学产生的社会根源（这一点刚好是李约瑟对齐尔塞尔的继承）。但是，暂且搁置关于近现代科学起源的争议，值得我们思考的是，封建社会的中华工匠有如此自由开放的做工与"交易"条件、氛围吗？荷兰、威尼斯、佛罗伦萨这样的商业国家／城邦国家与同时期的封建中国，双方的工匠文化有多大区别？为什么群雄割据的春秋战国时代出了墨子这样的"全能型"工匠／发明家，而约两千年后的佛罗伦萨也诞生了达·芬奇这样的"全能型"工匠／发明家？这些问题，笔者认为值得深入考察。

（五）工业革命中工匠的角色转变

到现在我们已经考察了封建社会中的工匠，尤其是中华工匠，其特点和境况，我们能看到工匠不仅是物质财富的直接创造者，而且是近现代科学形成的不可或缺的要素之一，推动了人类社会的发展，然而在封建社会中，工匠虽然成就非凡，但是却没有受到相应的尊重、优待，反而受到剥削压迫，随着封建制度的发展与完备，地位总体上呈下降趋势。那么我们接着来看一看，工业革命后的资本主义社会中的工匠又是如何呢？

"资产阶级在它的不到一百年的阶级统治中所创造的生产力，比过去一切世代创造的全部生产力还要多，还要大。"正如《共产党宣言》所说，工

---

① 此言出自李约瑟 1944 年在中国科学社湄潭区年会上所作的演讲《中国科学史与西方之比较观察》，引文见李约瑟：《中国之科学与文化》，《科学》1945 年第 1 期。

业革命后的资产阶级社会是一个造物力 / 生产力空前高涨的时代，其直接动因就是工业革命。而工业革命（生产力革命）和社会变革（资本主义生产关系的建立与发展）相互促进，迅猛发展。

工匠在工业革命中又扮演着怎样的角色呢？首先我们能看到的是，工匠的发明创造主导了第一次工业革命，揭开第一次工业革命序幕的珍妮纺纱机就是由一名织工哈格里夫斯发明的；改良了工业革命的"发动机"蒸汽机，让其能得到大规模应用的瓦特，也是从一名钟表匠学徒成长起来的；开创了铁路运输业的史蒂芬孙最初也是一个文盲机械师（engineman）。发明从来不是一夜而成的，一项颠覆性的发明要经过漫长的理论、经验和技术积累，直到它能得到广泛普及（实用化），才能发挥变革产业、社会的作用，而技术的实用化，往往只有生产第一线的实践者，也就是工匠才能实现。

然而，另一方面，工业革命成为工匠的威胁。正如《共产党宣言》所描述的：

> 以前那种封建的或行会的工业经营方式已经不能满足随着新市场的出现而增加的需求了。工场手工业代替了这种经营方式。行会师傅被工业的中间等级排挤掉了；各种行业组织之间的分工随着各个作坊内部的分工的出现而消失了。但是，市场总是在扩大，需求总是在增加。甚至工场手工业也不再能满足需要了。于是，蒸汽和机器引起了工业生产的革命。现代大工业代替了工场手工业；工业中的百万富翁，一支一支产业大军的首领，现代资产者，代替了工业的中间等级。

工业革命摧毁了封建时代的工匠体系，而大机器剥夺了熟练工、技术性手艺人的工作，随即以工匠为主体的"卢德运动（Luddite Movement）"的爆发，开创了世界工人运动的先河，而工匠也被冠上了"卢德分子（新科技的反对者）"的帽子。而在工业革命中，我们也能很清晰地看到，工匠身份的转化：

首先，我们能看到社会分工在进一步细化，设计师就是在这个时期产生的，而且工业革命也开拓出了许多新的产业，如交通业、广告业、新闻业等等，产生了工厂这种新的生产组织形式。于是，旧世界的工匠分化出了两拨人，一拨舍弃原有的技术，成为工厂里的非技术或低技术工人，一拨赶上了时代潮流，吸收新技术，转变为了工厂主、企业家、工程师、科学家、设计师等。除了一些由于技术尚不成熟，暂时尚未工业化的产业（如钟表业），工业社会似乎没有旧世界工匠（手工艺人）的一席之地。

工匠的分化，反映的是生产/造物活动的分工细化，这也意味着设计、生产、销售等环节的分离，设计者与使用者的分离，这是 19 世纪爆发的设计革命的社会根源之一。如果我们这时候，采用"工匠"的广义，即其语义"从事造物活动的技术人员"，那么工程师、技术工人、工业设计师都可以归入"机械工匠"的行列，那么"新世界"的"机械工匠"们翻身了吗？

（六）机器的单纯附庸

关于工业革命后的机械工匠的研究，马克思主义学说是绝对不能忽视的。马克思和恩格斯从科学、技术、社会、政治、经济等多方面考察了工匠群体，只不过换了一个名字："工人"（work man 或 worker）或"无产者"：

> 由于机器的推广和分工，无产者的劳动已经失去了任何独立的性质，因而对工人也失去了任何吸引力。工人变成了机器的单纯的附属品，要求他做的只是极其简单、极其单调和极容易学会的操作。因此，花在工人身上的费用，几乎只限于维持工人生活和延续工人后代所必需的生活资料。但是，商品的价格，从而劳动的价格，是同它的生产费用相等的。因此，劳动越使人感到厌恶，工资也就越减少。不仅如此，机器越推广，分工越细致，劳动量也就越增加，这或者是由于工作时间的延长，或者是由于在一定时间内所要求的劳动的增加，机器运转的加速，等等。

　　现代工业已经把家长式师傅的小作坊变成了工业资本家的大工厂。挤在工厂里的工人群众就像士兵一样被组织起来。他们是产业军的普通士兵，受着各级军士和军官的层层监视。他们不仅是资产阶级的、资产阶级国家的奴隶，并且每日每时都受机器、受监工、首先是受各个经营工厂的资产者本人的奴役。这种专制制度越是公开地把营利宣布为自己的最终目的，它就越是可鄙、可恨和可恶。

　　手的操作所要求的技巧和气力越少，换句话说，现代工业越发达，男工也就越受到女工和童工的排挤。对工人阶级来说，性别和年龄的差别再没有什么社会意义了。他们都只是劳动工具，不过因为年龄和性别的不同而需要不同的费用罢了。①

　　《共产党宣言》关于工业革命早期的工匠群体境况的描述是最为精辟的。工业革命让绝大多数工匠变成了非技术/低技术工人，少部分成为技术工人或工程师，双方虽然工作性质、工作环境有所不同，但其实都是资本/资本家压迫剥削的对象，机械工匠的造物劳动被异化为资本的再生产。工匠设计、制造了机器这种先进的造物工具，反而被机器所奴役，工匠自身变成了一种配合大机器的工具，这在第二次工业革命的巅峰，融合了泰勒科学管理方法和生产线技术的福特制中尤为体现，工业时代的造物活动包含着浓厚的"机器中心论"，其背后固然有"机械论"的哲学基础，但其实质依然是资本的逻辑。

　　和封建社会相比，资本主义社会中工匠的确获得了一定的自由，但是统治阶级与劳动人民的双重结构依然是没有改变的，造物者头顶上的官府、领主不过换成了监工、高管或资本家，依然位于资本主义的生产组织形式——企业这座"金字塔"的底层。

---

① 马克思、恩格斯：《共产党宣言》，人民出版社 2018 年版，第 34—35 页。

（七）机械论与工匠的异化

前文中，我们简要提到了机器中心论和机械论，机器或机械是科学技术的结晶，宏观上它是生产力要素，微观上它是工匠用于造物的工具，机械也必然作用于人们的社会意识，机械塑造着机械工匠。了解工业社会的机械思维及其背后的哲学渊源，有助于我们理解后来的数字工匠的范式转变。

机械论其实是一种历史悠久的思维方式，古希腊的米利都学派通过种种自然元素来解释世界的本原；毕达哥拉斯学派认为万物源自数，万物皆数；德谟克利特提出了最早的"原子"模型，虽然现在看来，古希腊先哲们解释世界的结论的局限性非常大，许多甚至是荒谬的，但是他们开创的思维方法影响后世，比如世界是有序的；数本思想（万事万物的规律都可以用数学来描述、推演）；还原论（将复杂的事物分解成简化的模型进行研究与解释），这些都成为后世机械论的思想基础。

接着是工匠与学者开始结合的文艺复兴时期，哥白尼、第谷、开普勒等人的天文学发现冲击着经院哲学和亚里士多德的自然哲学体系，与此同时，培根的《新工具》在理论上开辟了实验科学的道路、笛卡尔将数学融入他的"机械论哲学"，而牛顿的《自然哲学的数学原理》标志着机械论走向成熟，他建立了牛顿运动定律和万有引力定律，能在足够的精度上解释大到天体，小到石块的物体的运动和相互作用现象，这是机械论的伟大胜利，机械论从此成为统治科学界近 300 年的范式，同时也进一步加强了人们对世界的一种认识：宇宙的规律是可以确定的，物质构成的宇宙是一台设计精妙的机器，它的运行规律可以用数学语言进行完全描述，而且放之四海皆准；人同样也是一种机器装置，和自然界的万事万物没有区别。

机械也是一种古老的事物，它在古代的农业、建筑、军事、天文等领域有着广泛应用，比如阿基米德的螺旋泵、张衡的地动仪等，然而古代机械的一大局限性就在于材料技术的不成熟：古代机械绝大部分是木制机械，因而承载能力、输出功率非常有限。因此直到 19 世纪，转炉炼钢法的发明，使钢铁这种优质材料能实现大规模的廉价生产，大机器、高层建筑才得以出现，人类才真正意义上进入机械时代。工业革命时期的大机器正是机械论的结晶，虽说 19 至 20 世纪的现代科学革命对机械论产生了冲击，但是统治工业界的依然是机械论。到现在，我们可以得知，机械论的最大成就就是让世界具有了"确定性"，机械论的发展也孕育了许多影响至今的科学方法，但是机械论的局限性也在于其建立的"确定性"，因为这个"确定性"一旦超出了范围就会失效，否认这一点，机械论就会变得片面、孤立、静止。

了解了机械论，我们就能对 19—20 世纪工匠们的境遇有更深入的理解：在资本主义社会中，人被异化成机器，工匠被异化为劳动工具，其实质是人被模型化了，人也被简化 / 还原为一个可以进行分析、实验、操作的对象（模型），比如亚当·斯密的"经济人"模型、行为主义心理学的"反应—刺激"模型、早期劳动学（如泰勒制）中的"工人"，这虽然有助于研究规律，但是当我们尝试用人模型替换真正的人（用简单替代复杂）的时候，就会出问题。这也正是"机器中心论"这种设计悖论产生的根源之一，人是工具服务的对象，然而人反而变成了工具的附庸，操作机器的工匠变成了配合机器的"部件"，如果说资本家是人格化的资本，那么在资本主义社会中，工匠就变成了人格化的工具。

（八）小结：异化的造物者

到目前为止，我们对工匠体系的历史渊源和发展脉络进行了整体把握，工匠无论在自然经济时代，还是在工业经济时代，都是物质文化的创造者、生产者。虽然科学技术、产业和社会在不断进步，但是从整体上而言，历史上的工匠都是不同程度地受到剥削压迫的群体，从上古时代到近现代，工匠的地位呈现出下降趋势，甚至在工业革命中被解体分化，纳入了资本主义的生产关系之中，工匠成为异化的造物者。

二、数字时代的工匠

如果从微仪系统家用电子公司（MITS）推出世界上第一台商业化的家用计算机（1975）开始算起，人类进入数字时代不过 40 余年，但是从 20 世纪中期开始到现在，在以计算机、互联网技术为代表的第三次工业革命的催化作用下，社会的各个方面都以前所未有的速度变化着，工匠面对的是一个瞬息万变的技术世界——数字/信息技术，要么和既有的产业、领域（如农业、制造业、科研领域等）相结合，成为其发展的驱动力（同时也推动着自身的发展），要么创造新的产业、领域（如现代服务业、知识经济、数字媒体、网络空间、元宇宙等）。在数字时代，从政府军方到企业家庭，从宏观到微观，人类无不被无形或有形的数字产品所包围，如前两次工业革命，工匠的造物手段（技术）、造物思维、造物领域的既有范式无不受到挑战，亟待改变。数字是人类社会中的一种无形要素，正因如此，也有人称数字/信息时代为虚拟经济时代，数字的产品或商品形态就是软件，那么像软件这样的非物质性产品的创造者是否能纳入"工匠"的范畴？使用软件这种工具进行"创物""制器""饰器"活动的人员又该如何归类？新时代，与工匠相关的既有范式无不受到挑战，但是这正有助于我们深入理解工匠的内涵。

（一）数字、编码与编程

在考察数字工匠之前，我们首先需要了解该群体的技术背景，即"数字（技术）"。

当今数字产品几乎是人手一（多）台，但是绝大多数人都不是直接和"数字"打交道，数字产品、数字技术的数字应当追溯到计算机之父冯·诺伊曼在论文"First Draft of a Report on the EDVAC"（1945）中提出的"冯·诺伊曼结构（Von Neumann architecture）"，即以二进制编码为运算基础的存储程序计算机模型。这篇论文其实是对世界上最早的两台电子计算机 Mark I 和 ENIAC 的改进建议——从此电子计算机由专用计算机演化为了通用计算机，前者只能解决一种或一类问题（通常是数学计算），后者则能实现各种各样的功能，如文字处理、绘图、玩游戏等，可以说"冯·诺伊曼结构"奠定了当今这个丰富多彩的数字世界运行的基本架构。

除了计算机建立在二进制运算的基础上，"数字"还体现了对复杂、连续的"模拟"世界的模型化，数字（digital）和模拟（analog）其实是电子信息领域的一对术语或范畴。我们所处的现实世界是一个"模拟"的世界，我们所听到的声音、看到的颜色、闻到的气味存在着无数种可能性（数值），世界是以"连续"的模拟信号的形式输入我们的认知系统，而数字技术则是将无限、连续的模拟世界（信号）转换为计算机所能够处理的有限、离散的信号[1]，然后重构并展现在我们面前，当然这事实上依然是机械论的方法论。

数字技术内含着编码活动，从模拟信号到数字信号的转换本身就是一种编码过程，这是计算机／机器与外部世界的信息交流，而计算机／机器与人的信息交流，同样需要将"数字"[2]编码为人类易于认知的字符和数字，而建立在"二进制数码—字符／数字编码"之上的更高级的编码活动（人机交流活动）就是所谓的"编程"，这是当今的数字工匠最重要的匠艺（技术）之一，数字社会中人类最重要的活动之一。

（二）软件即媒介

编程活动的实质是人与机器的交互活动，人通过编程指挥机器运转，机械时代的按钮、操纵杆、操纵盘，在数字时代变成了一行行代码，工程师的工具箱、设计台变成了程序员（或者用一个更流行的称呼：开发者）的集成

---

① 数字信号相对于模拟信号具有一些优点，如可压缩性、抗噪性，这是"数字"取代"模拟"的原因之一。

② 确切地说，应该叫作二进制数码。

开发环境（IDE），虽说程序员编写的是无形的代码，开发的是虚拟的软件，但是编程是当今造物活动不可或缺的环节之一，软件是数字时代的"器物"必不可少的部分，因而可以说，程序员是当之无愧的"数字工匠"。

编码技术其实远早于通用电子计算机出现，而让编程变成当今人类的主要劳动之一的正是数字技术的迅速发展，但是数字技术不是从天而降、凭空而生的，它的发展有两个根源，一是军事需求，比如研发电子计算机的最初目的是辅助弹道计算，后来军用技术转为民用；二是社会问题，由于19—20世纪西方工业界罢工运动频发（前述的"机器中心论"正是表面原因之一），资本家希望从根本上解决罢工问题，他们给出的方案就是提高工厂的自动化程度，希望通过高度自动化乃至于无人的生产线替代工人这种生产中的不确定因素，数控机床和计算机一体化制造系统（CIM）等高投资的数字技术就是如此诞生的。我们可以看到，数字技术可以说，最初是为了"消灭"工匠而诞生的，但是数字技术并没有实现资本家的夙愿，反而创造了更多的工匠、匠艺。

数字技术最初仅用于工业界和特殊领域（如航天、军事、科研），然而随着微电子技术的迅猛发展，计算机硬件的性能按指数增长（即摩尔定律），以电脑为代表的数字产品[①]迅速商业化，在民间（学校、企业、家庭）普及，以甲骨文、微软为代表的软件企业兴起，软件产业随之繁荣起来。计算机和它所承载的软件不仅仅是一种生产工具，还成为一种和脑力活动、创意活动息息相关的思维工具（Tools for Thoughts），尤其是在互联网将全世界的计算机连接成一个整体之后，它还变成了媒体（medium），它是所有脑力活动的媒介和语境，软件会诞生出其独有的文化，列夫·曼诺维奇（Lev Manovich）的专著 *Software Takes Command* 就在强调重视软件的媒体性、文化性，当今一切和软件相关的文化现象都应该从其根源，也就是软件进行解

---

① 广义上，只要是符合冯·诺伊曼结构的数字产品都能算作计算机，比如手机也是一种计算机。

码。其实，内格罗蓬特在《数字化生存》中也分别比较了物质和软件的最小颗粒，即原子和比特（数字）的特性，指出了物质文化和数字文化差异的根源之所在。软件即媒介，这个论断给我们考察数字工匠，提出了一个方向性问题，创造软件这种工具是一种工匠活动，那么利用软件这种工具进行创造（比如数字艺术、计算机辅助设计）是不是一种工匠活动？软件不仅能参与"创物造器"，还能够用于"饰器"活动，本章对数字工匠的考察会将重点放在前者，即"创造软件"的工艺和工匠群体之上，但是后者也是一个值得今后深入考察的方向。

（三）复杂性与软件行业的范式转变

2018 年是软件工艺运动（Software Craftsmanship Movement）10 周年，山德罗·马库索（Sandro Mancuso）的专著 *The Software Craftsman: Professionalism, Pragmatism, Pride* 对这次运动以及软件工匠范式本身有着详细的记述与阐释。但事实上，软件行业对这个范式是具有争议的，有的人认为编程是一门艺术，有的人认为编程是一门科学，有的人认为编程是一项工程，有些从业者不喜欢用"手艺（craftsmanship）"这个中世纪的概念来隐喻编程。那么"工匠"范式之于软件开发究竟有什么意义？为什么会兴起软件工匠运动？回答这些问题，首先我们先得了解设计领域的一个重要范式——"复杂性"。

前面提到的机械论给人类社会带来了"确定性"，但随着科学技术的发展，人类认知水平的提高，人们发现世界远比自身的想象与假设要复杂，很多规律并非放之四海皆准，因果方法并非万能的，20 世纪初期的量子力学（如测不准原理）挑战着既有物理学体系的"确定性"；工程学中，则诞生了系统论、信息论、控制论等系统科学理论，用以应对复杂多变的世界；60 年代出现的混沌理论、模糊理论等则进一步修正着系统科学。研究"物与物之间关系"的自然科学、工程学尚遭遇了"确定性"危机，而研究"物与人之间关系"的设计学就更不用说了，人们发现实际的设计问题的结构其实是一个"坏结构（ill-structure）"，设计对象并不是孤立、静止的，而是位于一个关系网络（系统）的节点上，牵涉多方面的因素，因而当今的设计，并非单纯设计"物"，而是设计"事"，设计"关系"。复杂性的根源，并不在于系统中的元素，而在于元素之间的关系。

实际中，设计师面对的是一个个"坏问题"（wicked problem），我们在学校里考试时，所解答的数学题，每一道都具有充足的条件，利用这些条件，在因果逻辑下，我们就能得到标准答案。然而设计实践并不是解答考试数学题：关系设计的复杂是因为它要在限定条件下达到某种目的，同时还要处理、协调许许多多的"关系"，而这些所谓的目的、限制、关系本身又都是模糊的、混沌的、变化的、不明确的。机械论的因果方法似乎已经失效，取而代之的是不明推论的试错方法、溯因方法。

回到软件行业，软件开发也属于设计领域，软件行业也喜欢用"建筑或架构（architecture）"来隐喻软件，因而二者都强调"结构（structure）"，而推崇整洁代码（clean code）的软件工匠同样信奉着密斯·凡·德罗的格言"少就是多"，"上帝就在细节中"。但是建筑是由原子构成的，而软件是由比特构成的，比特不像原子那样本身就具有价值，而是需要脑力劳动赋予价值。软件行业不像建筑行业那样重资本——地皮、石油、煤炭、钢筋、水泥、建筑装备等资源由大资本所控制，只需要聪明才智加廉价的集成开发环境，每个人都能成为软件架构师（software architect）；比特还能以光速传输，这意味着软件能迅速交付给全世界的客户；软件行业比建筑行业更具变化性，这也是最重要的一点。

当数字产品在民间普及之后，软件开发者面临的不仅是技术日新月异带来的挑战，而且还有五花八门、数量越来越大的用户群体带来的不确定因素，因为用户需求通常是模糊的、运动的（通常是越来越丰富），因而软件会发生"成长"；另外，数字产品的硬件性能遵循着摩尔定律发生着指数性增长。相应的，软件的体量和复杂度也随之剧增，这意味着软件应对变化的弹性、可维护性、成长性越来越低；换句话说，软件越发难以改动，改动的成本越来越高，因为每一行代码、每一个组件都是和软件中其他部分相联系，软件越庞大则意味着软件内部的关系越复杂，正所谓"牵一发而动全身"，然而在技术变迁、需求变化的行业常态下，软件不得不持续更新、维护。在复杂的软件中更改一处地方或排除一处故障很容易带来更多的问题，新的技术 / 标准不一定与旧的技术 / 标准兼容，因而软件也会发生"腐烂"。

总而言之，技术的发展和社会的进步，让软件开发越发具有挑战性和创意性，正如其他设计领域一样，既有的开发模式的局限性已经愈发显露。软件如同有机生命一样，会"成长"也会"腐烂"。软件开发如何在变化前保持灵活性、如何应对问题的坏结构、内外的复杂性，越发变得重要，正是在这样的背景下，"软件工艺"的范式诞生了。

（四）敏捷开发运动

那么工匠的"手艺"是如何用来解决复杂性问题的呢？在详细介绍软件工艺运动之前，我们还得先了解软件产业另一场与其息息相关的革命：敏捷方法（Agile）范式的建立。

2001 年，由西方软件行业领袖们制定的《敏捷软件开发宣言》[①]（*Agile Manifesto*）是如此描述敏捷开发的：

> 我们一直在实践中探寻更好的软件开发方法，身体力行的同时也帮助他人。由此我们建立了如下价值观：
>
> 个体和互动高于流程和工具；
>
> 工作的软件高于详尽的文档；
>
> 客户合作高于合同谈判；
>
> 响应变化高于遵循计划；

---

① http://agilemanifesto.org/iso/zhchs/manifesto.html。

也就是说，尽管右项有其价值，我们更重视左项的价值。①

敏捷方法的核心在于在软件开发中实现迅速而短暂的反馈，迅速开发出软件整体或局部的样品／原型，展示给用户而获得反馈，让问题尽早暴露出来（与 IDEO 的快速原型法非常类似），步步为营，不断完善地进行开发，将更多资源分配给更重要任务（build the right thing）的同时，保证开发的质量（build the thing right）。很显然，敏捷方法是用于应对复杂性的方案，但更重要的是，敏捷方法带来了开发者的角色和软件开发的组织形式双方面的转变。

传统的软件开发组织形式，沿用的就是典型的机械时代的资本主义生产组织形式：金字塔形的等级结构，开发者位于金字塔的底层，与决策部门和产品所有者（product owner）相隔绝，分工分明，被动地接受管理人员（通常是不懂技术的）分配的任务，开发者常常很难了解产品全貌，这种结构很容易造成官僚主义、交流不畅、效率低下、缺乏创新，而且开发过程通常是大设计前行（Big Design Up-Front）的线性的瀑布模式（Waterfall Model）。而敏捷方法则让组织结构扁平化，开发者与客户或产品拥有者存在着密切的交流，能获得及时的反馈，开发者之间协作紧密，开发者不再是"软件工厂"里的"工人""码农"，只会编写代码，只懂一门或少数几门技术的专才，而要求成为 T 型人才（generalizing specialist），设计更具主动性，软件开发变成一项更具创意性的活动，总而言之，开发者在软件开发过程中的主导性、自治性有所提升。

事实上，敏捷方法已经形成了软件工艺的雏形，后来的《软件工艺宣言》（*Software Craftsmanship Manifesto*）就是在《敏捷软件开发宣言》的基础上发展而来的，但是在敏捷开发革命之后，许多软件公司发现敏捷方法并非

---

① ［美］Robert C. Martin：《敏捷软件开发："原则、模式与实践》，邓辉译，清华大学出版社 2003 年版，扉页。

特效药，即便是雇用了敏捷教练（agile coach，指导进行敏捷开发的专职人员）、在公司内部推行敏捷方法，陈腐的技术、低下的交付能力、沉重的技术债务、低落的士气等老问题依然存在，马库索指出这些公司所采取的不过是"飘在空中的敏捷方法（agile hangover）"，进行的是"不完整的变革（partial transformation）"，也就是说，这些公司仅仅抓住了敏捷方法的皮毛，它们停留于将敏捷方法视作一种过程的变革、一项新工具而已，但是变革由谁来落到实处，新工具如何发挥作用，就含混不清了。这些公司依然是陈旧的机械论、工具论思维，而忽略了一个根本因素：开发者才是推动技术变革（敏捷开发）的主角。而在敏捷方法的基础上进一步强调人的因素，这就是软件工艺的重要内涵之一。

（五）软件工艺运动

"软件工艺（software craftsmanship）"这个范式可以追溯到安迪·亨特（Andy Hunter）和戴维·汤玛斯（Dave Thomas）的专著 *The Pragmatic Programmer: From Journeyman to Master*（1991）和彼得·麦克贝恩（Peter Macbean）的专著 *Software Craftsmanship: The New Imperative*（2001），几乎与敏捷软件开发运动平行，一同奠定了软件工艺的不少理念基础。接着的重要事件是 2002 年美国北卡罗来纳州举行的软件学徒峰会（Software Apprenticeship Summit）和 2006 年 8th light 软件服务公司的成立，8th light 是第一家倡导软件工艺，并且提供学徒制教育（Modern Apprenticeship Program）的综合型软件服务公司。2008 年，软件工艺运动的领袖之一罗伯特·C. 马丁（Robert C. Martin）在敏捷开发会议 2008（Agile 2008 conference）的演讲上提出在敏捷软件开发宣言上增加一条"手艺般的代码高于垃圾代码（craftsmanship over crap）"[后改为"如同手艺般呵护代码高于执行任务"（craftsmanship over execution]，同年在美国伊利诺伊州举行了软件工艺峰会（Software Craftsmanship Summit），宣告软件工艺运动的开始，在那之后，《软件工艺宣言》的制定（2009），罗伯特·C.马丁的 *Clean Code: A Handbook of Agile Software Craftsmanship*（2008）、*The Clean Coder: A Code of Conduct for Professional Programmers*（2011）、*Clean Architecture: A Craftsman's Guide to Software Structure and Design*（2018）、*Clean agile-back to basics*（2020）、*Clean Craftsmanship: Disciplines, Standards and Ethics*（2022）桑 德 罗 · 曼 卡 索（Sandro Mancuso）的 *The Software Craftsman: Professionalism, Pragmatism, Pride*（2014）等重要著作的发表，让软件工艺范式在世界范围内传播开来。

首先我们来看一下《软件工艺宣言》的内容：

> 作为有理想的软件工匠，我们一直身体力行，提升专业软件开发的标准，并帮助他人学习此工艺。通过这些工作，我们建立了如下价值观：
> 不仅要让软件工作，更要精益求精；
> 不仅要响应变化，更要稳步增加价值；
> 不仅要有个体与交互，更要形成专业人员的社区；
> 不仅要与客户合作，更要建立卓有成效的伙伴关系；
> 也就是说，左项固然值得追求，右项同样不可或缺。[①]

可以看到，《软件工艺宣言》就是对《敏捷软件开发宣言》的发展，宣言中明确出现了"工匠"一词，很明显它更加强调软件工匠（开发者）的主体性。虽然软件工艺的重要根源之一就是敏捷开发，软件工艺重视技术实践（technical practice），但是软件工艺并不拘泥于具体的技术、工具、方法，并非采用了敏捷方法、测试导向开发（Test-Driven Development）方法等的开发者就是软件工匠。

[①] ［英］桑德罗·曼卡索：《软件工艺师：专业、务实、自豪》（*The Software Craftsman: Professionalism,Pragmatism, Pride*），爱飞翔译，机械工业出版社 2015 年版，第 28 页。此处引文，译文有所调整。另外，书名翻译为《软件工匠》更好。

（六）软件工匠／工艺的内涵

工匠就是"手艺／工艺"的承载者、实践者，然而对于软件工匠而言，这个"手艺／工艺"并非具体的一门或若干门技术，软件工艺是一种思想体系（ideology）或思维模式（mindset），桑德罗·曼卡索的 *The Software Craftsman: Professionalism, Pragmatism, Pride*（后简称 *The Software Craftsman*）提出，软件工艺就是"让责任、专业、务实、自尊回归软件开发"，如果用最简洁的语言来描述的话，那就是"软件开发的专业主义（professionalism in software development）"。罗伯特·C.马丁也在一次题为"Craftsmanship and Ethics"（2009）的演讲[①]中，指出（软件）工艺（craft）的确定、（软件开发）规则（discipline）的确立，意味着软件开发的专业性（profession）的出现。

那么什么又是专业主义、专业性呢？桑德罗·曼卡索给出的是结果论：能满足客户的要求，能为客户创造价值（当然这是放在商业软件开发的语境之下），具体而言就是准时向客户交付高质量的产品，而其他一切都是手段而已，正如《软件工艺宣言》所说的"稳步增加价值"，"创造价值"是软件工艺的核心。反过来思考，难道有不会创造价值的开发者吗？当然，失败项目的程序员不都是吗？那么项目为什么会失败呢？通常这里既有体制的原因，也有开发者本身的原因，比如在前述的金字塔形的等级结构下，常常会发生这样一种情况：一线的开发者明明知道技术上层布置的任务难以实现，存在风险或致命性错误，但是或因为开发者缺乏主动性（只要完成任务就行），或因为这在体制内超出了开发者的权责，或因为管理人员或架构师的原因，他们的看法、建议无法传达到决策层，就这样大大小小的错误积累下去，最后造成雪崩式的灾难。桑德罗·曼卡索在 *The Software Craftsman* 中记述了许多开发者与管理人员、开发者与架构师（高级软件设计师）间的矛盾，在官僚主义、软件工厂式的管理体制下，最懂技术的人员不参与决策，

---

① https://www.infoq.com/presentations/craftmanship-ethics。

开发者没有项目的主导权、开发的自治权，开发者缺乏主动性，创造性受到限制，常常不得不干着"ship shit"（开发垃圾产品）的工作，而项目失败，他们又会变成替罪羔羊，因为决策层的决策、架构师的设计总是"对的"，问题都在于开发者"偷懒怠工""技术低下"而已。

　　相比之下，桑德罗·曼卡索也描述了软件工匠是如何应对与上层之间的矛盾问题的：首先，软件工匠将自己的每份工作视作自己事业中的一次投资，选择工作时，优先考虑发展潜力，而不是金钱，绝不会对工作抱以敷衍了事的态度，因而他会优先选择开发者有自主性（autonomy）、能提升自己（mastery）、目标清晰（purpose）的扁平结构的公司，从而避免等级体制和官僚主义；假如软件工匠不得不为金字塔形公司工作时，他会忠于自己的工作（honesty），为了客户的利益、为了项目的成功，他会向上级提意见，敢于对上级说"不"（否决错误方案）的同时，他又会给出新的可行方案。这一切可以用一个词来归纳，那就是"敬业"或者"职业自尊（pride）"。

　　其次，软件工匠具有"敬业"精神还远远不够，"职业自尊"也不是凭空而来，这一切都是建立在其自身的专业能力之上，然而软件工匠面临的是一个瞬息万变的技术世界，因而软件工匠必须不断提升自己。软件工匠不会拘泥于特定的技术，因为先进的专业技术总会层出不穷，只有学习的技术永远不会过时；他还会分享技术（如主持或参与开源项目、写技术博客），指导他人（mentor），有建设社群的意识，因为在扁平的比特世界，"人人为我，我为人人"。

　　更重要的是，软件工匠还具有强烈的协作意识，因为大型软件项目必须以团队甚至是多团队的形式进行开发，如果自身无法对整个项目负责，那么就转而对整个团队负责——采用"代码工艺（code craft）"，编写"整洁代码（clean code）""健壮代码（robust code）"等，换句话说，就是低耦合性、具有可读性、可维护性的代码。软件工匠不会单打独斗，不会恃才傲物，他会参与建立、推行、遵守专业规则（discipline），因为这对于团队协作必不可少。

　　到现在我们可以看到，软件工匠／工艺的内涵是如此的丰富（当然远不止这些，上文仅仅列出主要的部分），但是这一切都围绕着"专业"这个概念（这个"专业"也能替换成职业、工作），比如对自己的专业负责、提升专业能力、职业自尊、专业规则等，而对于工匠而言，这种"专业"，是"创物""造器""饰器"的技艺、态度、伦理等，而这些在数字时代，又能浓缩为一个词："创造价值"。

（七）小结：软件工匠／工艺的启示

关于数字时代的工匠，其实存在着许多说法，如"数字工匠／工艺""软件工匠／工艺""代码工匠／工艺"等，其内涵也众说纷纭，但是其中的"软件工匠／工艺"是最成熟、最体系化的范式，它源自 21 世纪初西方软件行业兴起的软件工艺运动，它是一群有极富"职业自尊"的开发者试图建立软件开发的专业性（profession），以应对当代的复杂性挑战。面对变化多端、日趋复杂的软件开发，没有任何一种"手艺／工艺（具体的技术）"是万灵药，能以不变应万变的，只有一种精神、态度、思维模式，那就是专业主义。"软件工匠"里的工匠，一改人们对"工匠"的陈旧认识：因循古制、缺乏创新、技术保密，软件工匠是一群最具创造力、最乐于分享、最与时俱进的开发者。如果借用民俗学中的"民俗主义（folklorism）"范式，那么"软件工匠"里的工匠，可以称作为一种"工匠主义"[①]，或者换一个更加时髦的词，"工匠精神"。

三、总　结

到目前为止，我们考察了历史上的工匠和当今的"工匠"，可以看到，造物者在工业革命期间发生了从工匠到工人的转变，而如今，至少是软件

---

① 即让"工匠"这个传统脱离原有语境，置于全新的语境中进行改编、扬弃。

行业，正发生着从工人到"工匠"的逆向转换，这是因为机器中心论的时代已经一去不复返，复杂性成为各个领域公认的范式，世界正越发变得扁平化（如今的人工智能革命、区块链正在加速这个过程），人工智能正在将人类从机械性劳动中解放出来，创意经济、知识经济的兴起，劳动的创意性、劳动者的创造性变得前所未有的重要起来。数字工匠是一个比软件工匠更大的范畴，它包含软件工匠，但是它的内涵和软件工匠应当是相通的："工匠"是一种"工匠主义"，一种专业主义精神，这个精神和工匠的创造力息息相关。同时我们也应当看到，工匠在历史上，长时间以来，是一个位于社会底层，受到剥削压迫的群体，而当今的数字工匠，也从未脱离资本主义的生产关系，齐尔塞尔论题、软件工匠运动让我们看到，工匠的创造力和社会因素息息相关。正如上古时期的"匠人王"①，工匠应当受到尊重，创造价值者应当回馈以价值，这也是工匠文化研究的本意。

---

① 模仿"哲人王"的说法。

第 三 篇

工匠文化体系形态学

第九章 《考工记》工匠文化体系形态 *

中华工匠文化体系研究，旨在从文化理论的视角也就是从工匠活动的主体方面（人的方面）对 20 世纪 20 年代以前的中华工匠进行系统研究，深入挖掘中华工匠的文化史意义和当代价值。中华工匠文化体系也就是指中华工匠文化的整体性特征及其世界性价值存在体，是整个中华文化体系的重要组成部分，也是中华文化体系重大的特征性构成要素。那么这里就自然排除了中华工匠文化体系中的负面价值，尽管"负面价值"对认识事物本身具有其历史价值，但我们应该以"取其精华，去其糟粕"的方式审视中华工匠文化体系，深入系统挖掘其当代实践价值，为当代中华民族伟大复兴，提升中国品质，实现中国梦服务。

一、《考工记》的"工匠"内涵

关于《考工记》的性质问题，历来众说纷纭，难有定论。① 但有一点是可以确定的，那就是该书大量记载秦汉以前中华工匠问题，是专门讨论"百工之事"的著作，而且还是从理想的国家管理层面去思考问题的。实际上，《考工记》探讨了工匠行业体系问题，包括管理制度、工匠的社会价值、工

＊ 本章原载《武汉理工大学学报（社科版）》2016 年第 5 期。

① 本书无意纠缠于成书真伪等问题方面，我们只是把它作为一个特点的存在体来研究，还是应该有一定的合理性的。

匠的生产特征、造物流程、评价考核标准等。对我们系统研究中华工匠文化体系有着重大的借鉴价值。

在此，我们先来考察一下《考工记》中的"工匠"内涵问题。这应该是研究《考工记》最为基础性的问题。

《考工记》关于"工匠"的言说或称谓是比较多的，既有"百工""工""妇工""匠""匠人""国工"等称谓；也有以各种造物的工匠的姓氏做称谓的，如"段氏""桃氏""栗氏"等；还有以造物的构件名称进行命名的，如"弓人""轮人"；更有直接用造物的材质命名的，如"玉人""陶人"等。

这里我们先浏览一下《考工记》所提及的"工匠"概念问题，讨论一下《考工记》中"工匠"的概念含义。在此，摘取了 14 个与"工匠"概念相关的语句（以在《考工记》书中出现的先后为序），进行简要阐释。

1. 国有六职，百工与居一焉

此处的"百工"，是指当时社会结构中的"六职"之一。六职，即天子以下至庶民，所分属的六等职事，亦即《考工记》所言"王公""士大夫""百工""商旅""农夫""妇功"六类分工。"百工"就属于其中之一，共同建构了社会发展核心要素。这就是《考工记》所说的，一国之内有六种职事，百工是其中的一种。而六职，又各有职能，"或坐而论道；或作而行之；或审曲面埶，以饬五材，以辨民器；或通四方之珍异以资之；或饬力以长地财；或治丝麻以成之。坐而论道，谓之王公。作而行之。谓之士大夫。审曲面埶，以饬五材，以辨民器，谓之百工。通四方之珍异以资之，谓之商旅。饬力以长地财，谓之农夫。治丝麻以成之，谓之妇功。"

关于中国古代社会结构问题，除了《考工记》的"六职"之外，还有"四民"说。《管子》"小匡"篇中就比较详细地讨论过"四民"（士、农、工、商）问题。这里是从统治者治理问题入手，突出了"官"（管理者、统治者）与"民"（受管理者，或普通民众）的关系。在这一结构系统中，"民"又具有各自的社会功能、传承模式和实现手段，即《管子》所说的"四民"内涵：

　　桓公曰："定民之居，成民之事奈何？"管子对曰："士农工商四民者，国之石民也，不可使杂处，杂处则其言咙，其事乱。是故圣王之处士必于闲燕，处农必就田野，处工必就官府，处商必就市井。"①

　　这里又涉及"四民"的排序问题，上述引文中的"四民"秩序是"士、农、工、商"，"士"的地位最高，"农"仅次于其后，再为"工"，而"商"的地位最低。但《国语·齐语》阐述管子思想时的"四民"序列（士、工、商、农）和相关表述是有差异的。

　　桓公曰："成民之事若何？"管子对曰："四民者，勿使杂处，杂处则其言咙，其事易。"公曰："处士、农、工、商若何？"管子对曰："昔圣王之处士也，使就闲燕；处工，就官府；处商，就市井；处农，就田野。"②

　　此前的《春秋穀梁传·成公元年》有"古者有四民：有士民，有商民，有农民，有工民。夫甲，非人之所能为也。丘作甲，非正也。"则是按"士商工农"序列划分的。《荀子·王制篇》的"四民"序列为"农士工商"，即荀子依据其"以类行杂，以一行万；始则终，终则始，若环之无端也。舍是而天下以衰矣"的治国理念，设计了一套管理系统。这套管理系统突出"以类行杂、以一行万"的大一统的思想观念，并且强调每一项职业从业人员的稳定性。这就有了"君臣、父子、兄弟、夫妇，始则终，终则始，与天地同理，与万世同久，夫是之谓大本。故丧祭、朝聘、师旅，一也。贵贱、杀生、与夺，一也。君君、臣臣、父父、子子、兄兄、弟弟，一也。农农、士士、工工、商商，一也"的理想社会运行逻辑。而"农农、士士、工工、商

---

① 四库全书本《管子·小匡》。
② 四库全书本《国语·齐语》。

商，一也"的大意就是农民要像个农民、读书人要像个读书人、工人要像个工人、商人要像个商人，其道理是一样的。后来，《汉书·食货志上》则是以"士、农、工、商"排序言事的。（"士、农、工、商，四民有业：学以居位曰士，辟土殖谷曰农，作巧成器曰工，通财鬻货曰商。"）"士、农、工、商"也就进一步约定俗成了。

2. 审曲面埶，以饬五材，以辨民器，谓之百工

此处的"百工"与上条"百工"同义。只是进一步阐述了百工的内涵及其社会贡献。也就是在"六职"中，那些从事审视曲直、观察形势，整治上材、制作器具的人，叫作百工。

3. 治丝麻以成之，谓之妇功

"妇功"，亦即"妇工""女红"，是指专门从事整治丝麻制成衣物的人。在古代社会中，这类人一般是女性，所以命名为"女红"或"妇工"。其实际功能或社会作用，与"百工"一样，只是从事人员性别的差异而已。因此，也应该属于"工匠"之列。明代云间丁佩所著《绣谱》曾讨论过"女红"（妇功）问题。她在《自序》中开篇就说："工居四德之末，而绣又特女工之一技耳。"此处的"工"就是指"女红"。在传统社会中，女性有所谓"四德"（四教）的品德规范。而"工"（妇功、女红）则处于"四德"之末，即"妇德、妇言、妇容、妇功"。在"女红"中，"刺绣"也只是女工的一种技艺。

4. 知者创物，巧者述之，守之世，谓之工

就造物活动的历史创造过程而言，是"知者创物"（亦即"智慧之人"或最有原创性的工匠创造发明万物），再到"巧者述之"（亦即技术特别高超的工匠加以传承），最后到"守之世，谓之工"（亦即一般的工匠则要世世代代遵循守业）。这里的"工"也就是普通"工匠"。关于这类"工匠"的特征，《国语·齐语》有过较为精辟的阐述："今夫工，群萃而州处，审其四时，辨其工苦，权节其用，论比协材，旦莫从事，施于四方，以饬其子弟，相语以事，相示以巧，相陈以功，少而习焉，其心安焉，不见异物而迁焉。是故其父兄之教，不肃而成，其子弟之学，不劳而能。夫是故工之子恒为工。"并

突出了"工之子恒为工"的理想架构。同时,《荀子·儒效篇》的"工匠之子,莫不继事"也阐述了"工匠"的世守之事特征。

5. 百工之事,皆圣人之作也

这里的"百工"与第一条意义相同。那么"百工"的各类事物是谁创造发明的呢?《考工记》依据传统思想观念和思维模式,将"百工之事"推及至"圣人"之所为。在中国古代社会,圣人是具有崇高地位的。以"圣人"来称谓造物的发明者、创新者,应该说,中国传统社会还是很注重工匠文化价值的,毕竟,工匠的事业,虽然普通,但对每一个人而言太重要了,以至于孟子都感言:"一人之身,百工之所为备。"(《孟子·滕文公》)

6. 天有时,地有气,材有美,工有巧

在造物活动中,"工匠"的价值何在呢?此处就突出了一件好的器物(好的设计品),是多种因素合理利用的结果。这就是,自然气候的"天有时、地有气",还要有特殊制作器物材质的"美"(材有美),而这些都是第一自然的东西(天工),人类无法改变,但这些天工的素材,只是制作"良"性器物的客观条件,不会直接等于"良"。这些"天工"因素,必须配以"工匠"之"巧饰"(工有巧)才能成就一件好的设计品(具有"良"性的器物)。

7. 凡攻木之工七,攻金之工六,攻皮之工五,设色之工五,刮摩之工五,抟埴之工二

"工匠"不只是一种称谓,也不只是社会分工的笼统阶层或共同体,而应该是一个行业或行业系统的组织结构。那么,《考工记》时代的"工匠"行业状况如何呢?此处,做了一个合理的分类。其分类原则主要是就工匠所处理的材质而言的,也有其他分类原则。在此原则下,《考工记》将"工匠"分为六大类,共计30个工种的工匠类型。

8. 有虞氏上陶,夏后氏上匠,殷人上梓,周人上舆。故一器而工聚焉者,车为多

工匠,是一个历史范畴,具有时代性和地方性特征。这里的"虞氏上陶,夏后氏上匠,殷人上梓,周人上舆",虽然表面上是指特殊时期对工匠特殊

工种的偏爱，实际上，证明了"工匠"产生的历史性逻辑。大致可以推测，在虞氏时代，"上陶"是时代的需求，也是"陶匠"大发展的时代，夏后氏时代的"上匠"、殷人时代的"上梓"以及周人时代的"上舆"，都具有历史发展中的"工匠"性质。特别是周代，也就是《考工记》记载中最为推崇的时代，"车"及其制车的"工匠"成为当时的宠儿。这与"车"的历史作用及其社会价值是分不开的。而且，一辆"车"的制作完成需要众多工种的"工匠"的协同创新。（故一器而工聚焉者，车为多。）

9.故可规、可萬、可水、可县、可量、可权也，谓之国工

10.良盖弗冒弗纮，毂亩而驰，不队，谓之国工

11.六建既备，车不反覆，谓之国工

此处3条，"国工"是指"国家一流的工匠"①，也指"国家水准的技艺工匠"。②

12.匠人建国，水地以县

13.匠人营国。方九里，旁三门。国中九经九纬，经涂九轨

14.匠人为沟洫。耜广五寸，二耜为耦

此3条的"匠人"，就是具有现代意义的"匠人"或"工匠"。

由此可见，《考工记》所记载的14条"百工""工""国工""匠人"等概念，既具有管理性质的官员，也有国家一流技艺水准的专家，也有一般性质的普通技术人员，还有作为一个社会阶层"工"或行业结构中的组织形态等含义。

关于"工匠"的产生历史问题，《考工记》也做过阐述。《考工记》认为"工匠"是一个历史范畴，是社会发展到一定阶段的产物。也就是说，"工匠"在"工匠"行业产生之前，并不具有其特殊价值，"工匠"所有的"技""巧"也是每一位社会成员所拥有的，这就有了《考工记》记载的一个逻辑悖

---

① 闻人军：《考工记译注》，上海古籍出版社 2008 年版，第 25 页注释第 14 条。

② 张道一：《考工记注译》，陕西人民美术出版社 2004 年版，第 47 页；另见第 46 页注释第 12 条。国工：国中技艺高超的工匠。郑玄注："国中名工。"按"国工"所指，并不限于从事手工业的百工，古代名医亦称国工，见《史记·仓公传》。

论，即：

> 粤无镈，燕无函，秦无庐，胡无弓车。粤之无镈也，非无镈也，夫人而能为镈也。燕之无函也，非无函也，夫人而能为函也。秦之无庐也，非无庐也，夫人而能为庐也。胡之无弓车也，非无弓车也，夫人而能为弓车也。

也就是说，一个地区的人都会某一项手工艺制作技术时，这个方面的"工匠"是不存在的。由此也可推导出，"手工艺人"不同于"工匠"。"工匠"是指包括手工艺人在内的所有技术人员。如果用现在的称谓，至少包括科技人员、工程师、设计师、手工艺人以及相关领域的管理人员等。

二、《考工记》对中华工匠文化体系的建构

《考工记》范式主要是指国家管理者层面从整体社会结构组织来规范或建构工匠文化体系，突出了工匠文化的社会职能、技术文化、行业结构、考核制度、评价体系等核心要素系统。为中华工匠文化体系创构期的重要范本，也是后世中华工匠文化体系建构的关键性文本或理论模式。

（一）社会结构系统中的工匠文化体系建构

社会结构系统，包括两个基本方面：人的社会性价值和人的创造性价值。社会性价值主要是指作为社会的人，工匠在社会生活中所具有的基本特征和价值，也就是工匠有什么社会地位或功能。人的创造性价值主要是指工匠在其社会实践中的创造性活动及相关问题，包括工匠的造物活动的性质、人与自然的关系、人与技术的关系等。

（1）就工匠的社会性价值而言，主要集中在《考工记》开篇所示：

> 国有六职，百工与居一焉。或坐而论道；或作而行之；或审曲面埶，以饬五材，以辨民器；或通四方之珍异以资之；或饬力以长地财；或治丝麻以成之。坐而论道，谓之王公。作而行之。谓之士大夫。审曲面埶，以饬五材，以辨民器，谓之百工。通四方之珍异以资之，谓之商旅。饬力以长地财，谓之农夫。治丝麻以成之，谓之妇功。

由此可见，"工匠"的社会性价值在于其自身存在的独特性，即"审曲面埶，以饬五材，以辨民器"（百工）、"治丝麻以成之"（妇功，女性工匠）。通过自己特殊的技术手段，应用自然物、改造自然物，创造出人类所需求的各类生活器用品等，以推进人类文明的进步与发展。

（2）就工匠的创造性价值而言，主要体现在《考工记》关于造物活动中工匠的创造性之"巧"上，如：

> 知者创物，巧者述之，守之世，谓之工。
> 百工之事，皆圣人之作也。
> 天有时，地有气，材有美，工有巧。

这里的"知者创物""圣人之作"和"工有巧"中的"创""作""巧"都具有创造性价值和内涵。

（二）行业组织结构系统中工匠文化体系建构

随着社会的分工，"工匠"共同体不仅成为一个专门的职业分工，也成为一个经济体——行业。行业的出现就应该有一定的行业组织，保护行业利益、规范行业行为、促使行业可持续发展。那么，《考工记》时代的行业及其行业组织状况如何呢？《考工记》依据造物材料的不同或相关工作性质，将工匠行业分成六大系统和 30 个不同的职业工种。

> 凡攻木之工七，攻金之工六，攻皮之工五，设色之工五，刮摩之工五，搏埴之工二。攻木之工，轮、舆、弓、庐、匠、车、梓。攻金之工，筑、冶、凫、桌、段、桃。攻皮之工，函、鲍、韗、韦、裘。设色之工，画、缋、钟、筐、㡛。刮摩之工，玉、榔、雕、矢、磬。搏埴之工，陶、瓬。

《考工记》将当时发展起来的工匠行业分为六大系统，即"攻木""攻金""攻皮""设色""刮摩""搏埴"。依据各系统的内在结构又细化为多个小的系统。每一个小的系统中又有着极为严格而标准的技术要求，并与相关小系统形成互补建构生态语境，从而构建起一个具有一定文化意蕴的工匠文化世界。如《考工记》最为完备的工匠系统即"攻金之工"系统（其他均未完备，或有遗漏等）。记载中，对"攻金之工"系统中的六个子系统进行了较为严格的分工，即"筑氏执下齐，冶氏执上齐，凫氏为声，栗氏为量，段氏为镈器，桃氏为刃"。也就是说，筑氏掌管下齐，冶氏掌管上齐，凫氏制作乐器，栗氏制作量器，段氏制作农具，桃氏制作兵刃等，分工明确，便于管理。

（三）技术系统中的工匠文化体系建构

依据现象学观念，技术所建构的是一个世界，一个工匠的生活世界、意义世界。无论是技术所与的工具、简单机械还是机器，都是一个世界的文化构建。在这个世界中，工匠的聪明才智得到发挥，人的本质力量得到确认，人由此创造了一个属人的"人工世界"。技术系统中最基本的系统就是"工具系统"。《考工记》对"工具系统"的描述主要集中在以下部分：

> 圜者中规，方者中矩，立者中县，衡者中水，直者如生焉，继者如
> 附焉。

"方圆平直"是工具系统中最为基本性的要素，是一切技术系统的根源或基点。包括对材料的加工与制作，也包括对创造物的设计与创新，这些都离不开"方圆平直"的工具要素。依据这个基本工具要素，再生产或创造一定工作环境下的独特工具。此外，还有"六齐"冶金技术系统、"三材"（毂、辐、牙）制轮技术系统等。

（四）协同创新系统中的工匠文化体系建构

"车"的制作成为周代最为重要的事件。而"车"的制作也是一项多工种多行业协同合作的，形成了一个重要的产业集群的活动。这一活动，也体现了"工匠"的系统性价值和文化品格。所以，《考工记》说：

> 故一器而工聚焉者，车为多。

那么，"车"的制作，究竟如何"多"的呢？《考工记》则依据车的重要构件分工生产制作特性将当时的协同创新制作系统状况做了一定的描述。如："轮人为轮""舆人为车""辀人为辀"等。如何使各分工制作者能够有效地协同进行创造活动呢？那就必须要有统一各工种的行为标准——标准化。标准化的产生实际上是工匠行业文化体系建构的重要标志，是工匠技术文化系统的个体性特征走向工匠行业文化系统的社会性特征的标志。正因为这一历史转型，工匠文化生态才逐渐产生，工匠文化的核心价值观念（如工匠精神）、工匠文化的制度系统（如百工制度）等也逐渐形成。

（五）评价考核系统中的工匠文化体系建构

中华工匠文化体系的三大核心要素是"工匠精神""技术文化"和"制度体系"。而评价考核体系又是"制度体系"（百工制度体系）的四大方面内容之一（百工制度体系主要由匠籍制度、行业制度、技术制度、考核制度四大部分组成）。作为国家层面构建工匠文化体系典型历史范式，《考工记》重点突出了工匠考核制度体系的建设问题。实际上，"考工"一词本身就具有考核工匠之意。书中记载的"察车之道""轴有三理""察革之道"等，都与评价考核系统相关。如"察车之道"就阐述了工匠考核问题。

> 凡察车之道，必自载于地者始也，是故察车自轮始。凡察车之道，欲其朴属而微至。不朴属，无以为完久也；不微至，无以为戚速也。轮已崇，则人不能登也；轮已庳，则于马终古登阤也。故兵车之轮六尺有六寸，田车之轮六尺有三寸，乘车之轮六尺有六寸。六尺有六寸之轮，轵崇三尺有三寸也。加轸与轐焉，四尺也。人长八尺，登下以为节。

（六）艺术审美系统中的工匠文化体系构建

众所周知，"工匠"本身就包含着技术原理（巧）和审美原理（饰）两个互动方面。《考工记》充分认识到了这一点。在讨论造物设计活动的基本要素时，就认为，一件"良"的器物设计与制作，必然是"天有时，地有气，材有美，工有巧"的统一，也就是功能实用价值与形式审美价值的和谐统一，自然材质的美与人工技艺的美的统一与融合。《考工记》在遵循自然规律的前提下，积极倡导人（工匠）在造物设计过程中，应以人为本，以人为尺度，充分发挥人的创造性价值，从而提出"五色体系"的色彩审美思想和器物身体美学思想等。

如"辀人为辀"一节，就提出了"辀有三度，轴有三理"的技术指标和审美思想。辀，即车辕，亦称曲辕，是古代车的牵引装置构件。制作曲辕的工匠称之为"辀人"，属于"舆人"的一部分。不过，《考工记》并未将"辀人"单列于三十工种之内。

《考工记》记载了"五色体系"问题，并依据《易》《礼》体系，对中国传统色彩设计思想进行了阐述。

> 画缋之事：杂五色。东方谓之青，南方谓之赤，西方谓之白，北方谓之黑，天谓之玄，地谓之黄。青与白相次也，赤与黑相次也，玄与黄相次也。青与赤谓之文，赤与白谓之章，白与黑谓之黼，黑与青谓之黻，五采备谓之绣。土以黄，其象方，天时变；火以圜，山以章，水以龙；鸟，兽，蛇。杂四时五色之位以章之，谓之巧。凡画缋之事，后素功。

"五色体系"的发展，形成了中华工匠审美文化特征，同时也构成了中华色彩审美精神意蕴。中国传统的绘画继承并发扬了这一体系——黑白世界。

（七）礼乐文化系统中的工匠文化体系建构

礼乐文化是中华文化的核心，而以《易》《礼》体系为源头的中华"考工学"设计体系（包括工匠文化体系）有着浓郁的礼乐文化精神底蕴。因此，《考工记》工匠文化体系建构必然立足于礼乐文化系统。"器以藏礼"成为工匠文化体系的内在本质，也是工匠造物的基本内容和标准。就《考工记》所记载的内容而言，涉及礼乐文化系统领域的，既有相关行业或工种，也有专门器物——礼器，而且形成了一整套的文化范式，如"玉人""梓人""轮人""匠人"等都大量与礼乐文化系统的器物制造相关。

例如，制车之时，特别突出"车"所具有的礼乐文化精神。"轸之方也，以象地也。盖之圜也，以象天也。轮辐三十，以象日月也。盖弓二十有八，以象星也。龙旂九斿，以象大火也。鸟旟七斿，以象鹑火也。熊旗六斿，以象伐也。龟蛇四斿，以象营室也。弧旌枉矢，以象弧也"。

同样，在城市规划方面更是强调人的生活性价值，突出人的精神理念。如："匠人营国。方九里，旁三门。国中九经九纬，经涂九轨。左祖右社，面朝后市，市朝一夫。"

三、《考工记》工匠文化体系的当代价值

由上述简要介绍可知，《考工记》对中华工匠文化体系建构具有独特的价值和历史意义，同时对我们构建当代中华工匠文化体系也有着极大的作用和启示。

第一，有利于反思传统，深入挖掘传统工匠文化精神，为中华文化的伟大复兴作出历史性贡献。

第二，有利于正视当代，中国正处于重大的转型时期，中国当代体系建构已迫在眉睫，以《考工记》工匠文化体系为参照，着力构建中国当代体系，为中华强盛而服务。

第三，有利于展望未来，全面系统认识工匠的历史作用和生活世界，为中华未来的发展和人类进步服务。

第十章 《考工典》工匠文化体系形态[*]

中华工匠文化体系，旨在从文化理论的视角也就是从工匠活动的主体方面（人的方面）对 20 世纪 20 年代以前的中华工匠进行系统研究，深入挖掘中华工匠的文化史意义和当代价值。中华工匠文化体系也就是指中华工匠文化的整体性特征及其世界性价值存在体，是整个中华文化体系的重要组成部分，也是中华文化体系重大特征性构成要素。那么，这里就自然排除了中华工匠文化体系中的负面价值，尽管"负面价值"对认识事物本身具有其历史价值，但我们应该以"取其精华，去其糟粕"的方式审视中华工匠文化体系，深入系统地挖掘其当代实践价值，为当代中华民族伟大复兴，提升中国品质，实现中国梦服务。

一、《考工典》的性质与价值

《考工典》出自《古今图书集成》的《经济汇编》。《古今图书集成》^① 是中国古代最大的一部类书，由康熙年间陈梦雷主持编修。全书有六大"汇编"（《历象汇编》《方舆汇编》《明伦汇编》《博物汇编》《理学汇编》《经济汇编》），

---

* 本章原载《创意与设计》2016 年第 4 期。

① 《古今图书集成》本名《汇编》，其编纂始于康熙四十年（1701）十月。康熙四十五年完成初稿，由诚亲王胤祉的门客陈梦雷主要负责编纂。五十五年，进呈御览，康熙赐名《古今图书集成》，并设馆增辑，参加纂修者达 80 人，约五十八年完成。雍正帝继位后，又派户部尚书蒋廷锡领衔据此书重新编校，删去胤祉、陈梦雷等人姓名。

共计一万卷。其中,《经济汇编》又分为"八典":《选举典》《铨衡典》《食货典》
《礼仪典》《乐律典》《戍政典》《祥刑典》《考工典》。《考工典》分为三大总部,
合计 155 部,总计 252 卷。

表 1 《考工典》工匠文化体系建构表(自制)

三大总部	各个分部	建构系统	模式语言系统
1.考工总部	工巧部、木工部、土工部、金工部、石工部、陶工部、染工部、漆工部、织工部、规矩准绳部、度量权衡部、城池部、桥梁部	劳动系统建构	
2.宫室总部	宫殿部、苑囿部、公署部、仓廪部、库藏部、馆驿部、坊表部、第宅部、堂部、斋部、轩部、楼部、阁部、亭部、台部、园林部、池沼部、山居部、邨庄部、旅邸部、厨灶部、厩部、厕部、门户部、梁柱部、窗牖部、墙壁部、阶砌部、藩篱部、实部、砖部、瓦部		汇考、艺文、选句、纪事、杂录、外编
3.器用总部	玺印部、仪仗部、符节部、伞盖部、旛幢部、车舆部、舟楫部、尊彝部、卣部、壶部、盉部、罍部、瓮部、瓶部、缶部、甀部、瓿部、爵部、斝部、觯部、觚部、斗部、角部、杯部、卮部、瓯部、盏部、觥部、瓢部、勺部、玉瓒部、杂饮器部、鼎部、釜部、甑部、鬲部、甗部、簠簋部、笾豆部、盘部、匜部、敦部、洗部、钵部、盂部、盆部、碗部、匕箸部、杂食器部、几案部、座椅部、床榻部、架部、柜椟部、筐筥部、囊橐部、机杼部、梳枇部、杖部、笏部、扇部、拂部、枕部、席部、镜部、奁部、灯烛部、帷帐部、被褥部、屏障部、帘箔部、笼部、炉部、唾壶部、如意部、汤婆部、竹夫人部、熨斗部、锥部、针部、钩部、剪部、椎凿部、铃柝部、砧杵部、管钥部、鞍辔部、皂栎部、鞭棰部、绳索部、杂什器部、耒耜部、锹锄部、镰刀部、水车部、桔槔部、杵臼部、磨硙部、连枷部、箕帚部、杂农器部、网罟部、磁器部、奇器部、古玩部、棺椁部、溺器部	生活系统建构	

依据《古今图书集成》的编撰体例、原则和精神，《考工典》力求编撰体系的完备性与内容的完整性。如表①所示，《考工典》先将中华工匠系统分为三大部分（三大"总部"）：（1）考工总部，（2）宫室总部，（3）器用总部。三大总部各目下，又分出若干"部"目。每一"部"目下，都是用一套《考工典》具有自主产权的六大范畴语言模式系统。即"汇考""艺文""选句""纪事""杂录""外编"。因此，无论是对"部"的划分与设定，还是对"部"的具体内容的选择，《考工典》都力求完备，其内容基本涵盖了当时所有的"工匠"（设计）门类（部），并系统收录了与该门类（部）相关的大量文献，并依据"汇考""艺文""选句""纪事""杂录""外编"六大范畴模式语言系统进行体系化建构，而且特别注重"工匠文化"的多元性、立体性和复杂性等特性。

如"工巧部"，其内容就是依据"汇考""艺文""选句""纪事""杂录""外编"的模式语言系统进行体系化。"汇考"目下，就编撰了历代典籍中对"工巧"问题的阐述、考证等；"艺文"目下，则编选历代描绘"工巧"相关内容的诗词歌赋等；"选句"目下，编选了历代文章中与"工巧"内容相关的名言、佳句等；"纪事"目下，编选了历史文献中与"工巧"相关的历史事件、事例等（具有考古学意味）；"杂录"目下，编选了历代文人笔记、野史中的相关文献；"外编"目下，编选了与"工巧"内容相关的神话传说乃至荒唐、神异之事等文献，其可信度不及"纪事"与"杂录"，但是由此也可获得当时人们的心理状况、精神面貌等方面的信息。

《考工典》工匠的文化结构系统，又主要是从纵、横两个基本维度上立体地展示每"部"内容的。就纵向而言，力求从时间的维度（按照时间秩序）搜集、整理、编选不同历史时期的重要文献；就横向而言，则从空间性视角（按照不同领域的秩序），搜集、整理、编选各类不同领域相关文献，诗词歌赋、经史子集、轶闻趣事、神话传说等尽情呈现。而这正是《考工典》特色之处和历史价值之所在。可以说，它不只是简单的中国古代工匠文化文献汇编（类书），事实上，还从传统视角对古代工匠（设计）进行了文献层面的

归纳、总结与体系化提升。通过《考工典》，中国古代工匠（设计）文献的
体系化面貌，以及工匠文化发展的基本逻辑大致得以呈现。

上述特点决定了《考工典》的重要价值。首先，就中国传统设计史研究
视角而言，《考工典》具有重要价值。中国传统设计史研究始于工艺美术史，
然而受制于工艺美术的研究范式，当前的研究大多集中在具体的"物"或者
"造物"活动，缺乏对"物"之环境的关注，包括物的使用环境、政治环境、
社会环境、文化环境等，更缺少对"人"即"设计者""工匠"的聚焦和关注。
当然，目前很多研究者已经意识到问题所在，但是苦于文献、资料的缺乏而
踟蹰不前。事实上，与古代设计相关的文献并不是真正缺乏，而是疏于整理
与系统创新研究。而作为类书的《考工典》，以其丰富而多样的文献，一方
面为中国传统设计研究提供了具体的资料；另一方面还大致描绘了古代设计
相关文献的基本框架甚至发展脉络。在中国传统设计研究刚刚起步的今日，
对《考工典》的整理与研究正当其时，并且必将发挥重要的作用。

其次，从当代设计学科的建设与发展来看，对《考工典》的研究具有重
大意义。近二十年来，设计学科在中国的发展如火如荼，已经颇具规模。然
而，在繁荣的背后，学科发展方向不明确的问题始终没有彻底解决。就目前
来看，无论是我们设计学科的整体规划，还是理论栐架都是从西方借鉴而来
的。尽管我们不能否认现代设计源于西方，其发展也远比我们要好，是一个
很好的学习对象，但是如果我们迷失在对西方的学习中，那么便成为模仿了
（这也是西方人不断诟病我们的地方）。因此，我们在学习的同时必须不断地
寻找中国设计学的自我身份，而《考工典》以其系统性的文献为中国设计学
自我身份的探寻提供了有效的本土化民族化路径。

二、《考工典》对中华传统工匠文化体系的建构

《考工典》基本上概括了中华工匠文化的主要内容、体系建构原则和范

畴模式语言等，实际上也实现了对中华传统工匠文化体系的建构。如表①所示，《考工典》的工匠文化主要在两大核心系统展开，即劳动系统与生活系统。《考工典》也正是以这样的思路建构中华传统工匠文化体系，其中《考工诸部》是对劳动系统的建构，而《宫室诸部》和《器用诸部》则是对生活系统的建构。

（一）劳动系统的建构

在劳动系统中，中华传统工匠文化体系的建构主要是从四个方面展开：即工匠制度（制度文化）、工匠类型（类型文化）、工匠工作的基本领域（行业文化）和工匠工作的基本方法（工具文化）。

工匠之事，事关国计民生，历代都试图从制度层面将其纳入政府的监管之中。《考工典》也将工匠制度的相关内容置于"考工总部"中，以示重要。然而，历史是不断发展的，根据不同的社会现实，不同的时代需要不同的制度；而不同的制度就需要不同的机构去执行。《考工典》对工匠制度的建构是以朝代更迭为基本框架，即从先秦到明代，其制度有延续有发展。总体来看，在中国传统工匠制度的发展中，有三个关键性的机构设置，分别代表不同的发展阶段，即工、将作大匠与工部。在先秦时期的制度发展中，"工"与"司空"是与工匠管理直接相关的行政职位。"工"在后来的发展中被取消，但是"司空"却在后世一再出现。秦汉时期，作为主掌土木营建的专门性机构，"将作大匠"的出现代表了中国传统工匠制度的一次重大变化。这一设置一直延续到唐宋时期，并且与"诸监"配合形成了朝廷与宫廷完整的工匠制度。明代时，传统工匠制度出现最后一次重大变化，以上机构均被取消，朝堂与内廷的工匠役使均由工部统一管理。这一制度一直延续到清代。

在工匠文化的发展中，工匠是其文化发展的基础与核心。没有作为主体的工匠，工匠文化也就失去实质内容。在中国古代社会漫长的历史中，作为主体的工匠也不断地与时俱进，呈现出丰富多彩的面貌。《考工典》将工匠相关的内容收录在"工巧部"中，取名"名流列传"，上迄周秦，下至元明，共82人。总体来看，中国传统工匠的发展分为两个阶段，分别对应两种不同类型的工匠。第一阶段是从先秦到魏晋南北朝时期，这是一个"全能型"工匠盛行的时代；第二阶段是隋唐至元明时期，这一时期"全能型"逐渐被"职业"工匠取代。在这两大阶段的基础上，每个阶段的工匠又面临不同的时代主题。

在《考工典》中，将中国传统工匠工作分为七大基本领域：木工、金工、石工、陶工、染工、漆工与织工。其中，前四种是以材料为基本划分依据，后三种则是以产品类型为基本划分依据。在中国传统的工匠文化中，木工的工作领域非常宽泛，既包括木结构建筑的营造，又包括车船等木质机械、工具的制作。其中，前者称为匠人，后者称为梓人。金工也是一个涵盖宽泛的领域，根据不同的金属可以制作出完全不同的产品。对中国传统的金工来说，有三种代表性的金属种类：青铜、黄金与铁。其中，青铜的制作与使用主要在先秦时期，黄金则因其稀有而贵重，主要用于制作奢侈品；应用最多的就是铁器了，从工具的制作到武器生产，都以铁为主要原料。传统石工并不都是与顽石为伍，根据材料的区别有琢玉与石刻之分。其中，由于玉材的稀有性，琢玉制品主要用作装饰、配饰；而石刻的应用则相对宽泛，从刻碑到雕像都是石刻的工作范围。陶工是与中国传统生活有密切关系的领域，并且中国是陶瓷生产大国，无论是生产技术、产量还是艺术水准都长期领先古代世界。也正是由于这一点，制瓷业备受国家重视，从而制定了很多详细制度加以管理。染工主要从事丝棉线以及丝绵制成品的染色。根据染色原料的不同，染色的方法有较大差别。并且在实际的操作中，传统染工受时节、气候的影响较大，这也与染料的制作与生产有一定关系。漆工就是指漆器的加工制作。总体来看，这是一个比较复杂的工作领域，树漆是基本原料，但是还会涉及木料、纺织物、皮革、金属、瓷器等众多材料的使用。漆器可以制作器皿，也可以制作家具。其中以器皿为多，制作工艺也最具代表性。织工与染工有密切关系，就中国传统的环境来看，织工主要以麻、葛、丝、棉为主要原料，其中以后两者的应用最广也最具代表性。

以工具为框架，《考工典》事实上将中国传统工匠工作的基本方法概括为"规矩准绳"和"度量权衡"。无论是"规矩准绳"还是"度量权衡"，都是传统工匠文化中的基本工具，都是工匠劳动、制作不可缺少的辅助。然而，在实际的应用中，并不意味着有工具就能解决问题。如何使用这些工具，这必然涉及方法问题，《考工典》中也为我们做了初步的概括。

（二）生活系统的建构

《宫室诸部》和《器用诸部》是《考工典》建构中国传统工匠文化生活体系的主要内容。然而，真正完成对传统生活体系的建构，并不是简单收录罗列相关文献就能实现的。事实上，《考工典》对相关内容做了相当严谨的安排。总体来看，《考工典》对传统生活的建构遵循了三个基本逻辑，即政治逻辑、社会逻辑和实践理性逻辑。

首先，《考工典》中有一处奇怪的安排，将城池与桥梁的内容从"宫室总部"中拿出，单列于"考工总部"与"宫室总部"之间。为何做此安排？这需要我们从整部《古今图书集成》之所以问世的原因去思考。无论是从初次编纂的目的来看，还是从最终修订刊印来看，《古今图书集成》的第一读者始终是帝王。对于帝王来说，他们的视角自然区别于常人。他们首先要胸怀天下，所读之书必然也要有纵览天下的视野。然而，天下是由一座座城池组成的，城池间是道路与桥梁，城池之内才有宫室建筑。所以，先城池、桥梁而后才是宫室，是遵从政治逻辑的必然结果。

其次，在"宫室总部"编排中，社会逻辑也穿插其中。如在礼制的要求下，皇帝的宫殿要区别于一般宅邸，区别可以在形制中体现，也可以在规模上体现，重点在于"差别"。在中国传统社会秩序的运行中实行双轨制，即礼与法并存，互相补充而并行不悖。法即律法，具有强制性的约束规范每个人的行为，否则就施以惩罚；而礼从另外一个领域发挥作用，即社会关系。然而，社会关系是抽象的，如何具体化地加以规范呢？最佳解决方案是通过差别性的设计规范人的物质生活，以突出展示其在社会关系中的差别。比如，皇帝一定要住在巨大的宫殿中，普通人住在符合自己身份大小的宅邸中。社会的逻辑在《考工典》中展示得淋漓尽致，尤其是在器用总部的编排中。这首先体现在其内容的先后安排中：用于展示君王威仪的仪仗放在最前面，这是礼制的需要。然后是具有一定礼制用途但是又具有实用功能的酒水器皿、食用器皿，最后才是完全实用性的生活用具、生产工具。

最后，当我们转换观察问题的角度，不再局限于建筑或者产品这些具体的分类，就会发现《考工典》的编排体现出深刻的实践理性逻辑认同。

自古至今，中国都是一个农业国家，对农业劳动的重视也是传统文化中的重要内容。但是用于农业劳动的各种机械、工具却被《考工典》放在最末尾的地方。这与《天工开物》"贵五谷而贱金玉"的中华工匠文化体系建构原则完全不同。另外，在《考工典》中，产品总是被安排在工具前，且其前者的数量远多于后者。凡此种种，都使我们确认一个事实，即《考工典》的核心内容是传统生活中的"物"，是面向人的物质需求，提高生活水准的各种"物"。而劳动则是实现生活需要的一个必要环节。

三、《考工典》工匠文化体系的当代价值

随着从"中国制造"到"中国创造"战略的实施，中国的设计产业必将迎来重大的发展机遇。然而，设计产业的良性发展需要坚实的理论研究作为引导，才能找到正确的方向。同时，设计产业的发展也需要大量高素质的设计从业者，因此，需要建设高水平的设计教育体系。所有这些目标的实现，都有一个共同的前提，即对中国传统设计的扎实研究、深刻理解与传承创新发展。这是因为，在当前激烈的全球制造业竞争中，生产技术

大致相同，而设计质量的高低则成为决定成败的重要因素之一。而设计质量的高低、优劣，则取决于一国设计产业中对传统设计文化的尊重、传承与创新。这一点在德国、意大利、日本、瑞典等设计强国中不断地被证实。《考工典》工匠文化体系作为中国传统设计文化的集大成者，必将为"中国创造""中国设计"的完成提供较为坚实的历史基础，必将为中国当代工匠文化体系的建构和提升中国当代生活品质发挥一定的现实价值和理论意义。

首先，在当代设计产业的管理与制度建设中，《考工典》工匠文化体系提供了良好的历史坐标或参照系统。无论是古代的手工业生产体系，还是现代设计体系，都涉及众多领域，从材料的选择、生产、加工，到产品的创意、生产、销售，每个环节都需要完善的制度保障。对于当下高度商业化的设计产业来说更是如此，因为现代设计产业中的每个环节都涉及商业利益，没有制度的保障最终会沦为商业的牺牲品。

其次，对设计人才的教育与培养，《考工典》工匠文化体系也为我们提供了很好的借鉴。在传统的环境中，匠人的培养来自父子、师徒之间的口传心授，来自于日积月累的磨炼。在这个过程中，匠人的技巧得以成熟，更重要的是匠人精神也得以磨炼，这正是在现代环境中成长的设计师所缺乏的东西。

再次，传统工匠口传心授的培养方式并不意味着对创新的排斥，也不意味着因循守旧。相反，中国传统工匠文化体系的形成与发展是创新的结果，是不断采用新技术，不断适应社会的结果。然而，这种创新不是奇技淫巧的创新，而是建立在国计民生考量基础上的创新，是建立在现实需求基础上的创新。在各种新技术层出不穷，大有乱花迷眼之势的当下，这为我们树立正确的创新观提供了有益的参考。

最后，在传统的工匠文化体系中，物、产品是整个系统中的一部分，物不只是物质生活中的物，还与社会生活、政治生活发生密切关系。在这个体系中，物是一座桥梁，连接、沟通各个层面的生活，保证了整个系统的完美运转，也保证了传统生活的和谐有序。当代美丽的中国建设，首先要确保物质生活的和谐，然后才有其他层面和谐的基础。在这个过程中，设计 / 物是一个沟通各种生活的重要桥梁，也是实现和谐社会的重要手段。这正是《考工典》工匠文化体系给我们的最大启示。

第十一章 《周礼》体系中的女性
工匠文化研究 *

本章立足"中国理论体系"建构，试图从遗产学的视角，尝试性地考察与探讨《周礼》体系中的女性工匠文化问题。通过考察，已初步认为，《周礼》体系是一种典型性的工匠文化体系历史范本。该体系立足农耕文明和家国一体的生存环境，展现了传统女性工匠文化的基本内涵、主要类型和重要价值等要素，为传统"中国理论"遗产的深入系统挖掘提供了较好的历史文本，意义重大。

一、"中国问题"与中华工匠文化体系研究的提出

（一）关于"中国问题"（Chinese Problem）

"中国问题"既是一个历史范畴，也是一个实践范畴。产生于 19 世纪中叶，一直延绵到当下；同时也是当代中国发展的痛点，无论是近代各种社会革命活动，还是新中国成立以来出现的各类事件，特别是目前的中美贸易战等，这些都聚焦到"中国问题"上。

随着西方工业文明迅猛发展与全球化的长足推进，中华帝国在"康乾

---

* 本章也是中华考工学体系研究系列之一，原载《遗产》2019 年创刊号。

盛世"（康熙后期）进入晚期帝国的鼎盛发展时期，其中《四库全书》将中华文化推向了极致，面对三千年未有之巨变的全球化进程，依然维持了18世纪的中国世纪，但终因内外交困，19世纪中华的弱势特别是"中国问题"开始完全暴露，并处于落后挨打和自卑状态，直到如今。由此，中国不再是富强的象征，而是"东亚病夫"，中国何去何从，整个中国受到了质疑，"中国"成了"问题"。"中国问题"自19世纪中叶以来逐渐成为中国发展的核心问题，涉及国家民族乃至个人生活各个领域。中国现当代历史上的"洋务运动""辛亥革命""五四新文化运动""共产党的成立""文化大革命""改革开放""伟大复兴"等都是中国问题答案的探索之路。中国要站起来、中国要强大、中华要复兴，成为近现代中国的主旋律和最大问题。国门被打开，帝国被瓜分，民族处于存亡之际，中华已形同虚设，救亡图存，中国站起来，成为了中国问题的第一要义。从独立到富强，中国的发展道路更加艰辛，中国问题始终处于十分突出的地位。就理论建设而言，中国问题的核心是构建"中国理论"，目前还没有真正的"中国理论"。没有中国理论，不可能有中国问题的完全解决，更不可能有真正的文化自信和文化强大，更不可能有真正的强大的中国。

（二）关于中华工匠文化体系研究的提出

面对"中国问题"，知识界亟须深入系统探索与建构"中国理论"。"中国理论"或"中国体系"，是指传统中国特性及其发展的系统化，主要包括政治理论体系、经济理论体系、文化理论体系等核心领域。中国理论或中国理论体系主要包括话语体系、学术体系、学科体系、关键技术体系、自主经济管理体系等基本要素。如何创建体现"中国价值、中国精神、中国力量"的"中国理论体系"，是中国当代理论建设的核心问题。工匠文化和中华工匠文化体系研究等问题的提出，就是探索构建"中国理论"问题的一种路径。

作为第二自然——人类社会的创造者，工匠利用自然通过自身的劳动按照自己的意图和目的创造了一个为人的"人工世界"。由此也创造了人类文明，包括物质文明、精神文明、制度文明等。工匠文化是人类文化的原发性和核心部分。工匠有层级之分：管理型工匠、智慧型工匠、技术高超型工匠、一般型工匠等。可以说，在人类社会中，人人都是工匠。工匠有广义和狭义之分，工匠文化也有广义和狭义之别。广义的工匠文化是指整个人类文化（实际上是一种人性文化），即人化，无工匠则无人类社会（人工世界、第二自然等）。狭义的工匠文化是指农业文明之后人类社会分工的一种特定的工匠化的文化类型，与职官文化、士绅文化、商贾文化、游侠文化等相对应的文化类型。就工匠文化的逻辑结构及性质而言，人类文明的发展大致经历了"工匠时代""工匠化时代"和"新工匠时代"。就工匠文化的历史形态而言，人类历史上出现了"自然经济时期的手艺工匠文化形态""工业经济时期的机械工匠文化形态"以及"虚拟经济时期的数字工匠文化形态"，目前，这三种历史形态处于"各有其美、美美与共"的新时代。中华工匠文化是中华文化传统（大传统和小传统的统一）的核心或根源部分，没有工匠文化，就没有精英文化（大传统）的产生与健康可持续发展。长期以来，知识界更多关注所谓的"大传统"，亦即精英文化传统（所谓的"正统"观念、"正史"观念等），而严重忽视精英文化传统的源头或根基。大传统的根基是工匠文化，也就是说，没有工匠文化，不可能有精英文化，实际上，真正的精英文化必定是工匠文化。只是长期以来的文化传播出现了严重的反人类性，过度"文化化""艺术化""高雅化"，从而使真正的人类文化基因走向一次次的败落与消亡，也正是工匠文化一次次拯救与推进人类新文化的发展。比如当下的新文化运动，再一次显示了工匠文化对死寂般"精英文化"（脱离人民甚至反人民文化）的矫正，使中国当下的文化出现了某种生机。例如科技文化创新工程、物质文化的兴起、手工文化的回归、中华传统的重新发掘等，都是工匠文化再次滋养与振兴中华文化大传统的新历程。由此可见，中华文化的大传统是工匠文化，而不是其他。

二、《周礼》及其体系中的女性工匠描述

（一）《周礼》及其体系

《周礼》是中华礼学的基本典籍之一，是中华礼学研究的核心文本，也是中华礼学体系的核心内容。虽然礼学体系原本应该只是一个完整的系统（如朱熹的《仪礼经传通解》试图将三《礼》汇一），但历史上大多是三《礼》分治，就有了所谓的《周礼》学、《仪礼》学、《礼记》学等。如《四库全书》的经部—礼部中就分设"周礼""仪礼""礼记"等栏目。《周礼》学研究，就自然有了一个《周礼》体系的探索与建构问题。关于《周礼》体系，我们认为有两种基本含义：第一种是指周代特别是东周以前的礼学系统，包括其精神特质、思维方式和行为规范等，亦即"周《礼》"，不只是《周礼》文献系统，还包括其他一切礼学文献系统。[1] 第二种是指《周礼》这部礼学文献中的体系结构。本章主要是在第二种含义上使用《周礼》体系概念。

《周礼》体系，我们大致可以从精神观念、结构形式、话语系统等方面来把握。

就精神观念而言，《周礼》体系是传统阴阳五行系统的进一步系统化、理论化和实践（具身）化。尽管《周易》特别是其中的"系辞"有系统的"阴阳"系统，《尚书》"洪范"篇中有五行观念，邹衍将二者整合为"阴阳五行学说"，而较早真正以阴阳五行理论为指导建构理论体系的可能就是《周礼》。当代学者彭林在其《〈周礼〉主体思想与成书年代研究》中专门讨论了"《周礼》的阴阳五行思想"。作者认为，阴阳是《周礼》中应用最为广泛的哲学范畴，凸显了《周礼》阴阳对立的宇宙观。《周礼》以阴阳为纲阐述王国格局问题，以阴阳为系统构建"王"与"后"的两个宫廷系统等。《周礼》的"六

---

[1] 本人在考察"考工学"时提出的，《易》《礼》体系中的《礼》，就是指"周《礼》"而非《周礼》。

官"体系也是阴阳五行的进一步演化。作者进行了较大篇幅的考察，例如《周礼》六官与五行辅天，五帝和五帝祀等。五行是《周礼》最为青睐的理论系统，因此作者特别考察了"《周礼》五行说十证"，包括六玉、九旗、五路、六龟、五味（五谷、五药）、五气（五声、五色）、四时国火、五云、五虫以及四学十大系统中的五行观念问题，非常精彩。[1] 由此，《周礼》将《周易》中较为抽象的"阴阳"精神观念和《尚书》中的"五行"理论引入并成功地应用到现实的社会生活行为中，成为《周礼》体系的核心精神观念。

就结构形式而言，《周礼》体系体现在其独创的"六官"系统结构上。"六官"（亦指"六事""六典"）是指《周礼》中的天官冢宰、地官司徒、春官宗伯、夏官司马、秋官司寇、冬官司空，又称为六卿。关于《周礼》体系中的"官"，传统注家郑玄注："六官，六卿之官也。"孙诒让正义："谓大宰等六官之正。"《孔子家语·执辔》："古之御天下者，以六官总治焉：冢宰之官以成道，司徒之官以成德，宗伯之官以成仁，司马之官以成圣，司寇之官以成义，司空之官以成礼。"《周礼》"六官"系统，结构严密，体系完备，对后世产生了较大影响。如唐代的《唐六典》就是仿效《周礼》六官系统创作的。

就话语系统而言，《周礼》体系就是由其独特的范畴系统、话语系统建构起来的。《周礼》创造了一大批属于它自己的概念范畴系统、自己的话语系统，独树一帜。就礼学领域而言，《仪礼》与《周礼》是有很大差别的。一般而言，《仪礼》侧重于"礼"事展开其体系建构的，从而形成四礼体系即冠礼、婚礼、丧礼、祭礼。而《周礼》侧重于"礼"人展开体系建构，从而形成了以人为中心构建起"六官"礼学系统。

（二）《周礼》体系中的"官"——工匠

《周礼》体系中的工匠，就其性质而言，都属于官府工匠，或部分军役

---

[1]　参见彭林：《〈周礼〉主体思想与成书年代研究》，中国人民大学出版社 2009 年版，第 17—46 页。

工匠。就其组织结构形式而言，属于国家管理体制，不是民间性的行会组织形式。正因如此，每一种类的工匠都有一种相应的组织管理系统，并由特定的工匠管理者（或管理型工匠）负责特定的工匠活动。就《周礼》"六官"结构系统而言，"六官"显然不只是六种类型的官员体制，更多的是一种王国构建系统的一种社会分层系统。每一种官都负责和处理相应的工匠技术、工匠组织协调、工匠文化管理以及工匠生产评估等事宜，而且突出的是与农耕时代"男耕女织"相适应的工匠社会组织模式。因此，"六官"可以理解为六大工匠部门系统。

关于《周礼》中"官"字的解说，目前普遍存在"把古词当作今词解释"的现象，王光汉在《辞书编纂与食古泥古》中有过较明细的考察。他说：

> 《周礼》中所言各"官"，俱不当以现代汉语"官名"或"职官名"之义释之。"官名"或"职官名"今当被理解为厅长、县令、宰相之类官职之名，然《周礼》之"官"，实乃部门或职事之称。天官、地官、春官、夏官、秋官、冬官，后世沿而为吏部、户部、礼部、兵部、刑部、工部。唐武则天时曾一度复六部为六官之称，足证六官、六部一也。《汉语大词典》"天官"条释"官名"，"工部"条释"古代官署名"，证其对"天官"之"官"惑于今解。其"地官"条亦如是。六官除冬官外，其他五官均有《序官》言其建制，若详考其建制，据其建制几无一官无"胥""徒"若干人者想，当亦不致有此迷误，而当以六官之"官"为机构、部门解也。又，据《序言》所言各职建制及《冬官·总叙》所言各职之事，许多被现代辞书释为"官名"者俱非"官名"，而乃职事之称。天官所列之职，无"士"以上等级者有"酒人""笾人""浆人""醢人""盐人""缝人"等；地官"舂人""饎人""稾人"等，春官"守祧"等亦俱无"士"以上等级者。辞书迷于其各隶二"天官""地官""春官"之下，因指其为"官名"，实乃以奴为官矣！如"酒人"条，《辞海》《辞源》更俱列为"官名"。《天官·序官》言："酒人，奄十人，女酒三十人，

奚三百人。"据此建制，从事酒人之职者三百四十人。所谓"奄"，即阉者，郑氏就"奄上士"有注云："奄称士者，异其贤。"贾公彦疏曰："案：上'酒人''浆人'等奄并不称士，则非士也。独此云，以其有贤行命为士，故称士也。"所谓"女酒"，郑氏注云："女奴晓酒者，古者从坐，男女没入县官为奴。"至于"奚"，已有定说，乃奴隶之称。由此可见，"酒人"乃职事之名。又如"伊耆氏"，《汉语大词典》据《周礼·秋官》亦列为官名。《序官》曰："伊耆氏下士一人，徒二人。"《孟子·万章》谓："下士与庶人在官者同禄，禄足以代其耕也。"可见即使是下士，今称其为官，似亦不大合适。《周礼·冬官·总叙》未言建制，仅叙其事，然据事而推，"冬官"之"官"亦非今之"官"义。然《辞源》此类词目收之甚多，有的释为工匠之类，有的亦以官名释之。如"氏""轮人""凫氏"等即释为官名。其"轮人"条云："周官名。掌制造车轮及有关部件。《墨子·天志上》：'譬如轮人之有规，匠人之有矩。'参阅《周礼·考工记·轮人》。"既言轮人之事乃制造车轮及有关部件，而又释以"周官名"，岂非受"冬官"之"官"误与？《墨子》之证，亦示其乃工匠之类。《庄子·天运》记轮扁斫轮事，轮扁之"轮"即轮人之义，其辛苦操作，岂今所谓"官"者所为？又"栗氏"条释为"周代掌管冶炼铸造的官名之一。掌制量器。"而"栗"字义之二又释"古代金工的一种"。一释为官，一释为工，盖"氏"属"冬官"，而《总叙》又谓其为"攻金之工"，致使编者莫知所从。①

由此可见，将《周礼》中的"官"字理解为"工匠"（职事之称）是合理的。其实，工匠一定是指掌握了某一专门知识技能（物质性的——技、精神性的——道、文化性的——艺）的人。因此，仅从这一点，我们便可将《周礼》界定为第一部工匠文化史专著。例如"天官冢宰"工匠文化体系，就有

---

① 王光汉：《辞书编纂与食古泥古》，《安徽大学学报（哲社版）》1990年第1期。

63种工匠（官），大宰既是天官之长，又是六官之首，可谓是最高级别的管理型工匠。高级别的还有大宰、小宰、宰夫、大府、内府、外府、司会、司书、职内、职岁、职币等，他们更多是从事精神性的工匠活动。此外，更多地记载了各类物质性的或文化性的职事之工匠。这类工匠种类多数量大，主要有以下几种：一是有专门职掌饮食的工匠（厨师），包括负责烹煮或制作食物者，有膳夫、庖人、内饔、外饔、亨人、腊人、醢人；负责捕获兽类或鱼鳖等以供膳食者，有兽人、渔人、鳖人等；负责进献食物者，有笾人和醢人等；负责酒浆者，有酒正、酒人、浆人等；还有专门为王调配饮食的食医，掌盐的盐人，掌供巾幂以覆盖饮食的幂人，掌供冰以冷藏食物的凌人等，皆可归属于职掌饮食类的工匠。这一类的工匠（"官"）除了为王、王后和太子的饮食服务外，还负责供给宾客、祭祀以及丧事等所需饮食。二是专门职掌服饰的工匠。包括专门负责职掌王皮裘的司裘；负责为王、王后缝制衣服的缝人；负责职掌王后、九嫔和内外命妇首服（头上装饰物、帽子等）的追师，负责为王、王后职掌鞋（足衣）的履人等。三是专门职掌医务方面的工匠，包括医师、疾医、疡医、兽医等。四是专门职掌寝舍的工匠，包括负责为宫寝清除污秽的宫人；为王外出设宫舍、帷帐等的掌舍、幕人、掌次等。五是专门职掌宫廷内部各项事宜的工匠（宫官），包括宫正、宫伯、内宰、内小臣、阍人、寺人、内竖等。六是专门职掌女性事宜的工匠（妇官），包括服侍王并协助王后行礼事的九嫔、世妇、女御；还有为王后职掌祭祀和礼事的女祝、女史等。七是专门职掌女性工匠的工匠（妇功），包括典妇功、典丝、典枲等。七类之外还有为王职掌借田的甸师；为王职掌收藏的玉府，职掌皮革的掌皮，职掌染丝帛的染人，职掌大丧为王招魂的夏采等。[①]

由此可见，《周礼》体系，实际上建构了一种农耕文明时代的比较完备的工匠文化体系。男耕女织，是这一工匠文化体系建构的基本原则。

[①] 这里的分类，借鉴了杨天宇先生的成果，参见杨天宇：《周礼译注》，上海古籍出版社2016年版，《天官冢宰第一》"题解"部分。

（三）《周礼》体系中的女性工匠的基本文本

女性工匠，又称之为"女红（工）""妇工或妇功"等，突出与男性工匠相对待的性别差异。汉字"女"，象形字。甲骨文字形，像一个敛手跪着的人形。女性，与"男"相对。汉代许慎《说文解字》有"女，妇人也"。女和妇有差别，所以王育说："对文则处子曰女，适人曰妇。"古代以未婚的为"女"，已婚的为"妇"，现通称"妇女"。段玉裁《说文解字注》云："**（女）妇人也**。男，丈夫也。女，妇人也。立文相对。《丧服经》每以丈夫、妇人连文。浑言之，女亦妇人；析言之，适人乃言妇人也。《左传》曰：'君子谓宋共姬女而不妇。女待人，妇义事也。'此可以知女道、妇道之有不同者矣。言女子者，对男子而言。子皆美偁也。曰女子子者，系父母而言也。《集韵》曰：'吴人谓女为娪。牛居切。青州呼女曰娪。五故切。楚人谓女曰女。奴解切。'皆方语也。**象形。王育说**。不得其居六书何等，而惟王育说是象形也。盖象其掫敛自守之状。尼吕切。五部。小徐'王育说'三字在'从女'下。凡女之属皆从女。"[1]

《周礼》体系中的女性工匠，主要集中在《天官》篇中。主要记载九嫔、世妇、女御、女祝、典妇功、典丝、典枲、内司服、缝人、染人、追师、屦人、夏采等女性工匠。《天官冢宰·序官》中说：

> 九嫔、世妇、女御、女祝四人、奚八人、女史八人、奚十有六人。
>
> 典妇功，中士二人、下士四人、府二人、史四人、工四人、贾四人、徒二十人。
>
> 典丝，下士二人、府二人、史二人、贾四人、徒十有二人。
>
> 典枲，下士二人、府二人、史二人、徒二十人。

---

[1] （清）段玉裁撰：《说文解字注》，凤凰出版社（原江苏古籍出版社）2015年版，第1064页（上）。

内司服，奄一人、女御三人、奚八人。

缝人，奄二人、女御八人、女工八十人、奚三十人。

染人，下士二人、府二人、史二人、徒二十人。

追师，下士二人、府一人、史二人、工二人、徒四人。

屦人，下士二人、府一人、史一人、工八人、徒四人。

夏采，下士四人、史一人、徒四人。

还有部分包含"女工"的有：

酒人，奄十人、女酒三十人、奚三百人。

浆人，奄五人、女浆十有五人、奚百有五十人。

凌人，下士二人，府二人、史二人、胥八人、徒八十人。

笾人，奄一人、女笾十人、奚二十人。

醢人，奄一人、女醢二十人、奚四十人。

醯人，奄二人、女醯二十人、奚四十人。

盐人，奄二人、女盐二十人、奚四十人。

幂人，奄一人、女幂十人、奚二十人。

《周礼·地官司徒·序官》也有：

舂人，奄二人、女舂抌二人、奚五人。

饎人，奄二人、女饎八人、奚四十人。

槀人，奄八人、女槀，每奄二人、奚五人。

《周礼·春官宗伯·序官》也有：

守祧，奄八人，女祧每庙二人、奚四人。

世妇，每宫卿二人、下大夫四人、中士八人、女府二人、女史二
人、奚十有六人。

内宗，凡内女之有爵者。

外宗，凡外女之有爵者。

男巫，无数。女巫，无数。其师中士四人、府二人、史四人、胥四
人、徒四十人。

这也是本章探讨考察《周礼》体系女性工匠文化的基本文本和线索。

三、《周礼》体系女性工匠文化

（一）女性工匠的基本内涵

关于女性工匠文化的基本内涵，《周礼·冬官司空·考工记》有一段经
典的阐释：

国有六职，百工与居一焉。或坐而论道，或作而行之，或审曲面
执，以饬五材，以辨民器，或通四方之珍异以资之，或饬力以长地财，
或治丝麻以成之。坐而论道，谓之王公；作而行之，谓之士大夫；审曲
面执，以饬五材，以辨民器，谓之百工；通四方之珍异以资之，谓之商
旅；饬力以长地财，谓之农夫；治丝麻以成之，谓之妇功。

妇功，女性工匠本属于工匠的一种，主要从事"治丝麻以成之"的工作。
然而在《考工记》中，就其身份地位而言，妇功属于王国"六职"之一，并
与"王公""士大夫""百工""商旅""农夫"并列。一般而言，百工和工匠
同义，而此处，妇功又与百工（工匠）并列，也可见出妇功的重要地位。衣

食，是人类社会发展的基本前提，"食"主要来源于农耕种植，"衣"则主要来源于"治丝麻以成之"的纺织。传统农业社会，"衣"的职事主要由女性工匠承担，这一理念一直影响并主导着中国传统社会。男耕女织的生活模式，也就成为中国传统理想生活世界的基本标本。被万代帝王所推崇的"耕织图"就是一个焦点或明证。

男耕女织，一直是传统中国田园审美生活世界的理想结构模式。南宋画院对广大生活世界的描绘体现在这一对乡村社会进行理想描绘中，《耕织图》成为很多南宋画家的固定主题，刘松年、梁楷都曾绘制过这一主题，其中南宋绍兴年间画家楼俦所作《耕织图诗》45幅最为有名，得到了历代帝王的推崇和嘉许。这一组图包括耕图21幅、织图24幅。采用绘图的形式和纪实风格，呈现耕作与蚕织在天下四时中的流动图景。且诗画并用，诗既是图画的文学性辅助，又是用言进行的理论性总结。把耕织生活理想化、审美化，同时也时代化了，如其《攀花》一幅，其诗曰："时态尚新巧，女工慕精勤。心手暗相应，照眼花纷纭。殷勤挑锦字，曲折读回文。更将无限思，织作雁背云。"《耕织图》形象生动、细腻传神地描绘了劳动者耕作与蚕织的场景和详细的生产过程，包含了农业生产知识、耕作技术，同时还包含着丰富的美学思想。与宋代其他以美学性为主的耕织诗文书画（如范成大《四时田园杂兴》等）和以技术性为特性的农书（如宋代陈旉《农书》，元代的司农司《农桑辑要》、王祯《农书》、鲁明善《农桑衣食撮要》）一道，形成了农村生活的美学思想。

南宋《耕织图》是传统农业和传统手工业的审美性展示。"耕"是指农田耕作以解决"食物"问题，"织"是指纺织以解决"衣物"问题。"耕织"统称为农桑生产。①

---

① 关于《耕织图》及其美学思考，可参见邹其昌：《宋元美学的生活世界》"生活美学"，《创意与设计》2013年第1期。

（二）女性工匠的基本职能

《周礼》"天官"篇中比较详细地介绍了农耕时代"男耕女织"的生活方式背景下，官府女工匠的基本职能。

九嫔

掌妇学之法，以教九御妇德、妇言、妇容、妇功，各帅其属而以时御叙于王所。凡祭祀，赞玉赍，赞后荐，彻豆笾。若有宾客，则从后。大丧，帅叙哭者亦如之。

世妇

掌祭祀。宾客、丧纪之事，帅女宫而濡摉为赍盛。及祭之日，莅陈女宫之具，凡内羞之物，掌吊临于卿大夫之丧。

女御

掌御叙于王之燕寝，以岁时献功事。凡祭祀，赞世妇。大丧，掌沐浴。后之丧，持习翣。从世妇而吊于卿大夫之丧。

女祝

掌王后之内祭祀，凡内祷词之事。掌以时招、梗、禬、禳之事，以除疾殃。女史，掌王后之礼职。掌内治之贰，以诏后治内政，逆内宫，书内令。凡后之事，以礼从。

典妇功

掌妇式之法，以授嫔妇及内人女功之事赍。凡授嫔妇功，及秋献功，辨其苦良，比其小大而贾之物书而楬之。以共王及后之用，颁之于内府。

典丝

掌丝入而辨其物，以其贾楬之。掌其藏与其出，以待兴功之时。颁丝于外内工，皆以物授之。凡上之赐予，亦如之。及献功，则受良功而藏之，辨其物而书其数，以待有司之政令，上之赐予。凡祭礼，共黼画组就之物。丧纪，共其丝纩组文之物。凡饰邦器者，受文织丝组焉。岁终，则各以其物会之。

典枲

掌布缌、缕、纻之麻草之物，以待时颁功而授赍。及献功，受苦功，以其贾楬而藏之，以待时颁，颁衣服，授之。赐予，亦如之。岁终则各以其物会之。

内司服

掌王后之六服：袆衣、揄狄、阙狄、鞠衣、展衣、缘衣、素纱。辨外内命妇之服，鞠衣、展衣、缘衣、素纱。凡祭祀、宾客，共后之衣服，及九嫔世妇。凡命妇，共其衣服，共丧衰，亦如之。后之丧，共其衣服，凡内具之物。

缝人

掌王宫之缝线之事。以役女御，以缝王及后之衣服。丧，缝棺饰焉，衣翣柳之材。掌凡内之缝事。

染人

掌染丝帛。凡染，春暴练，夏纁玄，秋染夏，冬献功。掌凡染事。

追师

掌王后之首服。为副编次，追衡笄，为九嫔及外内命妇之首服，以待祭祀宾客。丧纪，共笄绖，亦如之。

屦人

掌王及后之服屦。为赤舄、黑舄、赤繶、青句、素屦、葛屦。辨外内命夫命妇之命屦、功屦、散屦。凡四时之祭祀，以宜服之。

夏采

掌大丧，以冕服复于大祖，以乘车建绥，复于四郊。①

媒氏

① 以上参见《周礼·天官冢宰》。

掌万民之判。凡男女自成名以上，皆书年月日名焉。令男三十而娶，女二十而嫁。凡娶判妻入子者，皆书之。中春之月，令会男女，于是时也。奔者不禁。若无故而不用令者，罚之。司男女之无夫家者而会之，凡嫁子娶妻，入币纯帛无过五两。禁迁葬者与嫁殇者，男女之阴讼，听之于胜国之社。其附于刑者，归之于士。

邻长

各掌其邻之政令。以时校登其夫家，比其众寡，以治其丧纪祭祀之事。若作其民而用之，则以旗、鼓、兵革帅而至。若岁时简器，与有司数之。凡岁时之戒令，皆听之。趋其耕耨，稽其女功。[①]

（三）女性工匠的生活世界

从《周礼》文本，我们大致可以领略中华传统农耕文明时代女性工匠文化生活世界的基本样态。限于篇幅，在此，谈论两个问题。

第一个问题是关于"妇学之法，以教九御妇德、妇言、妇容、妇功"。"妇学之法"是《周礼》体系乃至中国传统文化基本特征所在，也是人类文化发展到一定阶段的产物，更多的是一种人性的文化，人的特征性问题，或者是属人性的文化。这也是工匠文化由物质性转向精神性、文化性的一种标志，及对人的精神控制。在《周礼》体系中，妇学之法，主要包括女性"四德"即妇德、妇言、妇容、妇功等大方面。这四点既是女性工匠的本质，也是女性工匠身份的特质，还是女性工匠文化生活世界的特征。当然，这种女性工匠文化具有较为浓厚的人伦特征，特别是后来儒家文化对其"男尊女卑"思想观念的强化，使得女性工匠文化的本质发生了偏离。这一点特别体现在汉代曹昭的《女诫·妇行篇》中。曹昭《女诫·妇行篇》云："女有四行：一曰妇德，二曰妇言，三曰妇容，四曰妇功。夫云妇德，不必才明绝异也，妇言

---

① 以上两段见《周礼·地官司徒》。

不必辩口利辞也，妇容不必颜色美丽也，妇功不必工巧过人也。清闲贞静，守节整齐，行己有耻，动静有法，是谓妇德。择辞而说，不道恶语，时然后言，不厌于人，是谓妇言。盥浣尘秽，服饰鲜洁，沐浴以时，衣不垢辱，是谓妇容。专心纺绩，不好戏笑，洁齐酒食，以奉宾客，是谓妇功。"①

如果我们暂时搁置人伦成分考察传统女性工匠问题的话，那么，也可能获得更多的女性工匠文化自身的价值和意义。"九嫔掌妇学之法，以教九御妇德、妇言、妇容、妇功，各帅其属而以时御叙于王所。"郑玄注："妇德谓贞顺，妇言谓辞令，妇容谓婉娩，妇功谓丝枲。自九嫔以下，九九而御于王所。九嫔者，既习于四事，又备于从人之道，是以教女御也。教各帅其属者，使亦九九相与从于王所息之燕寝。"这里突出了"九嫔"工匠的职能和生存方式，既要学习掌握好"四事"，还应具备较高的人格修养，来引导和教育"女御"研习女性工匠所应具备的德行、言辞、仪态、巧艺，从而创造出一种"各帅其属"的谐和生活世界。

第二个问题是关于"妇式之法，以授嫔妇及内人女功之事赍"。如果"妇学之法"突出的是女性工匠基本素养和要求的话，那么，"妇式之法"则更加突出女性工匠的专业标准和精神性价值追求。关于"典妇功掌妇式之法，以授嫔妇及内人女功之事赍。"郑玄注：妇式，妇人事之模范。法，其用财旧数。嫔妇，九嫔、世妇。言"及"以殊之者，容国中妇人贤善工于事者。事赍，谓以女功之事来取丝枲。故书赍为资，杜子春读为资。郑司农云："内人谓女御。女功事质，谓女功丝枲之事。"

关于"典妇功"，郑玄注："典，主也。典妇功者，主妇人丝枲功官之长。"孙诒让云："丝枲并妇功之事，此典妇功总掌其事，为下典丝、典枲诸官之长也。"惠士奇云："《月令》染人曰'妇官'，盖典妇功之属官。"② 可见，典妇功，是指总掌妇功之事的工匠。因此，典妇功职掌"妇式之法"。

---

① 范晔：《后汉书·列女传》，中华书局 1999 年版，第 1884 页。

② （清）孙诒让：《周礼正义》，中华书局 1987 年版，第 54 页。

关于"妇式之法"，郑玄注云"妇式，妇人事之模范"者，《说文·工部》云："式，法也。"又《木部》云："模，法也。"《尔雅·释诂》云："范，法也。"是式与模范义同。此即《大宰》九式羞服之式，凡服物式法施于嫔妇者也。[①]式、模、范义同，都指妇功在从事丝枲之事时，应注重和遵守的相关标准和规范法则，由此可实现"国中妇人贤善工于事"的工匠境界。

本章只是一个尝试，一种从"中国理论"建设，传承"中华工匠文化"遗产，创建工匠文化体系等视角，探索《周礼》工匠文化体系问题。深入文本，拓展思路，才能更好地发掘与传承中国传统文化遗产，服务当代，光耀千秋。

---

① （清）孙诒让：《周礼正义》，中华书局 1987 年版，第 566 页。

第十二章　《史记》的工匠文化形态

工匠及其工匠文化问题，应该走向历史前台，成为人类历史研究的核心要素，成为学术、社会、政府等各方面共同面对和思考的重大课题。

对工匠文化进行历史性的系统梳理、考察与研究，是中华工匠文化体系建构及其传承创新研究的基础性工作。中华典籍中的"二十四史"应该属于最为基本的历史线索性文本，有必要展开系统研究。本章拟尝试性考察《史记》中的工匠文化问题。文章在梳理《史记》工匠文化问题的文献基础上，从"工"的意涵、"工匠"的来源、"工匠"的重要发明以及"工匠"其他相关问题诸如工官的类别、工商业的赋税问题、民间雇工问题等几个方面，粗略地描绘出《史记》中的工匠文化世界。本章的研究力求作出两方面的工作：一方面丰富《史记》的研究，另一方面为了解秦汉及其之前的工匠问题做基础性工作。

一、《史记》及其研究状况概述

《史记》乃司马迁经典之作，首开中国纪传叙史之先，位列"二十四史"之首。从文本构成来看，《史记》包括十二本纪、十表、八书、三十世家、七十列传。它以人物传记的形式记载、勾画了从黄帝至汉武帝元狩元年间三千多年的历史面貌。从文本特点来看，《史记》与传统史书相比具有其独特之处：充满爱憎之情；对人物记述融入文学处理；填补了中华民族历史上许多人物史的空白；对封建帝王的批判，具有实录性和批判性。① 从文本价值来看，《史记》既有写史的客观记录，也有作文的感性评价，融叙事、抒情、讲理等不同文体手法，具有无可比拟的文史二重价值，对后代文史创作产生了深远的影响。

经过几千年的涤荡淘洗，《史记》仍熠熠生辉，对其的研究更是赓续不绝。就研究现状来看，后学对《史记》的研究整体上经历从文本的校勘、考据到文本特征研究，进而转向多视角多学科多层次的立体研究。从研究视角考察，不再囿于从历史学视角研究其历史史料价值，有从经济学视角，研究《史记》中的经济现象和经济思想；有从政治学视角，研究当时的政治体制问题；有从社会学视角，研究当时的社会风貌的表现和形成；等等。从研究内容和主题来看，更是丰富多彩，包括其中的尚贤思想、人文思想、民族思想、天命观、人物美德、女性形象、士人形象、民俗神话等。就《史记》文本本体而言，也出现了相当多的《史记》本体研究，包括其中的文章结构、行文逻辑、词句应用、修辞手法应用等，异常丰富灿烂。

这些研究对更全面、更立体地理解《史记》有着重要的意义，然而经典之所以经典是因为它能够成为研究的源泉，经得住时空的推敲，也能随着时代的变迁和研究的日益增加而不断丰富自己。换个视角，换个接受者便又是新的感悟与收获。正如伽达默尔《哲学解释学》导言中所言，"各个不同时代的柏拉图、亚里士多德或《圣经》的解释者们在他们所认为的他们在文本中看到的意义上都各不相同……"② 因此，《史记》作为一个开放性文本，其阅读者、接受者对它的解读和侧重点各有不同。本章则主要探讨《史记》中的工匠文化问题，搜集《史记》中关于"工匠文化"的信息点和片段，试图串成一个略微清晰的框架，勾画出《史记》中的工匠文化世界。

---

① 参考《百家讲坛》王立群教授讲《史记》的内容总结。
② ［德］伽达默尔：《哲学解释学》，夏镇平、宋建平译，上海译文出版社 2004 年版，"导言"第 15—16 页。

二、《史记》释"工"之意涵

中华工匠文化作为传统文化的重要组成部分，是古代文化世界的重要组成部分，随着时空的远去，传世文本成为了解、窥探过去工匠文化世界的重要载体。从历史史料价值来看，作为一本史书，《史记》"其文直，其事核，不虚美，不隐恶，故谓之实录"（《汉书·司马迁传》），所记载的内容无疑具有重要的参考价值。《史记》中关于"工匠文化"的只言片语也就成为了解当时工匠世界的重要窗口。

首先，考察《史记》中"工"的内涵，这也是进入当时"工匠文化"世界的第一步。

《史记》中"工"出现有百余次：有与职业连用，如"相工""乐工"；有与造物材料或技艺连用，如"木工""玉工""削厉工"等；也有与官爵连用，如"工师""工正"等；还有与性别连用，如"工女"。

具体来看，《史记》中"工"的内涵较为集中统一，在此选取几条具有代表性地、与"工"相关的论句，分作阐释。

> 讙兜进言共工，尧曰不可而试之工师，共工果淫辟。①

根据《正义》解，"工师，若今大匠卿也。"此处的"工师"类似于"大匠卿"这一职位，而《钦定历代职官表》卷十四载，"隋书百官志，梁天监七年，以将作大匠为大匠卿，掌土木之工"。可见，"工师"是一种管理工匠的职官，主管土木工程。这也说明了掌管百官的官职，在上古时代就有了，只是历经各朝各代，在称呼和具体职务上有些增减变化。

---

① 《史记》卷一《五帝本纪》，中华书局 1999 年版，第 22 页。以后所引不作特别说明，均出自此本。

舜曰："谁能驯予工？"皆曰垂可。于是以垂为共工。（《史记卷一·五帝本纪第一》，第 29 页）

此句中前一个"工"，《集解》马融曰："谓主百工之官也"，可见是一种管理百工的官职，后一个"共工"，《集解》马融曰"为司空，共理百工之事。"（注意区别上一句"共工"，上一句中的"共工"均为人名。）《尚书正义·卷二·尧典第一》又有"《舜典》命垂作共工，知共工是官称。"[1] 可见，这里的"工"与"共工"[2] 同意，均是供职于百工之事的官职。这也揭示了"工"在当时本身就是一种官职的称呼。

垂主工师，百工致功。（《史记卷一·五帝本纪第一》，第 32 页）

这里的"工师"与上述同义，也是职官称呼，而后的"百工"则代指百工之事。意思是垂在主管百官后，百工的各项工事都能够完成。所以说，"工"的用法十分灵活，和不同的字词连用，在不同的语境中，其代表含义不尽相同。

齐桓公欲使陈完为卿，完曰："羁旅之臣，幸得免负檐，君之惠也，不敢当高位。"桓公使为工正。（《史记卷三十六·卫康叔世家第六》，第 1313 页）

"工正"也是一种工官的职称，《史记》中关于陈完为"工正"的记录先后出现三次，其中《集解》贾逵曰"掌百工"；《正义》一曰主作器械；一曰

---

① 孔安国传，孔颖达正义，黄怀信整理：《尚书正义》，上海古籍出版社 2007 年版，第 54 页。

② 有学者认为"共工"的"共"与"供"通假，"共工"即供职于百工之事或为国家事物提供工艺支持。参见刘成纪：《百工、工官及中国社会早期的匠作制度》，《郑州大学学报（哲学社会科学版）》2015 年第 5 期。

为工巧之长，若将作大匠。由此可见，工正是百工之长，职位类匠作大匠，主要管理器械制造等方面，这就不同于主管土木工程的"工师"之职。此二者均为工官，只是掌管的类目不一样。

> 乃歌曰："股肱喜哉，元首起哉，百工熙哉！"（《史记卷二·夏本纪第二》，第 60 页）
>
> 于是乃使百工营求之野，得说于傅险中。（《史记卷三·殷本纪第三》，第 75 页）
>
> 故天子听政……百工谏，庶人传语，近臣尽规，亲戚补察，瞽史教诲，耆艾脩之，而后王斟酌焉，是以事行而不悖。（《史记卷四·周本纪第四》，第 103 页）

以上几处"百工"皆为"百官"之意，是各种官职的总代称，可见在上古时代，百工与百官在某些情况下通用。《尚书·尧典》："允厘百工，庶绩咸熙。"中的"百工"也是"百官"之意。思而推之，一方面，说明上古时代工匠的地位还不至于后来那么卑微低下，他们可以进"谏"，有机会"说政"，其称呼都可与百官通称。另一方面，在某种程度上，也"揭示出中国上古时期'工''官'身份的重叠性，也意味着在'工'字尚没有成为专指性概念之前，它有更广泛的表意空间。"①

从这个意义来讲，上古时代的百工，不仅仅是掌管器物造作，也是对整个自然界的改造，包括物质的和非物质的。

> 海神曰："以令名男子若振女与百工之事，即得之矣。"秦皇帝大说，遣振男女三千人，资之五谷种种百工而行。（《史记卷一百一十八·淮南

---

① 刘成纪：《百工、工官及中国社会早期的匠作制度》，《郑州大学学报（哲学社会科学版）》2015 年第 3 期。

衡山列传第五十八》，第 2348 页）

若百工，天下作程品。（《史记卷九十六·张丞相列传第三十六》，第 2073 页）

而这里的"百工"就不再是所谓的百官，而是各种手工业职业的统称。后一句中，《集解》如淳曰："若，顺也。百工为器物皆有尺寸斤两，皆使得宜，此之谓顺。"[1] 这里以"百工"制作器物皆依循一定规则、尺寸、法度为喻论治理天下的道理。在先秦诸子百家中，以匠作器议政、说道的现象尤其多，如《庄子》中的庖丁解牛、轮扁斫轮来论证"道进乎技"。而墨子则认为天下凡事都如工匠制器一般，需要用法度来规约。"百工为方以矩，为圆以规，直以弦，正以县，平以水。无巧工不巧工，皆以五者为法。巧者能中之，不巧者虽不能中，放依以从事，犹逾已。故百工从事皆有法所度。今大者治天下，其次治大国，而无法，所度，此不若百工辩也。"（《墨子·法仪》）以匠及其技艺议事、论政、说道在先秦时期非常常见。

今天下已定，法令出一，百姓当家则力农工，士则学习法令辟禁。（《史记卷六·秦始皇本纪第六》，第 181 页）

太史公曰：农工商交易之路通，而龟贝金钱刀布之币兴焉。（《史记卷三十·平准书第八》，第 1219 页）

周书曰："农不出则乏其食，工不出则乏其事，商不出则三宝绝，虞不出则财匮少。"（《史记卷一百二十九·货殖列传第六十九》，第 2462 页）

良农能稼而不能为穑，良工能巧而不能为顺。（《史记卷四十七·孔子世家第十七》，第 1555 页）

---

① 《史记》卷九十六《张丞相列传第三十六》，第 2073 页。

上述四处的"工"是古代四民之一，即"士农工商"之一。"工"作为古代社会的重要群体，在社会生活中发挥着重要的作用，"工不出则乏其事"，工匠若不从事活动，那么就没有生活用具及劳动工具，也就是说其他行业的开展皆仰赖工匠的劳动成果。且在《史记》中，司马迁传达了，工商业的发展有利于财富的积累、国家的富强这一信息。至少，司马迁个人对工商业的发展事实上是一种开放甚至欣赏的态度。

　　葬既已下，或言工匠为机，臧皆知之，臧重即泄。大事毕，已臧，闭中羡，下外羡门，尽闭工匠臧者，无复出者。(《史记卷六·秦始皇本纪第六》，第 188 页)

　　上居甘泉宫，召画工图画周公负成王也。(《史记卷四十九·外戚世家第十九》，第 1591 页)

　　长安中有善相工田文者……(《史记卷九十六·张丞相列传第三十六》，第 2077 页)

　　问长安中削厉工，工曰："梁郎某子来治此剑。"(《史记卷五十八·梁孝王世家第二十八》，第 1664 页)

而这里几处的工匠则是指具体的职业，前一个"工匠"是指为秦始皇建造陵寝的工匠，建造如此浩大工程本令人称赞，可惜其最后的命运以悲剧结束。仅此可窥探，此时工匠的命运已多舛。而后的"画工""相工""削厉工"，则是工匠从事的具体领域，与"工"连用，以表示具体的职业。所以说，《史记》中的"工"有时指所有手工业职业的统称，有时亦指具体职业。

　　夫战胜暴子，割八县，此非兵力之精也，又非计之工也，天幸为多矣。(《史记卷七十二·穰侯列传第十二》，第 1827 页)

　　虞卿料事揣情，为赵画策，何其工也！(《史记卷七十六·平原君虞卿列传第十六》，第 1862 页)

及加其眩者之工，而觳抵奇戏岁增变，甚盛益兴，自此始。(《史记卷一百二十三·大宛列传第六十三》，第 2406 页)

这里提到的"工"皆为精巧、巧妙之意。而考察工匠活动的内涵和外延，"工"类"巧"之意就比较好把握。《说文·工部》："工，巧饰也。"这就"强调了'工'所具有的特殊性质，即设计造物活动的两大基本性质——'巧'(技术原则，或技术设计)和'饰'(艺术原则，或艺术设计原则、审美原则)"①。就其技术原则而言，工匠必定在某一方面有着熟练的技艺、技术或技巧，尤其是能工巧匠，更是高超、精湛技艺的代言人。"巧"可谓是"工匠"的技术追求，或者说是能工巧匠的内涵之一。因此，"工"有"巧"之意也不足为怪。

综上所述，《史记》中的"工"至少有四层含义：一为掌百工的职官，多有专门官职名称，如工正、工师；二为手工业职业的统称，多称百工或工；三为具体手工业职业，多与具体行业或制作材料连用，如相工、画工、木工、玉工、水工等；四为精巧、巧妙等意，类似于"巧"的意思。此外，"百工"代"百官"说明早期的"工"还未被排除在国家政治生活之外，其身份地位也不及后来卑微低下。总的来说，"工"指代意涵的多样性，也恰恰表明了早期"工"还未形成专门的指代性概念，还处于发展形成阶段。

三、《史记》论工匠之来源

《史记》中零散的记录，虽无法形成系统性的"工匠"文本，却也能成为了解并佐证当时工匠文化发展概貌的有力证据。其中记载的若干工程项目

---

① 邹其昌：《论中华工匠文化体系——中华工匠文化体系研究系列之一》，《艺术探索》2016 年第 5 期。

有意无意为窥见当时建造匠人的情况提供了辅助资料。

首先，工匠主要分为职业官工匠和民间工匠两大类。其中官工匠的来源较为复杂。下文撷取代表性内容进行论述。

> 令匠作机弩矢，有所穿近者辄射之。（《史记卷六·秦始皇本纪第六》，第 188 页）

这是说，秦始皇在建造自己陵寝时命令在那里工作的工匠制作带机关弓箭，一旦有盗墓人靠近，就会触动机关被射死。这从侧面说明了，当时为秦始皇建造陵寝的工匠不仅数量繁多，且工种多样。但这里的"匠"究竟是官工匠，还是来自民间的工匠或者其他来源，抑或都有，就无法确证。庆幸的是，《史记》中还是有明确记载官工匠工作的情形。如：

> 召工官治车诸器，皆仰给大农。（《史记卷三十·平准书第八》，第 1219 页）
>
> 乃令工人作为金斗，长其尾，令可以击人。（《史记卷七十·张仪列传第十》，第 1809 页）

而这里的"工"，很明显是指官府工匠。且第一句中"工官治车诸器"还明确了官工匠的工作内容为造车等器具，这也从侧面反映了当时政府官匠的划分比较细致，不同工种待命完成专业范围内的工作。后一句中的"工人"专门制作饮器，这里是说赵国的大王想在宴请代王的时候趁机杀掉他，便临时命令工人制作了一个尾部加长的金斗，想趁上热羹时用金斗的尾部杀死代王。尽管是记述一则历史事件，但从侧面反映出，官府工匠随时都有接到临时任务的可能，且要按期完成，如若临时任务量大，工匠的工作会更加辛劳。

另外，官府工匠还有一类比较特殊的类型，即"军匠"，顾名思义其拥有兵与匠的双重属性，战时是兵作战，其他时为匠做工。如：

> 以军匠从起郊，入汉，后为少府，作长乐、未央宫，筑长安城，先就，功侯，五百户。（《史记卷十九·惠景间侯者年表第七》，第829页）
>
> 梁王派兵为周筑城。（《史记卷四·周本纪第四》，第119页）

上述"军匠"即官工匠中非常特殊的一类，根据记载，他们被派去建造长乐宫、未央宫、修筑长城等。军匠有组织有纪律，且队伍庞大，如政府大型工程项目的营建又需大量工匠。因此，非战时派兵作工就较好理解了。如"梁王派兵为周筑城"也是讲政府派遣士兵建造城市。《史记》中关于派遣士兵、士卒营建一些大型建筑、水利工程的记载也有好几处，如：

> 天子以为然，发卒数万人作渠田。数岁，河移徙，渠不利，则田者不能偿种。（《史记卷二十九·河渠书第七》，第1198页）
>
> 于是为发卒万余人穿渠，自徵引洛水至商颜山下。（《史记卷二十九·河渠书第七》，第1199页）
>
> 天子乃使汲仁、郭昌发卒数万人塞瓠子决。（《史记卷二十九·河渠书第七》，第1200页）
>
> 唐蒙已略通夜郎，因通西南夷道，发巴、蜀、广汉卒，作者数万人。治道二岁，道不成，士卒多物故，费以巨万计。（《史记卷一百一十七·司马相如列传第五十七》，第2320页）

这些士卒参与政府工程项目建设的现象比较多，且每次发派数量相当大。当然这些士卒在作为工匠为政府建宫室、修道路时，其处境也非常悲惨。如上述记载的"道不成，士卒多物故"，这些参与筑路的士卒们，到了第二年道路还没修好时，就已经死亡了许多。这也从侧面揭示出士卒充当工匠做工时，其生命安全一样得不到保障。无论如何，根据记载可知，当时士兵、士卒、军人是官府工匠的一大来源。

另外，根据《史记》中的材料，官工匠的来源还有刑徒、奴婢等，如：

> 春，免徒隶作阳陵者。(《史记卷十一·孝景本纪第十一》，第312页)
>
> 大蝗。秋，赦徒作阳陵者。(《史记卷十一·孝景本纪第十一》，第313页)

这是说，孝景帝时期，赦免建造阳陵的"徒隶"，这些"徒隶"正是此时阳陵墓的建造工，他们被派遣到不同的工程项目中作为工匠的劳动力补充。而这种现象在《史记》中记载也较多，如：

> 布已论输丽山，丽山之徒数十万人，布皆与其徒长豪桀交通……(《史记卷九十一·黥布列传第三十一》，第2017页)
>
> 始皇初即位，穿治郦山，及并天下，天下徒送诣七十余万人，穿三泉，下铜而致椁，宫观百官奇器珍怪徒臧满之。(《史记卷六·秦始皇本纪第六》，第188页)
>
> 隐宫徒刑者七十余万人，乃分作阿房宫，或作骊山。(《史记卷六·秦始皇本纪第六》，第181页)

这些都是关于刑徒被送去做工的记载，在庞大的工程项目中，大量的工匠需要供给，而刑徒甚至还包括"隐宫"，即接受宫刑的人，自然就成为这些没有太多技术含量工种的补充者。另外，还有一些奴婢也会被安排做工，如：

> 其没入奴婢，分诸苑养狗马禽兽，及与诸官。诸官益杂置多，徒奴婢众，而下河漕度四百万石，及官自籴乃足。(《史记卷三十·平准书第

八》，第 1215 页）

这些被没入官府的奴婢，往往被分派在不同的别苑从事各种工作，也构成了官府工匠的来源之一。另外，还有官府召集民众从事营建工作的。如：

> 茂陵初立，天下豪桀并兼之家，乱众之民，皆可徙茂陵，内实京师，外销奸猾，此所谓不诛而害除。（《史记卷一百十二·平津侯主父列传第五十二》，第 2260 页）

在初建立茂陵墓的时候，主父偃建议汉武帝将当时一些霍乱之民，送去建造茂陵，这样一方面可以消除混乱、安定京师，另一方面也充实了建造茂陵的劳动力。这一策略实则高明，但也反映出当时乱民为官府做工的事实，成为官府工匠的一大来源。如果说这里所谓的"乱众之民"还无法准确判断其是普通自由老百姓还是已经因为祸乱之事被判刑的乱民，那么下则记载则清楚展示了官府号召平民百姓参与建设之事，如：

> 西门豹即发民凿十二渠，引河水灌民田，田皆溉。（《史记卷一百二十六·滑稽列传第六十六》，第 2433 页）

这是关于西门豹带领民众开凿十二渠的详细记载，这里的"民"即普通老百姓，被征伐从事工程事业，尽管这也属于官府工匠的一种，但只是临时性质的。不过，这也说明了，在劳动力缺乏的情况下，平民百姓也是官府工匠的来源之一。

除官府工匠外，还有民间工匠大类。民间工匠除偶尔被官府征伐服役外，其他时间从事自己的手工事业，一般拥有一项赖以为生的专门技艺。如：

> 问长安中削厉工，工曰："梁郎某子来治此剑。"（《史记卷

五十八·梁孝王世家第二十八》，第 1664 页）

"削厉工"即做剑套和磨剑的工匠，《史记》记载梁王派刺客刺杀袁盎将军，刺客落下一把剑在案发现场。负责案件的官员发现那把剑是刚刚磨砺过的，因此就去问长安城中专门做剑套和磨剑的工匠，有何人来磨过剑以此为案件的突破口。尽管这则记述的重点不是"削厉工"，但这也不妨碍我们得到这一信息，即当时长安城中有专门从事手工业的个体工匠。而民间工匠的种类繁多，"削厉工"仅是其中之一。

由此观之，《史记》中记载的工匠有官匠、军匠、民匠三大类。其中军匠也属于官匠的一种特殊类型，其来源包括士卒、士兵等；另外，刑徒、徒隶属也构成了官工匠的一大来源；而被没入官府的奴婢也成为官工匠的来源之一。此外，官府也会临时征伐民众作为劳动力补给大型工程建设。而民匠一般是专门的手工业者，当然也包含部分自给自足的农民工匠。这些民间工匠要按期为官府服役，遇重大工程项目也会被临时征发做工。

四、《史记》论工匠之发明

工匠是古代技术的实践主体，其使用的工具是有形的技术，其熟练的技艺则是无形的技术。工匠制器离不开技术的支持，而工匠创物更是离不开对技术的娴熟把握和灵活应用。古代许多工匠都是创物的杰出代表，他们是许多器物的发明者，代表着当时的前沿水平。《史记》中虽然未有这方面的专门记载，但字里行间偶尔也提供了相关信息。

（一）黄帝：造屋宇、制衣服、铸鼎、建城市……

黄帝采首山铜，铸鼎荆山下。（《史记卷十二·孝武本纪第十二》，

第 329 页）

　　黄帝时为五城十二楼以候神人于执期，命曰迎年。(《史记卷十二·孝武本纪第十二》，第 339 页）

可见，黄帝不仅采矿、铸鼎、还建造城市，另外，《史记》中记载黄帝事迹时，在谈到黄帝治理天下的相关内容时，《正义》曰："黄帝之前，未有衣裳屋宇。及黄帝造屋宇，制衣服，营殡葬，万民故免存亡之难。"① 因此，黄帝还发明了造房子、做衣服等。

（二）舜：制陶、作乐器

　　舜，冀州之人也。舜耕历山，渔雷泽，陶河滨，作什器于寿丘，就时于负夏。(《史记卷一·五帝本纪第一》，第 25 页）

　　昔者舜作五弦之琴，以歌南风。(《史记卷二十四·乐书第二》，第 1053 页）

《史记》中的舜除了治理天下，还是会耕种、会捕鱼、会制作陶器及各种技艺的全能巧匠，他还发明制作了"五弦之琴"。

（三）傅说：版筑法

　　于是乃使百工营求之野，得说于傅险中。是时说为胥靡，筑于傅险。(《史记卷三·殷本纪第三》，第 75 页）

傅说是商代名相，据说武丁王梦见一位贤者名"说"，便依据梦中的情

---

① 《史记》卷一《五帝本纪》，中华书局 1999 年版，第 5 页。

形，命百官去寻找，果然找到一个叫"说"的人，当时道路被洪水冲坏了，"说"正在用版筑作为联系两边的工作，可见传说中的傅说可能是一位工匠，且发明了"版筑法"来治理洪灾。

（四）冒顿：发明鸣镝

冒顿乃作为鸣镝，习勒其骑射，令曰："鸣镝所射而不悉射者，斩之。"（《史记卷一百十·匈奴列传第五十》，第2211页）

匈奴单于冒顿整顿军事，强震兵力，为了加强对兵器的改进制造。他发明了一种发射有声响的响箭，即鸣镝。这种特殊的箭是因为战争的原因被发明，从另一个侧面说明了兵器不断更新、完善的重要动力即战争。

从以上少有的几处记载可以看出，上古时代的发明多出自"黄帝""舜"这样的神话人物之手。而这类无所不能的神话匠人，在上古时代的记载非常多。如：

《韩非子·五蠹》载："上古之世，人民少而禽兽众，人民不胜禽兽虫蛇。有圣人作，构木为巢以避群害，而民悦之，使王天下，号曰有巢氏。""民食果蓏蚌蛤，腥臊恶臭而伤害腹胃，民多疾病。有圣人作，钻燧取火以化腥臊，而民说之，使王天下，号之曰燧人氏。"

而像冒顿这样的非专业工匠也会因为某种特殊原因，比如出于实用目的，会刻意改进或发明器物，这样的事例在历史长河中也是常见的。

《史记》中相关记载尽管非常有限，但也给我们几点启示：第一，上古时代的发明多以实用为发明动力和最终目的；第二，上古时代的圣人工匠或神话中的匠人，基本上都是全能型工匠，留名的专业性工匠较少；第三，军事战争也构成了制器创物的一大动力。

五、《史记》论工官之类型

（一）正式任命受封的工官：专业工官

这里的专业工官主要是就其任职属性而言，是指长期供职、负责掌理某一类事项的专属工官。这类工官最为稳定、系统。《史记》中记载的工官主要有工师、共工、工正和司空四种。如：

垂：尧舜时期工官，为共工／工师。

> 舜曰："谁能驯予工？"皆曰垂可。于是以垂为共工。（《史记卷一·五帝本纪第一》，第 29 页）
>
> 垂主工师，百工致功。（《史记卷一·五帝本纪第一》，第 32 页）

这里的"共工"，《集解》马融曰："为司空，共理百工之事。"① 而"工师"，唐代张守节《正义》曰"工匠若今大匠卿也"②，可见二者皆为工官名称，而垂一处记载为"共工"，一处记载为"工师"，说明这两种职位可能是同一个，或其掌管的职权内容相似，这也从侧面说明了上古时期工官的区分尚无后代详细，还处于初步发展的阶段。

另外有姓名可考的工官还有陈完和孔子。

陈完由齐桓公亲自任命为工正，"十四年，陈厉公子完，号敬仲，来奔齐。齐桓公欲以为卿，让；于是以为工正"（《史记卷三十二·齐太公世家第二》，另《史记卷三十六·陈杞世家第六》《史记卷四十六·田敬仲完世家第十六》都有相似记载）。工正，《集解》贾逵曰："掌百工"③；《正义》曰："工

---

① 《史记》卷一《五帝本纪第一》，中华书局 1999 年版，第 31 页。
② 《史记》卷一《五帝本纪第一》，中华书局 1999 年版，第 32 页。
③ 《史记》卷三十二《齐太公世家第二》，中华书局 1999 年版，第 1250 页。

巧之长，若匠作大匠"①。所以说"工正"应该是类似于工匠之首领，负责掌管百工之事。而孔子则做过主管营建之事的"司空"，"由是为司空"（《史记卷四十七·孔子世家第十七》）。

从《史记》中仅有的几条工官记录来看，古代早期，工官的划分还不是特别的细致与完善，工官职责相对笼统。而许多工程项目是由临时指派的官员或工匠负责的。

（二）其他官员临时兼职工官：管理型工官

尽管当时已有不同的部门分掌工匠之事，如将作大匠主管土木之事，司空即专门掌管营建之事。但有些工程事件，也有临时增派官员负责，如：

> 乃使蒙恬北筑长城而守藩篱。（《史记卷六·秦始皇本纪第六》，第198页）
> 萧丞相营作未央宫，立东阙、北阙、前殿、武库、太仓。（《史记卷八·高祖本纪第八》，第272页）
> 使建筑朔方城。（《史记卷一百十一·卫将军骠骑列传第五十一》，第2236页）

将军蒙恬、丞相萧何、校尉苏建等都被临时作为工程项目的负责人，可见当时负责工程事务的首领不一定是具有专业背景的工匠，临时增派官员兼职工程负责人的现象在当时也时常有之，他们则属于管理型人才。当然，拥有专门技艺背景的工匠作为掌理工程的首领也很常见，这类就属于技术人才的应用。

---

① 《史记》卷四十六《田敬仲完世家第十六》，中华书局1999年版，第1520页。

（三）任用专业工匠为工程负责人：技术型工官

古代工匠鲜有入仕机会，《史记》中几乎未见职业工匠入仕的直接记载，只能通过相关材料以窥一二。如：

> 令齐人水工徐伯表，悉发卒数万人穿漕渠，三岁而通。通，以漕，大便利。其后漕稍多，而渠下之民颇得以溉田矣。（《史记卷二十九·河渠书第七》，第 1198 页）

水工徐伯表是水利工程专家，政府派遣徐伯表带领士卒们开凿河渠，很明显，徐伯表是这项工程的主要负责人之一。这是匠人凭借自己的技艺得到政府任用的典型例子。当然工匠入仕除了成为技术性工官外，还有能直接晋级管理型官员的，如工匠傅说被武丁帝任命为宰相：

> 于是乃使百工营求之野，得说於傅险中。是时说为胥靡，筑於傅险。见於武丁，武丁曰是也。得而与之语，果圣人，举以为相，殷国大治。故遂以傅险姓之，号曰傅说。（《史记卷三·殷本纪第三》，第 75 页）

当然，傅的入仕不只是因为其高超的技艺，还是因为武丁帝的一个梦境，富有传奇意味。另外，《史记》中记载商朝宰相伊尹也是工匠出身，伊尹从小随父学厨，善于以烹饪讲述治国之道，最终"负鼎俎，调五味，而佐天子，则其遇成汤也"（《说苑杂言》）。傅说和伊尹从工匠一跃而成为一国之相，其超群的能力和品性可想而知，但他们这类入仕则不再只是凭借其技艺，更多的是他们杰出的才干，使得他们一跃而成为管理型官员。尽管匠人入仕的机会较少，但是凭借其突出的技艺或卓越的才能，他们也能进入官场，或成为专业领域的负责人，或直接进入管理型官员层。

由此可知，除了专业工官以外，还有临时任命的"兼职"工官。帝王或政府依据工程项目的不同临时派遣任命工官，而任用对象或是拥有丰富管理经验的非工匠官员，或是拥有高超技艺水平的专业类工匠。这也是后代官工匠的主要大类。

六、《史记》中工匠其他相关问题

（一）主要工匠人物

尽管《史记》不是一部专门论述工匠文化的著作，但作为史书，也留下了不少可考究的工匠人物。如，黄帝、禹、舜、女脩、公刘、西门豹、勾践、徐伯表、周勃、蒙恬、傅说、郑国等。其中大部分是带有传奇色彩或神话故事性质的人物。如黄帝、禹、舜等，既是拥有高尚人格的首领，具有卓越的治国才干，又是无所不能的工匠。而帝颛顼的孙女女脩则是一位织工，关于她的记载也是充满了传奇色彩，《史记卷五·秦本纪第五》载"女脩织，玄鸟陨卵，女脩吞之，生子大业"。

西门豹、徐伯表、郑国等则是身怀某项专业技能的工匠，如在水工郑国的带领指挥下开凿河渠，"渠就，用注填阏之水，溉泽卤之地四万余顷，收皆亩一钟。于是关中为沃野，无凶年，秦以富彊，卒并诸侯，因命曰郑国渠"。① 而水工徐伯表率数万卒开凿的河渠也是造福一方，"通，以漕，大便利。其后漕稍多，而渠下之民颇得以溉田矣"②。西门豹的十二渠也是一项惠民工程，"西门豹即发民凿十二渠，引河水灌民田，田皆溉。"③

---

① 《史记》卷二十九《河渠书第七》，中华书局 1999 年版，第 1197 页。

② 《史记》卷二十九《河渠书第七》，中华书局 1999 年版，第 1198 页。

③ 《史记》卷一百二十六《滑稽列传第六十六》，中华书局 1999 年版，第 2433 页。

《史记》中所记载有具体姓名的工匠并不多，但能留下名的多有惠及民众的事迹。总体来看，这些工匠主要分为两大类：一类为传奇式、无所不能的工匠，以黄帝、禹等为代表，他们是一种美好愿景的寄托和代表；一类是专业型工匠，以自己的技艺利民惠民，以郑国、西门豹等为代表，他们是社会上积极因子的代表。

（二）工商赋税问题的记载

诸贾人末作赏贷买卖，居邑稽诸物，及商以取利者，虽无市籍，各以其物自占，率缗钱二千而一算。诸作有租及铸，率缗钱四千一算。（《史记卷三十·平准书第八》）

西汉时期对商人、手工业者、高利贷等进行征税。这里记载，就地营利的商人和未入市籍的行商以及高利贷等，要自行估计自己货物价值，然后依据其估价进行收税，税额为每两千钱一算，一算为一百二十钱；而需要纳税的手工业者和冶铸者，税额为每四千钱一算。这一方面说明了西汉政府对工商业的抑制；另一方面也说明当时已经有纳税的独立手工业生产者，他们以出售手工业产品为生。其赋税负担相对于商贾来说略微轻松，但是对于小手工业者来说无疑是巨大的负担和限制。

（三）民间雇佣工的记载

"此地狭薄。吾闻汶山之下，沃野，下有蹲鸱，至死不饥。民工于市，易贾。"乃求远迁。致之临邛，大喜，即铁山鼓铸，运筹策，倾滇蜀之民，富至僮千人。田池射猎之乐，拟于人君。（《史记卷一百二十九·货殖列传第六十九》，第278页）

随着工商业的不断发展，出现了一批规模庞大的私人作坊和手工厂，对劳动力的需求也不断扩大，而一些失去田地的贫农就只能"民工于市"，出卖劳动力以谋生，就自然沦为这些手工场的工人。凭借工商业致富的人甚至有的富可敌国，拥"僮千人"，说明在一些需要大量劳动力的冶铸、采矿等行业，雇佣工人做工的现象较为常见。如窦太后之弟，窦广国"为其主入山作炭，暮卧岸下百余人，岸崩，尽压杀卧者，少君独得脱，不死"（《史记卷四十九·外戚世家第十九》，第1583页）。当然，从这里还可以看出这些工人的工作环境实际上非常糟糕，甚至连生命安全都无法得到保障。

（四）冶铁致富现象多

邯郸郭纵以铁冶成业，与王者埒富。（《史记卷一百二十九·货殖列传第六十九》，第2465页）

蜀卓氏之先，赵人也，用铁冶富。（《史记卷一百二十九·货殖列传第六十九》，第2478页）

程郑，山东迁虏也，亦冶铸，贾椎髻之民，富埒卓氏，俱居临邛。（《史记卷一百二十九·货殖列传第六十九》，第2478页）

宛孔氏之先，梁人也，用铁冶为业。秦伐魏，迁孔氏南阳。大鼓铸，规陂池，连车骑，游诸侯，因通商贾之利，有游闲公子之赐与名。然其赢得过当，愈于纤啬，家致富数千金，故南阳行贾尽法孔氏之雍容。（《史记卷一百二十九·货殖列传第六十九》，第2478页）

鲁人俗俭啬，而曹邴氏尤甚，以铁冶起，富至巨万。（《史记卷一百二十九·货殖列传第六十九》，第2479页）

卓氏、程郑、孔氏、曹邴氏可谓是西汉时期的四大"铁王"，他们以冶铁致富，甚至富可敌国。冶铁致富一方面说明了民间私人商贾发展之壮大，另一方面也说明了此时政策对工商业有所松弛。盐铁之事基本是被国家政府管控，实行盐铁专营，民间"敢私铸铁器煮盐者，鈇左趾，没入其器物"(《史记卷三十·平准书第八》)。但有时需要刺激经济的发展，获取更多的国家赋税收入，国家也会偶尔放松对盐铁之事的管控，如，"汉兴，海内为一，开关梁，弛山泽之禁"(《史记卷一百二十九·货殖列传第六十九》)。也正是有了这样偶尔的松弛，才会出现上文中冶铁致富，富可敌国的现象。

而当工商业的发展威胁到政权稳定时，国家又会将其收归专营。如："桑弘羊为治粟都尉，领大农，尽代仅筦天下盐铁。弘羊以诸官各自市，相与争，物故腾跃，而天下赋输或不偿其僦费，乃请置大农部丞数十人，分部主郡国，各往往县置均输盐铁官，令远方各以其物贵时商贾所转贩者为赋，而相灌输。置平准于京师，都受天下委输。"①

所以说，国家会依据需要实行对盐铁山泽之事的政策变化，偶有出现松弛政策时，就会为民间盐铁事业的发展带来短暂之春。

七、小　结

在《传播的偏向》一书中哈罗德·伊尼斯说道："文化在时间上延续在空间上延展。一切文化都要反映出自己在时间上和空间上的影响。他们的覆盖面有多大？在时间上延续了多久？"② 同样地，文史经典《史记》作为文化的构成之一，其影响一直延续至今，直到现在为止其影响的覆盖面还在不断延展。后学者对其的研究及其影响不断地激励着更多的学者前赴后继地去丰富完善它。

本章从"工匠文化"这一微观视角入手，分析了以下几个问题：一是"工"的意涵：概括而言，《史记》中的工主要有三大含义，即一种管理手工业诸

① 《史记》卷三十《平准书第八》，中华书局 1999 年版，第 1219 页。

② ［加］哈罗德·伊尼斯：《传播的偏向》，何道宽译，中国人民大学出版社 2003 年版，"序言"第 8 页。

事之官员，手工业职业的统称以及巧妙、精巧的意思。二是"工匠"来源：除民间工匠外，官府工匠一般还包括兵卒等军匠、奴婢、刑徒隶等。三是"工匠"的重要发明：主要以传奇性、全能型工匠为主，如黄帝、禹、舜等，这在上古文献中比较常见。四是其他工匠相关的问题，如工官的类型、工商业的赋税问题、民间雇工问题等，粗略地勾绘出秦汉及之前时期的工匠文化世界。为了解当时的工匠文化问题做一些基础性工作。

从中，不难理解早期"工"还未形成专门的指代意义，具有多重含义。而重要的发明也多归功于带有传奇色彩的圣人、神人，如《史记》中有"圣人作为鞉鼓椌楬埙箎，此六者，德音之音也"（《史记卷二十四·乐书第二》）。这也说明了工匠文化在早期还处于初级发展阶段。而大量的刑徒奴婢作为工官匠的补充从侧面说明了当时工匠身份地位的卑微，而失去赖以生存的土地的贫农们进入私人作坊或山矿中做工以谋求生存，事实上其人身安全也得不到保障，这些都说明了古代工匠悲惨的境遇。国家对工商末业一直实行打压政策，更是加剧了这种境况。当然，偶尔出于刺激经济、增加国家赋税收入等目的，会适当放松对工商业的管理，这也为民间工商业的发展营造了短暂的温室。

此外，《史记》中勾勒的工匠文化世界，也传达出《史记》对彼时工匠之态度。可以大胆地说，《史记》对工匠之态度虽无高度之赞扬，但也绝无贬低之意。尽管当时社会对工商业不如农业之重视，视其为末业，从事这些末技之人也多不受社会重视，但《史记》中对工商业者及其活动有着较为客观与理性的认识。

具体来看，《史记》对工匠之态度主要集中体现在《货殖列传》的相关描述之中。《货殖列传》在某种程度上可以说是司马迁为工商业者所立之合传、类传。《货殖列传》开篇就以极其果断之语否定老子"至治之极，邻国相望，鸡狗之声相闻，民各甘其食，美其服，安其俗，乐其业，至老死不相往来"的观点，认为除非堵上人民的耳目，才有可能出现这种情况。这实际上是通过批判老子之观点，映衬工商业交往活动之重要性和必要性。凡衣食住行、养生送死之物品皆仰赖"农而食之，虞而出之，工而成之，商而通之"（《史记·货殖列传》）。司马迁引用《周书》"农不出则乏其食，工不出则乏其事，商不出则三宝绝，虞不出则财匮少"之言提出"此四者，民所衣食之原也"（《史记·货殖列传》），直接表达了农、工、商、虞并重之态度。这种态度从他所描绘的工商业活动之中也可见一斑。《货殖列传》中通过对范蠡、子贡、白圭、猗顿、卓氏、程郑、孔氏、曹邴氏、任氏等工商业者之生平、事迹、工商业活动等，尤其是冶铁致富现象的大量描绘，传达了他对工商业者之态度，其中不仅未见不屑与贬低，甚至还流露出对工商业者通过勤劳致富、合理合法致富之现象的欣赏。譬如文"夫用贫求富，农不如工，工不如商，刺绣文不如倚市门，此言末业，贫者之资也"（《史记·货殖列传》），则直接指出工商末业是贫民们求富之手段。

而在《太史公自序》中，司马迁自己也道明《货殖列传》之编撰意旨，"布衣匹夫之人，不害于政，不妨百姓，取与以时而息财富，智者有采焉。作《货殖列传》"，进一步说明《史记》中对工商业者自由合法获取财富之认同与支持。另外通过《史记》列传之分布可知，它不仅仅关注当时的"大人物"还关注一般平民，甚至专门为刺客、游侠、医者、滑稽等"难登大雅之堂"人物立传，说明《史记》对"小人物"的重视，这也从侧面佐证了《史记》对于工匠这类底层小人物之态度绝不会是贬低与鄙视的。

第 四 篇

工匠文化文明学

第十三章　中国工匠培育的战略思考

一、时代呼唤中国工匠

（一）三大学科一大主题——学术与社会

就学科层面而言，美学、经济学、设计学共同面对"现代启蒙"的时代问题。尽管设计学科至今尚未真正建构起来，但设计学却因为大机器生产对人类生活与发展产生了不可估量的影响。因此，从这种意义上来看，在启蒙运动的历史范畴内，设计学、美学、经济学都共同面临的是当时社会发展所产生的一系列弊端问题，而如何解决这些问题也是它们共同努力的目标。现代启蒙以理性、自由、个体、创造、进步等为关键词，对过去的弊端一一对症下药。从设计学视角而言，设计学所面临的问题是如何通过设计学科的建设以缓解甚至是革除社会发展所带来的弊端。然而设计的综合性也决定了设计学科的跨学科性，因此，设计学科的建构问题还有赖于其他学科的融合发展。

其中，中国工匠的培育又是践行和发展设计学科的重要课题。它离不开与之息息相关的设计学科的建构问题。

（二）国家转型发展——学术与国家

就国家层面而言，当代社会正处于"从中国制造向中国创造转变，从中国速度向中国质量转变，从中国产品向中国品牌转变"的重要转型阶段，"中国工匠"成为转型升级、提质增效的主要劳动群体。适应时代需求，"培育众多'中国工匠'，打造更多享誉世界的'中国品牌'，推动中国经济发展进入质量时代"①，是刻不容缓的大事。

（1）从中国制造向中国创造转变需要中国工匠

我国经济增长的传统引擎，主要是消费、投资和出口这"三驾马车"。②由于全球经济危机的影响以及高新科技越来越成为重要的生产要素，我国出口的优势也随之日益减弱；长期以来，我国经济保持高速增长主要依靠资本和劳动力要素的投入，由于当前我国老龄化日益严重，世界廉价劳动力优势已经慢慢消退；而资本的投入也因为经济进入新常态而逐渐下降。传统动力的疲软既是我国经济进入新常态的原因也是结果。因此，必须突破发展瓶颈，以创新驱动发展，实现中国制造向中国创造的转变。

"创新正在成为改变中国经济游戏规则的力量。"③国际智库东亚论坛研究员德赖斯代尔说。创新是实现中国制造向中国创造的转变核心，是突破发展的瓶颈。目前，我国存在创新人才缺乏、研发投入不足、资源配置机制不完善、创新激励政策落实不足等问题。④因此要加快创新人才的培养，加大利于自主创新的政策扶持，完善资源配置机制等，以加快实现中国制造向中国创造的转变。

中国工匠就是适应时代需求的创新人才，因此培育更多中国工匠是实现中国制造向中国创造转变的基本前提和保证。

（2）从中国速度向中国质量转变需要中国工匠

制造业是国民经济的主体，是立国之本、兴国之路、强国之基。经过几十年的快速发展，我国制造业在规模上已经跃居世界第一，但与先进国

---

① 李克强：《2017 年政府工作报告》，人民出版社 2017 年版。

② 张世贤：《努力打造"双引擎"确保经济稳增长》，《中国经济周刊》2015 年第 12 期。

③ 《新常态——全球视野下的企业创新》，《国际人才交流》2015 年第 4 期。

④ 孙福全：《自主创新：从中国制造到中国创造》，《人民论坛》2010 年第 17 期。

家比起来还是存在差距，由于我国制造业大而不强，如何实现我国制造业由大到强是一个十分紧迫的问题，其中质量问题是关键。李克强总理第二届中国质量奖颁奖大会上提出："质量发展是强国之基、立业之本和转型之要。"可见，质量创新对社会发展的意义非同凡响。质量创新主要包括质量标准、质量考核体系、实现质量的技术手段等各方面的创新。但是，其核心依然是人，质量的标准、考核体系、技术等都是由人制定或发明的。工匠精益求精、如琢如磨、一丝不苟的工作态度和工作精神，正是实现质量创新的重要保障。

因此，要实现从中国速度向中国质量的转变，还需要中国工匠共同努力。

（3）从中国产品向中国品牌转变需要中国工匠

中国产品遍及世界各国，中国品牌却寥寥无几。"有关数据显示，发达国家拥有全球90%以上的名牌。"[①]品牌问题是促进中国产业升级急需解决的问题之一，也是实现中国创新与中国质量的题中应有之义。

实现中国产品向中国品牌的转变，要加强品牌意识，加大品牌推广更加要重视品牌的保护，以及打击山寨产品对品牌产品的冲击。但核心还在于"人"，只有"人"具有品牌意识，具有建构品牌的强烈愿望和行动，中国品牌才能真正提上日程。中国工匠作为社会转型的主体，是建构中国品牌最广大的群体。

因此，从中国产品到中国品牌的转变，还需有更多中国工匠投入建设事业中。

中国社会的"三大转变"，无论是对创新的重视，对质量的追求还是对品牌的建构，都离不开中国工匠的共同努力。随着社会转型的推进和发展，中国工匠作为主要劳动群体，将日益发挥举足轻重的作用。

---

① 梅克保：《把我国经济发展推向质量效益时代》，《人民日报》2014年12月26日。

二、中国工匠的基本内涵

（一）"工匠"的当代意涵

依据现代社会分工，"工匠"在当代实际上更符合于"设计师"的称谓。当然，"设计"或"设计师"也有广义和狭义之分。广义的"设计"或"设计师"是指人类一切非自然性或本能性的社会实践活动，包括政治的、经济的、文化的以及一切人类社会实践活动的事或人。大到"中国梦"是一种宏伟的设计；小到一个具体日用品设计等。狭义的"设计"或"设计师"则是从事设计专业或行业的事或人，主要是指工程设计、技术设计、艺术设计、服务设计、规划设计等领域中的事或人。

所以说，"工匠"在当代既是哲学家、科学发明家，也是工程师和技术创新专家，还是艺术家和美化师等，是多重身份或职能的统一。

用英文来准确表达"工匠"的内涵，则至少要包括"Designer""Artisan""Craftsman""Maker""Scientist""Manager"等关键词在内组合在一起才能实现。可见，"工匠"意涵在当代已大大拓展，并不具体指代某一行业，而是多种身份、职能的复合。

（二）工匠的基本类型

工匠，按照所属工种，可分为木匠、石匠、泥瓦匠、铁匠等。

按照其人身依附关系或性质，又可分为官府工匠和民间工匠。

按照社会基层性质，可分为管理型工匠、智慧型工匠、技艺高超型工匠以及一般性工匠等。

按照历史形态，可分为手艺工匠、机械工匠、数字工匠三大类。手艺工匠是农业经济时代的一般形态。机械工匠是工业经济时代的一般形态。数字工匠则是虚拟经济时代的一般形态。

农业经济时代，工匠主要借助双手和工具直接对对象（材料）进行加工、改造和创制。整个过程中，人与工具、材料以及最终产品是一种在场关系，属于纯粹的手工劳动。在这种劳动形态下的工匠，"手艺"对于工匠来说是维持生活之根本，工匠必须要熟练地使用工具、充分了解材料属性，更要综合把握整个劳作过程。

工业经济时代，工匠主要通过操作机器来作用于对象，进而生产出最终产品。整个过程中，人与机器是在场关系，与最终产品则是一种离线关系。在这种劳动形态下，机械工匠只需学会机器操作之方法，或者成为配合机器的"人工零件"，重复一样的劳作。而这种操作方式的学习则"投资少，见效快"，基本上一个简短的岗前培训就能"培养"一名机械工匠。当然上述机械工匠主要是属于生产制作阶段的机械工匠。还有一类属于设计开发阶段的机械工匠。而这类机械工匠则需要掌握扎实的理论知识。

虚拟经济时代，工匠则以信息技术为工具，进行一系列交易、活动等。整个过程中工具、对象都是虚拟形态。在这种劳动形态下，数字工匠必须要掌握一定的信息技术。

在现阶段，是手艺工匠、机械工匠和数字工匠并存发展时期，各有其美，美美与共！

（三）中国工匠

"中国工匠"，是一个专有名词，特指全球化背景下的专属性群体——根于中华性，集世界性、高技术、高情感为一体的劳动者。其核心在于"中华性"，所谓"中华性"主要是指根植于中华传统，成长于中国特色社会主义下的具有中国特色、可识别性的一种特质。而作为全球化背景下的劳动群体，他们同时又具有世界性，所谓"世界性"，主要是指开放、包容、交流，具有全球意识与眼光，是民族与世界的统一。而作为当代社会发展的中坚力量，他们又必须用"高技术""高情感"来武装自己。所谓"高技术"主要指较强的专业能力、业务能力、工作能力、学习能力等；所谓"高情感"主要指精益求精的工作态度、一丝不苟的敬业精神、道德感、责任心等。所以说，中国工匠作为一个专有名词，是民族与世界的统一，同时也是传统与现代的统一，更是技术与情感的合一。

从一般概念来看，中国工匠既是一个历史范畴，也是一个逻辑范畴，更是一个文化范畴。

作为历史范畴，中国工匠是历史发展的结果。在不同时期，工匠的身份地位、责任担当、社会作用等都有所不同。尽管历史上，工匠是一个身份卑微的群体，常常为历史所忽视，然而其所创造的物质社会、留下的文化遗产却是无法回避的，其对人类社会发展所作出的巨大贡献更是不得不令人称赞的。中国工匠正是这几千年中华工匠文化发展与沉淀而形成的当代形象。

作为逻辑范畴，中国工匠是科学研究的对象。中国工匠是现阶段我国社会发展的中坚力量。作为社会群体和经济群体，他们既是研究社会发展、经济发展问题的主体对象，更是研究人才问题的核心对象。

作为文化范畴，中国工匠是文化形态的载体。中国工匠是特殊时代背景下，有中国特色的劳动者，其自身就是中国特色文化的体现。另外，中国工匠所创造和生产的物质财富，包括衣、食、住、行、用等各方面的物质产品；以及精神财富，包括各种思想、观念、理论等，都是构成中华文化的一部分。所以说，中国工匠及其劳动是中华文化的载体。

从历史经验和世界经验来看，工匠的价值和意义都将是国家强大的决定性力量。其中德国与日本是最突出的代表：德国职业教育实行双轨制教育模式，培养了一批批理论与实践兼具的工匠，为德国的发展立下汗马功劳；日本用几十年的时间使得"日本造"成为高品质的代名词，其独特的匠人文化也是功不可没。日本政府、学界等重视匠人精神的社会推广，匠人在社会上享有很高的声望；日本企业也是实行终身聘用制和年功序列制等雇用制度的，使得人们能够专心致志在某一岗位上奋斗一生，"一生只做一件事情"的精神造就了许许多多注重细节、工艺纯熟的高品质产品。可见，工匠是造就国家品质，促进国家发展、强大的重要力量。

从社会发展现状来看，中国工匠是国家转型发展的主体。国家转型升级，其面临的最大挑战就是人才转型问题。如何适应国家转型发展过程中的各种转型问题，是社会劳动群体要面临的核心问题。相应地，社会劳动群体要面临并适应这种转型也必须面临自身的转型问题。中国工匠正是在适应这种国家和自身转型需求的情况下被提上日程的。中国工匠是适应国家转型发展的劳动群体，也是促进国家转型升级、提质增效的主体。

（四）大国工匠

中国工匠强调工匠的中华性和中国特色。大国工匠则侧重于强调中国工匠肩负的大责任、大担当。

从语义学来讲，"大"在中国语言中具有强大的构词能力。大，既具时空性质、也具数量性质、还具情感性质、更具主体性质。

就时空性质而言，大，常常与"广""远""深""老""久"等词同义。

就数量性质而言，大，常常与"多""强""盛""众"等词同义。

就情感性质而言，大，常常与"圣""崇""美"等词义相合。

就主体性质而言，"大"，常常与"我""人"等词义一致。

"大国工匠"之"大"，包含了"大项目、大攻关"和"担大任、干大事、成大器、立大功"等含义。但笔者认为"大国工匠"并不只这一层含义，而是指"大国工匠"突出了"工匠是立国之本、强盛之根"的治国理念和文化精神。"大国工匠"可以解释为使国家强大的工匠。可见，中国工匠与大国工匠其本质是一致的，都是国家转型升级的主体，为促进国家事业的发展而努力。

三、中国工匠培育模式思考

（一）中国工匠培育模式的三大转型

传统工匠的教授模式已经远远不能解决中国工匠的培育问题。无论是在知识体系结构还是人才培养产出量上，都无法满足现代社会发展对中国工匠的需求。但是，我们也应看到，传统工匠的培育模式（再次主要针对民间工匠而言）有其特有的优势。因此，中国工匠的培育模式应是在传统的基础上去糟粕、取精华，实现华丽转身和现代转型。

（1）传统师徒父子制到现代学徒制

传统工匠培育模式主要以"父子相传""师徒相授"为主，这种培养模式使得人才输出有限；且以经验教学为主，输出工匠的理论水平较低，一方面不利于技艺的革新，另一方面也不利于技艺的文本化、理论化。而现代学徒制一方面规避了传统师徒父子相传教育模式的缺点，另一方面也发扬了其优点，更有其自身的优势。现代学徒制主要是由院校和企业联合培养学员的一种双轨教学制。首先，在教育的过程中注重理论与实践能力的双向培养，使得输出工匠理论与实践能力兼备；其次，学员有自主选择专业方向的自由，更易激发学员对所选专业的热情；再次不同学员之间、不同老师与学员之间，多以双向交流的方式进行，更有利于培养学员的兴趣和个性。此外，现代学徒制还保有传统师徒父子相传制的天然优势，如身体力行的教学、如琢如磨精神的培养等。

（2）传统封闭保密性到现代开放性

传统工匠无法更替职业，其职业世代相传，"工之子恒为工"（《国语·齐语》），"工匠之子，莫不继事"（《荀子·儒效》）"工商皆为家传其业以求利"（《唐六典》）。职业的传承性相应地带来了培育模式的封闭、保密性。古代工匠技艺基本是传男不传女，如特殊情况下女儿习得技艺，为守住独家技艺，让女儿终身不嫁的故事也屡见不鲜。这种根深蒂固的封闭性，尽管使得部分技艺经过代代相传后炉火纯青，但因为保密性使得许多独门绝活鲜有外人知道，最终导致失传的也颇多。因此，现代开放型工匠培养模式是必然之路。这种开放性将有利于行业与行业、行业内部之间的交流学习；有利于培养学员开阔的视野和多元的兴趣。

（3）传统经验传授到现代理论结合实践教学

经验教育主要是针对传统工匠的教育问题无法开设学校等教育机构进行教授的现实状况而言，古代政府甚至明文规定民间不得设私学教授工事。而传统工匠群体基本上都是未能接受文化教育的文盲或半文盲群体，其理论知识有限，自身的技艺学习则主要靠跟着师傅或父兄"学经验"，日积月累，年复一年，经验够了，其技艺也慢慢成熟；而师傅父兄传授给学习者的也是自身多年的经验，这种双向的经验传授和经验接受，尽管使得工匠的动手实践能力极强，但也决定了学习过程的缓慢，以及理论创新和技术创新问题的延迟。古代工匠很多对所从事的劳作"只知其一，不知其二"，经验告诉他这么做，物品会更坚实；可经验没有告诉他为什么这样做，物品会更坚实。因此，提高工匠学习的理论水平，有利于工匠在劳作过程中刨根究底，从关注"怎么做"到探讨"为什么"这么做，最终促进技艺的发展和革新。而当今社会我们所培养的学生，普遍理论水平较高，动手能力却较弱，即便是有再好的理论指导也无法作用于实践活动，理论与实践的失衡是古今教育问题的共病，只是侧重点不同而已。

由此观之，中国工匠的培育问题必须重视理论与实践教育的结合。

（二）中国工匠培育问题的三个维度

中国工匠的培育问题需多方通力合作才能更好地解决。针对当今社会现状而言，我们需要"政""产""学研"的有机合作，培养出理论水平好、实践能力强、工作觉悟高、从事态度好等综合优秀的中国工匠，为社会主义建设事业源源不断地输出高质量人才。

（1）政府维度

就政府维度而言，首先，应加强"工匠"宣传教育工作，为"工匠"正名，社会上素有贬低体力劳动者的传统，政府应加强工匠精神与工匠力量、工匠榜样等方面的宣传，扭转"工匠"社会地位低、不受重视的社会观念；其次，应加强政策扶持力度，对部分高难度工种的培养给予更多的支持与鼓励；最后，出台相关政策法规，为工匠群体营造良好的生存竞争环境。

（2）产业维度

就产业维度而言，尤其是企业一定要重视职工职业技能和理论水平的双重培养。社会是"第二大学"，企业则是这个大学的最大教育资源之一。企业应充分重视职工职业素养、技能、工作态度等各方面的培养，为员工提供不断的学习机会。同时企业内部设置奖励创新机制，激励职工在完成工作的基础上，还应有转化创新的精神。

（3）学研维度

就学研维度而言，院校机构应积极寻求与企业的合作，将学生的理论水平与实践能力结合，在实践中巩固理论水平；院校还应该严格区分研究型人才的培养和应用型人才的培养方式，以培养多元化、与学员自身素养和诉求相适应的复合型人才等。

四、中国工匠培育的战略思考

（一）国家层面的战略思考

1. 中国工匠与质量时代

（1）质量时代与社会转型发展

社会转型发展的诉求之一即是从"中国速度"转向"中国质量"，质量时代的到来，对当代社会提出了众多挑战。具体体现在对中国质量的更高标准、对中国品牌的迫切呼唤、对中国品质的更高要求等，而实现这些更高要求、更严标准，其关键还在于中国工匠。

（2）质量时代需要中国工匠

如何促进质量时代的到来，其核心还是人才问题。质量时代，对社会发展尤其是产业发展提出了更高的要求与挑战，而迎接和面对这一挑战的最广大群体之一就是中国工匠。作为促进社会走进质量时代的中坚力量，中国工匠应从各方面提升自己，为社会主义建设事业作出自己的贡献。

（3）中国工匠与质量意识

质量意识是对质量的一种认识与理解程度。针对工匠而言，即要有把产品做好的意识。产品的质量就是企业的生命，是关乎企业生死存亡的关键。因此，应高度重视产品质量，提升质量意识。

中国工匠作为社会主义建设事业的中坚力量，其质量意识在一定程度上反映了中国的质量意识和质量水平。因此，提高中国工匠的质量意识，生产高质量的产品是促进中国进入质量时代的关键。

（4）中国工匠与中国品牌

品牌是企业的核心竞争力，凝练了企业文化、企业价值观、企业个性、企业服务、企业属性等各方面。品牌的国际竞争是经济竞争的指标之一。中国品牌数量少、国际市场占有率低，在市场竞争中始终处于产业链的尾端。因此，进入中国质量时代，建构中国品牌是重点。中国工匠则是构建中国品牌的新生力量，从个人品牌到企业品牌，再到国家品牌，是中国工匠构建品牌的必由之路，也是中国工匠参与社会主义建设事业的主要任务之一。

（5）中国工匠与中国品质

品质包括品位和质量。质量是硬性标准，品位是软性修饰。质量时代不仅仅是对质量的追求，更是对品位的追求。如果说质量更多包含的是材料、技术的高标准严要求，那么品位在此基础上则更多的是对精神文化审美性的追求，它更多的是一份优雅与自信。而中国工匠对品牌的建构、质量的严苟，最终将会走向对品质的追求。中国品质体现的不仅仅是中国工匠高质量的工作成果，更多体现了中国工匠的精气神。

（6）中国工匠与中国精神

"中国精神"是以爱国主义为核心的民族精神，以改革创新为核心的时代精神。这种精神是凝心聚力的兴国之魂、强国之魄。爱国主义始终把中华民族坚强团结在一起的精神力量，改革创新始终是鞭策我们在改革开放中与时俱进的精神力量。[①] 而中国工匠则是弘扬中国精神的主体。中国工匠兢兢业业的劳作，一方面为促进社会发展，提高人们生活水平提供物质基础；另一方面也表现了，中国工匠为促进社会主义事业进步的共同努力。而中国精神则是中国工匠兢兢业业劳作的精神动力，促进中国工匠有质量的劳作；反过来，也正是中国工匠对中国精神的践行才使得中国精神成为一股强大的社会力量。

2. 中国工匠与创新社会

（1）创新：工匠的本质特征

工匠的本质即为创新。一般地，将工匠理解为手工艺人，认为他们日复一日年复一年地重复自己的劳作。这种对工匠的狭隘理解，遮蔽了其创新精神。

事实上，工匠作为第二自然，即人类物质世界的创造者，他们凭借双手、工具以及材料，创造了一个人工社会。其从事的活动都与创新有关，只是这种创新多表现为一种循序渐进的过程。比如，榫卯结构的发明与应用，实际上就是一个不断创新的过程。在距今六七千年前的河姆渡遗址中就发现了大量榫卯结构的木构件。此后，榫卯结构根据不同的应用环境而演变出各式各样的形式。在建筑中的应用最具代表性的有斗拱式、抬梁式、井干式。其结合方式也是多种多样，有面与面的结合，如槽口榫、穿带榫、企口榫等；点与点的结合，如锲钉榫、双夹榫、格肩榫等；以上主

---

① 习近平：《在第十二届全国人民代表大会第一次会议上的讲话》，人民出版社 2013 年版，第 4 页。

要是两个构件的连接，此外还有三个构件的相互连接，如抱肩榫、粽角榫、托角榫等。而在家具中的应用，其榫卯形式与结合形式更是千变万化，单就明式家具应用的榫卯结构就有近百种，有暗榫、套榫、挂榫、勾挂榫、长短榫、栽榫、插肩榫等。这些千变万化的榫卯结合形式造就了中国木结构建筑的历史和明式家具的传奇，谁说这不是古代工匠的创新智慧所成就的呢？

历史证明，工匠劳作是创造性的活动，工匠精神内含创新精神，工匠的本质即为创新。

（2）创新社会的基本特征

充满创新的社会，一定是一个有活力、有动力不断前行的社会。当代社会转型的目标之一即为创新社会。创新社会的核心是技术创新驱动经济发展。主要表现为全民创新意识增强、创新氛围浓厚；创新投入增高；科技进步贡献率达 70% 以上；自主创新能力增强；创新产出高等方面。[1] 而中国工匠作为构建创新型社会的主力军，承担着促进创新事业的重大责任和任务，具体表现在思维创新、技术创新、品牌创新、质量创新等方面。

（3）中国工匠与思维创新

思维创新，顾名思义是一种新颖的、有创意的，不同于一般的、普遍的思维活动。思维创新是实现一切其他创新的先导。除了依赖外部动力影响，"人的认识活动之发展过程还依赖于它自身的内在动力或条件，即内在的思维运动。"[2] 因此，思维活动是促进人类认识活动发展的重要动力，思维创新则是促进创新发展的关键。而创新思维涌现的基础是来源于对实践活动的深刻认识，所谓一蹴而就的创新基本上是不存在的。

中国工匠是长期从事各行各业的劳动者，他们对本行业的工作十分熟悉，正是基于这种范围内的熟悉才会有更多深挖的基础与机会。人类的发

---

[1]　奚洁人主编：《科学发展观百科辞典》，上海辞书出版社 2007 年版。

[2]　刘卫平：《论思维创新研究的认识论意义》，《湖南师范大学社会科学学报》2011 年第 2 期。

明创造没有哪一项不是建立在循序渐进的摸索之中（即便是偶然灵感是也基于对该领域的熟悉），这种摸索就包含着一种思维的创新，若少了这种创新，事物将会停滞不前，被时代所淘汰。如今天的自行车行业，如果其销售模式和运营模式等方面不创新，那么它将逐渐萎缩。今天的共享单车模式就是一种较好的创新方式，即契合了人们的多元化出行需求，又能为自身带来盈利，这就是思维创新的作用。由传统的卖自行车到现在租自行车，由"一（人）对一（一辆自行车，固定取车停车点）"到"一（人）对多（多辆自行车，多个取车停车点）"，进而使得共享单车之风席卷全国。这种模式的成功之处就在于他们运营思维的创新。

所以说，中国工匠不仅是思维创新的主体，其劳动过程实际上也是一个渐进的思维创新过程。

（4）中国工匠与技术创新

技术是制约经济发展的关键要素，先进的技术促进经济的发展，为人类生活带来了便利，提升了国家综合实力；而落后的技术则反之。因此，技术创新在社会发展中则显得尤为关键。农耕时代的技术创新主要依赖生活经验的积累，其主体是工匠；工业社会的技术创新则主要是自然科学知识理论与实验的研究，其主体是科学家。但是，我们应看到传统社会的工匠是集设计、生产、制作于一体，他们在长期劳动过程中积累的经验缓慢促进技术的发展，这种技术进步是伴随着产品制作、摸索的过程产生的。而工业社会分工日益明确，先进的技术有待于经过设计、制作、试验等各个环节，各种不同职业的人通力合作才能最终实现其应用价值。而这一过程包括科学家在内的各类职业者都属于"中国工匠"。

可见随着时代的变迁，工匠群体也在不断变换，尽管其所从事的行业及其工作方式都有了巨大的变化，但他们都是技术创新的主体，是将先进技术转化为最终产品的中坚力量。

（5）中国工匠与品牌创新

"品牌创新是指随着企业经营环境的变化和消费者需求的变化，品牌的内涵和变现形式也不断变化发展。"① 品牌创新既是品牌自我发展的需要，也是企业适应创新社会发展的必然要求。而中国工匠作为中国品牌的主要建构和主要消费者，对实现品牌创新有着重要的作用。

（6）中国工匠与文化创新

中华文化传承发展，几千年来从未中断，滋养着世世代代的中华儿女。中华文化得以延绵不绝的根本在于创新，文化以创新不断地适应时代需求与发展。人类文化是人类创造的全部精神活动及其相关产品、工具等，是物质性与精神性的综合体。人类作为创造文化的主体，对文化的形成、发展都起着决定性作用。

面对全球化进程的加快，文化在世界传播与交流中越来越频繁，越来越受到重视。中华文化在全球化语境下如何保持自身特色，如何避免被全球文化冲击是一个值得深思的问题。因此文化创新是唯一的出路。中华文化要稳稳地扎根于传统文化，服务于现代文化，所以要处理好中华文化与世界文化的关系。中国工匠在这一过程中起着决定性的作用，作为中华文化的创造主体，中国工匠应该立足于传统，面向现代，以传统文化的创新发展服务国家、服务社会、服务最广大人民。

（二）学科建设层面的战略思考

学科建设层面的思考主要是指中国工匠培育过程中"三大学科一大主题"的融合问题。所谓"三大学科"是指"美学""经济学""设计学"，一大主题即"现代启蒙"。康德说"启蒙是人类脱离自我招致的不成熟"②，而摆脱这种不成熟则需要以"理性"为核心的启蒙去引导；门德尔松认为"一个民族的启蒙乃是取决于知识的力量，知识的重要性……知识在所有阶层中的传

---

① 程桢：《品牌创新的动因及策略》，《管理现代化》2004 年第 6 期。
② ［美］施密特编著：《启蒙运动与现代性：18 世纪与 20 世纪的对话》，徐向东、卢华萍译，上海人民出版社 2005 年版，第 61 页。

播……"① 福柯则认为启蒙拥有对"'现实性进行自我追问'的功能"②，因此，启蒙是一个不断适应"现在"的过程。

由此看来，现代启蒙是一个历史过程。而启蒙与现代性又有着难以割舍的关系。福柯在评论康德《论启蒙》这篇小短文时，甚至认为康德这篇文章是"现代性态度"，并将启蒙变成现代性问题进行讨论。③ 可见，这里的"现代启蒙"与"启蒙运动""现代化"等具有内在的一致性。启蒙运动是基于对封建专制、宗教愚昧等的批判；而狭义的现代化则是工业化和民主化，它肇始于英国的资产阶级革命、工业革命以及法国大革命。其中，理性、科学、个体、自由、民主、进步、创造等都是它们共同的关键词。

而美学、经济学作为专门的学科，主要诞生于18世纪中后期，当时处于现代学科体系初创时期，而设计学作为独立学科尽管是20世纪以来的事情，但"design"作为学科问题早在18世纪中叶就为人所关注，设计也借助大机器生产以惊人的速度对人类社会产生广泛而深远的影响。而这个时期也正好是工业革命发展一个世纪以来，现代性问题突出呈现的时期，就这个意义而言，设计学与美学、经济学等现代性学科共同面临着"现代启蒙"这一时代主题。

目前，设计学科还在建构中，到底如何建构，则属于设计学科的战略思考，中国工匠培育，应该从这方面思考问题。设计集艺术、技术、实用、经济等于一身。设计学科与美学、经济学等有着天然的联系，从其产生时起就与相关学科有重要联系。设计学科应借助美学、经济学等相关学科来发展自己。

因此，设计学科的建设离不开多学科的交叉融合。

---

① ［美］施密特编著：《启蒙运动与现代性：18世纪与20世纪的对话》，徐向东、卢华萍译，上海人民出版社2005年版，第58页。

② 张政文：《康德与福柯：启蒙与现代性之争》，《哲学动态》2005年第12期。

③ 张政文：《康德与福柯：启蒙与现代性之争》，《哲学动态》2005年第12期。

（三）话语体系层面的战略思考

拥有自身话语权方能立足于世界之林。构建中国话语体系才能使中国更大更强。建构中国当代设计理论体系正是为构建中国话语体系而努力。而中国工匠的培育又是践行和发展中国设计理论，践行中国话语体系的题中应有之义。

中国设计理论既是一个历史范畴，也是一个逻辑范畴。作为历史范畴，它自身有一个不断发展、选择、再发展、再选择的过程，那么它就涉及如何发展、完善的问题。作为逻辑范畴，也即理论建构的范畴，那么就面临着如何进行理论建构的问题。而中国设计理论的发展与建构，其核心又在于人才问题，具体来看即中国工匠、设计师的培育问题。

因此，从话语体系层面来看，中国工匠的培育与中国话语体系的建构问题是一个互为促进的过程。中国工匠在践行中国话语体系的过程中，有利于进一步发展和完善话语体系；而中国话语体系的建构又能为中国工匠的培育提供良好的社会环境。

第十四章　传承工匠文化，培育工匠精神，
锻造"质量时代"的中坚力量 *

　　"中国工匠"是一个将历史范畴、逻辑范畴和实践范畴融为一体的价值系统结构，具有极大的文化身份意蕴，是中华工匠文化体系研究的重要组成部分。中国工匠精神的培育更是中国当代社会转型时期的重大价值维度。如何完整而深刻地把握"中国工匠培育"对于国家发展战略的意义，应该是当代具有实践价值和理论意义的重大课题。

一、人类社会结构分化的重要动力

　　"工匠"亦称为"匠人""匠""工""人匠""百工"等，是一个意指非常广泛的概念。"工匠"有广义、狭义之分。广义的"工匠"是指人类揖别动物、引导人类世界走向文明的创造者——第二自然人工世界的创造者，是"自然人走向了真正的人"的开端，是"劳动创造人"的真正实施者，是人类社会产生的标志。一言以蔽之，无工匠即无人类。同样，在"劳动创造人""劳动创造美"的命题中，究竟是谁的劳动创造了美呢？只能是"工匠的劳动才能创造美"。"工匠"既部分地创造了物质文明，也创造了精神文明，还创造了人类世界建构的制度文明。人类社会结构的一切职能与分化都来源

＊　本章原载《中国社会科学报》2018 年 11 月 6 日。

于工匠。

就历史发展而言，大量考古发现显示，人类从采集时代进入原始农耕时代的推动者和实践者就是工匠。狭义的"工匠"，是指农业发展到一定阶段而产生出来的一种新的职业分工——从农业分离出来的手工业专门人员。因此，"工匠"最为基本的含义就是传统社会"士农工商""四民"结构系统之"工"的群体，亦即与"士""农""商"相对的，它主要从事器物发明、设计、创造、制造、劳动、传播、销售等领域的行业共同体。由于"工匠"（"工，巧饰也"）具有技术原则（巧）、审美原则或艺术原则（饰）相统一之核心内涵和本质特征，因而，在工匠创造的人工世界（第二自然）中，"工匠"既要"创物"（包括发明、创造、设计等）以弥补自然的缺失，还要"制器"（制造、生产）以满足人类日常生活及其相关需求，更要"饰物"以满足人类日益丰富的精神需求或提升社会生活品质。由此而言，依据现代社会分工，"工匠"既是科学发明家，也是工程师和技术创新专家，还是艺术家和美化师等，是多重身份或职能的统一。

工匠既是一个逻辑范畴，也是一个历史范畴，还是一个文化范畴，具有真善美的性质。作为逻辑范畴，工匠理应成为一切人类知识学系统研究的核心。人类生存环境研究的自然科学系统、人类社会结构与发展的社会科学系统、人类精神世界建构与培育的人文科学系统，都应该体现出"工匠"的主体性，亦即"以人为本"的价值。作为历史范畴，工匠具有三种基本历史形态：手艺工匠、机械工匠和数字工匠。不同历史形态的工匠，创造了各自时代的美，持续丰富和满足着人类不断增长的各类审美需求，推进人类审美活动的纵深发展。手艺工匠在自然经济时代创造了男耕女织的手艺美学图景和天人合一的生活方式。机械工匠在工业经济时代创造了人类机械化大生产的机械美学图景与全新的人造生活方式。数字工匠在虚拟经济时代创造了人类高情感化智能的数字美学图景和人类新生态生活方式。作为文化范畴，工匠既具有"人化""人工化""世界性"等共同文化性质，也有个体性的"地域""民族""本土""身份认同"等多重文化性质。工匠世界中，工匠文化具有极其重要的价值取向和建构逻辑。大国工匠，则是工匠各个历史形态、逻辑结构和文化系统的典型化表现，突出了"工匠"对于国家强盛和人类社会福祉的决定性价值和意蕴。

二、集中华性世界性高技术于一体

"中国工匠"，是一个专有名词，特指全球化背景下的专属性群体——植根于中华性，集世界性、高技术、高情感为一体的劳动者。

其核心在于"中华性"。所谓"中华性"主要是指根植于中华优秀传统，成长于中国特色社会主义社会下，具有中国特色的可识别性特质。而作为全球化背景下的劳动群体，他们同时又具有世界性。所谓"世界性"，主要是指开放、包容、交流，具有全球意识与眼光。而作为当代社会发展的中坚力量，他们又必须拥有"高技术""高情感"来武装自己。所谓"高技术"，主要指较强的专业能力、业务能力、工作能力、学习能力等；所谓"高情感"，主要指精益求精的工作态度、一丝不苟的敬业精神、道德感、责任心等。因此，"中国工匠"作为一个专有名词，其内在地具有民族性与世界性、传统性与现代性、技术性与情感性、个体性与人类性。

在我国社会发展的不同历史时期，中国工匠所创造的物质社会、留下的文化遗产，对人类社会发展所作出的巨大贡献令人称赞。中国工匠正是几千年中华工匠文化发展与沉淀而形成的当代形象。

中国工匠更是现阶段我国社会发展的中坚力量。作为社会群体和经济群体，他们既是研究社会发展、经济发展问题的主体对象，更是研究人才问题的核心对象。

中国工匠还是中国文化形态的载体。中国工匠是特殊时代背景下有中国特性的劳动者，其自身就是中国特色文化的体现。中国工匠所创造和生产的衣、食、住、行、用等各方面的物质财富，以及各种思想、观念、理论等精神财富，都是中华文化重要的组成部分。

三、打造"国家品质"需要中国工匠

从历史经验和世界经验来看，工匠是造就国家品质、促进国家发展强大的重要力量。在这方面，德国与日本是最突出的代表。国家转型升级，其面临的最大挑战就是人才转型问题。当前，中国经济发展正在从"中国速度"向"中国质量"转型。质量时代也是品质时代，这是由粗放型社会向个性化品质型社会迈进的关键时期。质量时代的到来，对中国质量提出更高标准、对中国品质提出更高要求，而实现这些高要求、高标准，其关键还在于中国工匠。质量时代需要中国工匠。如何推动质量时代的到来，核心还是人才问题。质量时代，对社会发展尤其是产业发展提出了更高的要求、更多的挑战。作为推动社会走进质量时代的中坚力量，中国工匠应从各方面提升自我，为社会主义建设事业作出贡献。

质量意识是对质量的一种认识与理解程度。针对工匠而言，即把产品做好的意识。产品的质量就是企业的生命，是关乎企业生死存亡的关键。因此，企业应高度重视产品质量，增强质量意识。中国工匠作为社会主义建设事业的中坚力量，其质量意识在一定程度上反映和决定了中国的质量意识和质量水平。因此，提高中国工匠的质量意识，是生产高质量产品、推动中国进入质量时代的关键。

品牌是企业的核心竞争力，凝结着企业文化、企业价值观、企业个性、企业服务、企业属性等各方面的内涵。品牌的国际竞争力是一个国家的经济竞争力指标之一。中国品牌数量相对少、国际市场占有率低，在市场竞争中始终处于产业链的尾端。因此，进入中国质量时代，构建中国品牌是重点。中国工匠则是构建中国品牌的中坚力量，从个人品牌到企业品牌，再到国家品牌，是中国工匠构建品牌的必由之路，也是中国工匠参与社会主义建设事业的主要任务之一。

　　品质包括品位和质量。质量是硬性标准，品位是软性修饰。质量时代不仅仅是对高质量的追求，更是对高品位的追求。如果说质量更多包含的是对材料、技术的高标准严要求，那么品质则更多的是对精神文化审美的追求。中国品质不仅体现了中国工匠的高质量工作成果，还体现了中国工匠的精气神。

　　"中国精神"是一种以爱国主义的民族精神、以爱岗敬业的劳动精神、以精益求精的工匠精神、以改革创新的时代精神相统一的精神气质。这种精神是凝心聚力的兴国之魂、强国之魄。而中国工匠则是弘扬中国精神的重要力量，中国精神反过来又是中国工匠兢兢业业劳作的精神动力。正是中国工匠对中国精神的践行，才使得中国精神成为一股强大的社会力量。

四、建设创新型社会需要中国工匠

　　历史证明，工匠劳作是创造性的活动，工匠精神内含创新精神，工匠的本质即为创新。工匠通常被理解为手工艺人，人们误认为他们日复一日年复一年地重复自己的劳作，没有创新性。这种对工匠的狭隘理解，遮蔽了其创新精神。事实上，工匠作为第二自然人工世界的创造者，即人类物质世界的创造者，凭借双手、工具以及材料，创造了一个人工世界——人类社会。本质而言，工匠既是人类物质文明的创造者，也是精神文明、制度文明乃至人类一切生活方式的创造者和实践者。其从事的活动都与创新有关，只是这种创新多表现为一种循序渐进的过程。比如榫卯结构的发明与应用，实际上就是一个不断创新的过程。

　　当代社会转型的目标之一即为创新社会。一个创新社会，一定是一个充满活力的社会。创新社会的核心是设计驱动技术创新，技术创新推动社会经济发展。相关研究表明，创新社会主要表现为全民创新意识增强、创新氛围浓厚、创新投入增高、科技进步对社会发展的贡献率达 70% 以上、自主创新能力持续增强、创新产出率较高等方面。而中国工匠作为构建创新型社会的主力军，承担着促进创新事业发展的使命，这一使命主要体现在推动理论创新、思维创新、技术创新、价值创新、品牌创新、质量创新等方面。

思维创新是实现其他创新的先导。人的认识能力的发展，除依赖外部动力因素外，还依赖于其自身的内在动力机制，亦即内在思维运动力。因此，思维活动是促进人类认识能力发展的重要动力，思维创新则是促进创新发展的关键。而创新思维涌现的基础，来源于对实践活动的深刻认识，一蹴而就的创新基本上是不存在的。

中国工匠是长期从事于生产一线的劳动者，对本行业的工作十分熟悉。正是基于此，才会有更加深厚的创新基础和更多的创新机会。人类的发明创造没有哪一项不是建立在循序渐进的摸索之中，即便是偶尔的灵感也是基于对该领域的熟悉，这种摸索就包含着一种思维的创新，若少了这种创新，事物将会停滞不前，就会被时代所淘汰。因此，中国工匠不仅是思维创新的主体，其劳动过程实际上还是一个渐进的思维创新过程。

技术是制约经济发展的关键要素。先进的技术能促进经济发展，为人类生活带来便利，提升国家综合实力；而落后的技术则反之。因此，技术创新在社会发展中就显得尤为关键。农耕时代的技术创新，主要依赖生活经验的积累，其主体是工匠；工业社会的技术创新，则主要基于自然科学知识的理论与实验研究，其主体是科学家。但是，我们应看到传统社会的工匠集设计、生产、制作于一体，他们在长期劳动过程中积累的经验促进了技术的发展，这种技术进步是伴随着产品制作逐渐产生的。而工业社会的分工日益明确，先进的技术有待于经过设计、制作、试验等各个环节，各种不同职业的人通力合作才能最终实现其应用价值。在这一过程中，科学家、工程师、管理者等各类从业者，实际上都属于"工匠"，是他们将先进技术转化为最终产品。

中华文化传承发展，几千年来从未中断，滋养着世世代代的中华儿女。

中华文化得以延绵不绝的根本不仅在于传承，更在于创新，以此不断适应时代需求与发展。人类文化是人类创造的全部精神活动及其相关产品、工具等物质性与精神性的综合体。中国工匠作为创造中国文化的主体，对中国文化的形成、发展都起着决定性作用。

在不断推进的全球化进程中，文化在世界传播与交流中的作用越来越受到重视。在全球化语境下，中华文化如何保持自身特色，如何避免被全球文化冲击，是一个值得深思的问题。中华文化要稳稳地扎根于传统文化中，服务现代文化，处理好中华文化与世界文化的关系。在这一过程中，中国工匠起着至关重要的作用。中国工匠是立国之本、强国之根。作为中华文化的创造主体，中国工匠应该立足于本土，面向世界，面向未来，推进中华文化的传承和创新发展、服务国家、服务社会、服务人类。

第十五章　工匠文化与中国设计
产业发展战略研究 *

　　随着世界各国产业结构的不断升级转型，设计产业作为一种新兴产业在全球范围内迅速发展。近年来，我国设计产业也得到了快速的发展，使得产业规模不断扩大，从业人数不断增加，国际竞争力水平得到一定提升，呈现蓬勃发展态势。然而，过于强调发展速度与规模，忽视发展质量，这种粗放型的发展模式导致我国设计产业在质量和内容上逐渐难以满足大众日益增长的物质文化需求，因此设计产业出现了空心化、泡沫化、同质化等趋势。这些问题已成为制约我国设计产业进一步发展的一大瓶颈，如何突破这一瓶颈，进一步大力提升我国设计产业的发展水平和竞争力，已成为当前我国设计产业发展过程中亟待解决的难题。李克强总理在2017年《政府工作报告》中指出："全面提升质量水平。广泛开展质量提升行动，加强全面质量管理，健全优胜劣汰质量竞争机制。质量之魂，存于匠心。要大力弘扬工匠精神，厚植工匠文化，恪尽职业操守，崇尚精益求精，培育众多'中国工匠'，打造更多享誉世界的'中国品牌'，推动中国经济发展进入质量时代。"这为我国设计产业发展，促进产业升级转型，推动经济发展提供了新的思路。

---

*　本章由邹其昌、华沙合作完成。

一、工匠精神与工匠文化

李克强总理在 2017 年《政府工作报告》中指出要"大力弘扬工匠精神，厚植工匠文化"。关于工匠精神，各界人士已有较多的阐述和研究，大众普遍认为工匠精神是工匠对自己产品精雕细琢、精益求精、追求完美的精神理念。其实质是人们在工作中一丝不苟的工作态度和追求完美、精益求精的精神。但这些解释较为空泛，没有抓住工匠精神与工匠文化的实质。邹其昌则从学术层面对工匠精神和工匠文化展开了深入的剖析，把握住了其实质意义。他认为，"'工匠精神'可以从'现实层'和'超越层'两方面来理解。所谓'现实层'主要是指'工匠精神'实存性的本位状态和事实（本来的意义）。所谓'工匠精神'的'超越层'是指'工匠精神'已从其本位性的实体工匠创造活动延展为一种具有普遍性的方法论意义的层面。'工匠精神'的两个层面是相互生成的，也是人的一种本真的存在方式，即物质性生命体和精神性的生命意蕴的统一方式。'工匠文化'包括了劳动系统和生活系统，其并不只是体现于工匠们物质层面的劳动，也不只是体现于对个体生活的认识及塑造，它还会进入并且必定会进入社会层面，这样才能真正实现其特殊功能与价值。'工匠文化'之所以能够生根发芽，之所以能够超越劳动制作、超越生活而进入社会层面，超越'工匠文化'本身而进入人类生活世界的广阔领域，其中有一个重要的基础与前提就是'工匠精神'。'工匠精神'是'工匠文化'的特征，也是'工匠文化'的核心价值所在。"这一论述理清了工匠精神与工匠文化的关系，也阐明了工匠文化的核心所在。

二、中国设计产业的发展现状

与欧美发达国家相比，我国设计产业的发展起步晚，改革开放以来，我国设计产业规模不断扩大，产业链条日趋完善，从业人数不断提高，产业竞争力得到不断提升，在产业形态、产业门类、产业布局上都取得了长足的进步。虽然近年来中国设计产业的发展取得很大的进步，但过于强调发展速度与规模，导致当前设计产业在发展中仍存在着一些不容忽视的问题。这些问题主要可以概括为以下几个方面：一是创新能力不足。创新能力是设计产业的核心竞争力之一。当前在国内缺乏对知识产权有力保护的大环境下，低水平的抄袭、模仿等行为严重影响了设计企业展开自主创新的积极性，这些不规范的市场行为是培养设计产业创新能力的重要隐患，导致设计产业发展的同质化。二是缺乏职业责任，当前业界的部分设计企业和设计师都存在着急功近利的心态，缺乏责任意识和长期的发展规划，对设计伦理认识不够。粗制滥造、抄袭模仿、低价竞争等行为，不仅扰乱了正常的市场秩序，影响整个设计产业生态的健康发展，也不利于自身设计创新能力的提高。三是缺乏品牌建设意识，当前业界的设计企业主要是以乙方身份为甲方的各企业机构进行设计服务，缺乏对自身的品牌建设意识和品牌竞争力。另一方面，由于中国设计产业发展起步晚，难以在短期时间内形成品牌价值和品牌文化的沉淀，也从客观上导致了品牌成为设计产业发展中的软肋。综上所述，这些问题已经逐渐成为当前中国设计产业发展道路上需要打破的瓶颈，只有合理地化解这些发展中存在着的问题，才能促进中国设计产业的进一步发展，推动新常态下中国经济发展的升级转型。

三、工匠文化对设计产业的健康发展至关重要

"工匠精神"是"工匠文化"的特征，也是"工匠文化"的核心价值所在。从"超越层"的角度来看，工匠精神不只局限于传统的手工业中，也适用于其他行业。因此，设计产业的健康发展同样需要发扬工匠精神，厚植工匠文化。当今，德国、日本等国家有着发达的设计产业，这些国家设计产业

发展取得成功离不开工匠精神的传承与发扬，而工匠精神的传承与发扬依靠的是工匠文化体系的构建。德国和日本结合自身国情，构建了具有本国特色的工匠文化体系。以德国为例，德国作为新教国家，新教伦理对德国人的价值观和生活方式产生了极大的影响。"天职"观念是新教伦理的核心观念之一，新教教徒认为，世俗世界的工作本身就是上帝安排的任务。因此，任何正当工作都是有价值的，无论任何工作，只要恪尽职守把世俗的工作做好，就是一种修行，即完成上帝交给的任务。这样，工作被当做一种绝对的自我目的来进行，而不需要有人强迫或督促，日常工作被赋予了宗教的价值和意义。这种天职观念塑造了德国人尽职尽责的职业伦理。此外，新教伦理注重节俭，以奢侈为耻，物尽其用的观念决定了德国大众对质量好，精致、经久耐用产品的偏爱。依托于新教伦理，德国塑造了严谨、恪尽职守、注重质量、追求完美的工匠文化体系。作为东方国家的日本，与德国不同，它并没有信奉新教的宗教环境，日本工匠文化体系的构建依托的是本国对"职人文化"的传承与创新。职人，是日语中对于拥有精湛技艺的手工艺者的称呼，过去主要是指传统手工业者，而现在这一称呼已经泛化，不只是局限在手工艺群体，各行各业在其领域里掌握高超技艺的人都可以成为职人。日本的"职人文化"形成于江户时代，这一时期日本阶层逐渐固化，拥有精湛技艺的手工艺者作为一个阶层也逐渐发展稳固下来，阶层的固化使每个阶层的人安于现状，手工艺从业者逐渐形成了专注于一道、一艺，从一而终、恪尽职守、坚忍不拔的敬业传统。明治维新之后，部分手工艺者为适应形势的变化，将传统的手工作坊进行现代化的企业改革，职人体制才得以保留，苛求完美、追求精益求精的职人精神也在这一转型过程中渗透到了日本社会文化中，成为日本未来各个行业发展壮大的基础。此外，日本"职人文化"在技能的传承中强调"守破离"之道，"守破离"源自于日本剑道学习方法，后扩展到其他领域。"守"即是在最初的学习阶段须遵从老师教诲，认真练习基础，达到熟练的境界；"破"即是在基础熟练后，试着突破原有规范让自己得到更高层次的提升；"离"即是在更高层次得到新的认识并总结，自创新招数另辟出新境界。"守破离"之道孕育了日本精益求精，不断突破自我，追求精致完美的工匠精神。无论是德国还是日本，都通过构建具有其自身的特色工匠文化体系，工匠精神已经渗透到社会生活的各个领域。在设计产业领域，德国设计对产品质量和细节的把控、日本精益求精的产品设计在其背后都有着深厚工匠文化的依托。与日本、德国等国相比，我国设计产业在发展过程中存在的创意低端、品牌缺失、粗制滥造、急功近利、忽视发展质量等症结。精耕细作、注重质量的发展模式长期得不到市场足够的尊重和回报，这些都是全社会缺乏工匠文化的表现。工匠文化的缺失，已成为当前乃至未来中国发展设计产业，提升设计产业竞争力，推动经济发展的最大障碍所在。回顾中国历史，从战国时庄子所提的"技进乎道"到近代魏源提出的"技可进乎道，艺可通乎神"中，可以看出中国并不是没有强调工匠文化的源流。然而，随着近代以来机器生产和技术的进步，在发展中片面追求速度，导致了当代工匠精神的丧失。因此，当前倡导工匠精神，更重要的是要结合我国具体国情和文化传统，复兴工匠文化，构建当代中国特色的工匠文化体系，实施基于工匠文化的中国设计产业发展战略。只有这样才能保证我国设计产业的发展质量，促进设计产业的健康发展。

四、基于工匠文化的中国设计产业发展战略

一是构建当代中国特性的工匠文化体系。实施基于工匠文化的中国设计产业发展战略，首先要解决的是中国特性工匠文化体系的建构问题。从历史范畴的角度来看，中国工匠文化体系是人类历史发展的产物。中国自古就是一个具有创新传统和工匠精神的国度，有着悠久的工匠文化。以手工艺人为主体的工匠群体以精湛的技艺作出许多重要的发明和创新，为社会创造价值，铸就了我国的灿烂工匠文化。《考工记》《营造法式》《天工开物》《考工典》等历史文献都是一定历史时期内工匠文化的结晶，可以成为工匠文化体

系建构的典型范式。这些范式都是我国传统工匠文化中的宝贵财富，但这些范式是农耕时代工匠文化的结晶，不能生搬硬套到工业时代、网络时代的社会生活中。因此，应在我国传统文化中挖掘和提炼具有当代中国特性的工匠文化，结合当前的社会生活背景，继承创新，形成共同的工匠文化价值认同。在此基础上，通过国家层面自上而下的长期推动和激励，形成整个国家和民族认同的工匠文化体系。

二是国家政府出台保护工匠文化的设计产业政策。设计产业的健康发展离不开政策的支持，理论先行，政策先导，产业繁荣。应形成与倡导工匠文化相适应的设计产业政策。当前设计产业发展中普遍存在着模仿、抄袭、造假、粗制滥造等现象都与工匠文化背道而驰，长此以往不利于工匠精神的发扬，工匠文化的积淀。工匠文化的传承与发扬需要政府公正的评价机制和法律监管的呵护。如果政府立法不周，执法不严，就是变相的纵容这些市场乱象。因此，政府必须完善知识产权保护法律法规，整合政府、社会、企业等各界力量维护公平的市场竞争，打击粗制滥造、侵犯知识产权等违法行为。另外，建立完善的产业评价机制，筛选出有发展潜力的设计企业，在财政、税收、土地等方面予以奖励扶植，打造一批明星设计企业和设计品牌，从政策、制度角度为设计产业的发展保驾护航。

三是打造支撑工匠文化的设计生产模式。设计生产是设计产业链中的基础环节，设计生产过程中对质量的把控直接关系着设计产业发展的质量。质量之魂，存于匠心，注重质量是工匠文化的内在要求。当前我国设计产业发展中存在的一些问题，很大程度上是在设计生产过程中缺乏对质量的把控所造成的。只有打造支撑工匠文化的设计生产模式，加强设计生产过程中的质量管理，将细节做到极致，才能赢得消费者的偏爱。只有长期潜心专注于某一领域，精益求精，才能有可靠的质量保证，赢得消费者的信赖。

四是培育崇尚工匠文化的设计消费市场。设计消费是设计产业创造经济价值的重要环节。长期以来，我国大众在消费时一直存在着功能至上的消费态度，不注重产品的美观和品质。一方面，"凑合，能用就行，便宜就是性价比高"的中庸态度不利于工匠文化的培育，国人"凑合"的中庸态度，使生产者丧失了不断改进、追求卓越的动力；另一方面，如果事事都"凑合"，那么精益求精、追求卓越的工匠精神也就无从谈起了。因此，应培育我国消费者崇尚工匠文化的消费市场，鼓励消费者消费过程中的追求完美的挑剔行为，认同工匠文化的内在价值，这种崇尚工匠文化的挑剔和自发的批评行为，实质上也是倒逼生产者改进产品、服务质量的重要外在动力。

五是实施传承工匠文化的设计人才战略。设计产业作为知识密集型产业，人才是设计产业发展的核心。一个国家、一个民族工匠文化的传承并非一日之功，只有实施传承工匠文化的设计人才战略，才能一代代对工匠文化进行传承与创新。当前我国教育文化中存在着唯学历论，重学历轻能力，重理论轻实践，学生实践能力较弱，这不利于工匠精神的传承与发扬。应将工匠文化融入我国的教育体系中，尽早抓起，加强学生的动手实践能力，培养学生一心一意、精益求精、追求卓越的精神，塑造传承工匠文化，发扬工匠精神的民族基因。同时，建立健全专业技术人才培育和激励制度。改革开放以来，我国忽视职业人才的培育，熟练技术人员缺乏传承技能的渠道，导致了熟练专业技术人才的断层。应加快建立现代职业教育机制，探索校企合作，产教融合的人才培育模式。进一步完善职业资格认证，强化激励机制，鼓励从业人员敬业、守业的精神。从而实施传承工匠文化的设计人才战略，为我国培育具有工匠精神的设计人才，让工匠文化的传承推动设计产业的进一步健康发展。

五、小　结

正所谓，"不积跬步，无以至千里；不积小流，无以成江海"。当前中国无论是设计产业还是其他行业的发展都需要厚植工匠文化，脚踏实地地稳步发展。只有构建中国特性的工匠文化体系，实施基于工匠文化的中国设计产业发展战略，才能突破当前中国设计产业的发展瓶颈，走出中国设计产业的健康发展之路。

第十六章　工匠文化与人类文明 *

一、为什么聚焦"工匠文化"

（一）三大层面的促使

聚焦于"工匠文化"，是基于三大层面的思考，即现实实践层面、理论建设层面和自身体验层面。

其中，现实实践层面主要立足于国家、社会甚至是人类文明发展这一宏大而又现实的视角。尤其是当代中国正处于转型升级的关键拐点，工匠相关问题日益受到重视，如：2016 年"工匠精神"正式写入政府工作报告；2017年，"工匠文化"正式载入政府工作报告。本研究聚焦点在"工匠文化"，而不是"工匠精神"。相较而言，工匠精神更多的是指一种精神追求，若要真正落地，则必须要营造其赖以生存，并真正发挥价值的文化氛围，也即工匠文化。

理论建设层面，在这里主要是指中国当代理论体系的建设。实际上，中国当代理论体系的建设问题是建构中国话语权的问题。基于人类命运共同体这一视角，中国立足于世界之林，就必须有属于自己的话语体系。当然中国

---

* 本章系李青青根据邹其昌 2018 年 5 月 16 日在北京大学"工匠文化与人类文明"演讲的基础上整理而成，原载《上海文化》2018 年第 10 期。

当代理论体系是一个庞大的框架，它包括政治理论体系、经济理论体系、文化理论体系等等方面，需要各个学科、各个领域共同努力。

自身体验层面，则主要是个人志趣问题。就笔者研究而言，则更多聚焦于中国当代设计理论体系建构问题的探讨，并大致沿着"中华考工学体系（2004 年）——造物美学或造物文化体系（2010 年）——中华工匠文化体系（2014 年）"这一条轨迹不断向前推进。这也是本章主要梳理并作进一步拓展的主题。

（二）探讨中国设计理论体系建构问题的题中之义

正如上文所述，笔者主要倡导并探索中国设计理论体系建构问题。而关注这个问题首先要注意以下几方面的问题。

第一，即称呼问题。中国设计理论体系之"中国"，是全球化背景下的一种称呼，它面对的是世界，代表的是国家身份和国家特征。

第二，即性质问题。中国设计理论体系的建构问题是中国当代设计学发展的顶层设计。它从宏观意义上解决设计学发展应该做什么的问题。答案毫无疑问是，必须要构建中国当代自己的理论体系，拥有一套自己的话语系统，这样才能与世界其他国家、地区的设计理论体系形成对话。这就需要进一步的内涵聚焦和方法把握、路径分析。

第三，即内涵问题。中国设计理论体系是一个很庞大的系统。依据考察，笔者认为其核心内涵主要包括三个方面：核心话语创造与传播设计理论体系；核心技术创新与研发设计理论体系；核心制造系统与服务设计理论体系。其中，核心话语创造与传播设计理论体系是每一个理论工作者应该紧紧服务的主题。而核心技术和研发是设计理论体系，尤其是技术理论体系当中非常重要的一块。而有了话语系统，有了核心技术系统之外，更重要的是将其转化成现实的东西，即制造，所以第三点紧接着是核心制造系统与服务设计理论体系，这也是当代中国稀缺的。

第四，即方法问题。具体方法即开放融合，也就是打通古今中外。"古今"涉及时间的开放和融合，"中外"涉及空间的开放和融合，"打通"涉及实践的开放和融合，且是最后的落脚点。因此，中国学者或者中国的设计研究者，在研究过程中除了空间上打通中外、时间上融合古今外，还需要注意实践上的落地问题。要言之，古今不打通，不可能现代化；中外不打通，不可能真正中国化。所以说，构建中国当代设计理论体系实际上的核心办法即开放与融合。

第五，即路径问题。构建中国当代设计理论体系之路径即为传承—借鉴—创新。传承中华优秀民族资源和世界一切优秀成果，借鉴先进的世界经验，最后进行融合创新发展。

第六，这一过程形成两大层面之结果：其一，即理论层面而言，即建构了一套话语系统。其二，就是我们最后落脚的一些具体的实践及实践品，也就是品牌。这里所谓的品牌，绝不是一个简单的商标或者商品，而是一整套的制造系统、技术系统、话语系统等各方面的一个凝结点，或结晶。在这个层面，理论体系和实践品牌具有一体性。

二、如何理解工匠文化

（一）工匠意涵与历史形态

1. 工匠意涵

从工匠之传统含义来看，工匠是传统社会四民（"士农工商"）之一，而从词源、词义来考察，"工"和"匠"最初是两个独立的词，经过历史之发展才最终合成词组，本论文之"工匠"核心在"工"而非"匠"。"匠"尽管也有"工"的部分内涵，但不能完全相等，"匠"更多的是一种职业、身份，"工"除职业、身份之外，还有更普遍的一些内涵，譬如《说文解字》曰："工，巧饰也。""巧饰"则说明"工",本身就是技术和艺术的统一体。详细考察职业发展史,可知历史上很多职业都是由"工"衍生而来的,譬如艺术家、科学家、工程师等。此外,"工"作为一种工作方法和原则,本身就具有追求高端精致这个意味。譬如古代形容某人擅长于某一领域,或在某一领域有所建树,常常谓之"工于某某"。

从社会学这个角度来看,"工"作为一个群体、职业的共同体,主要是区别行业与行业,如工、农、商;与此同时,其行业内部也有一个区分,如工匠内部有管理型工匠、智能型工匠、技术高超型工匠以及一般型工匠等。其中,以智能型和管理型工匠为代表的这一部分就上升到圣人、智人这个角度,代表人类的最高端的创造。

综上,"工匠"实际是融"创物、制器、饰物"三位一体。设若用今天的词汇与传统工匠对接,笔者认为最接近的应该是"设计师"。"设计师"在很大程度上能体现或突出工匠之核心内涵。那么,工匠如果要翻译成英文(由于不同民族,尤其是语言之间的交流,往往在交流过程当中,特别是在翻译过程当中有很多的信息被遗漏),现在普遍翻译即 artisan 或 craftsman。但真翻译成这两个词,"工匠"就很容易与艺术家和传统手工艺人等同。所以,笔者认为,"工匠"应该是"Designer + Engineer + Artisan + Craftsman + Maker + Scientist + Artist + Manager"。

当然,回归到本研究,工匠是整个工匠文化体系的核心,是指那些凭借自身特殊技能改造世界和创造人类新世界的人群或共同体,特别是大量普普通通的"物作"者。这里的"工匠",不是一般职业化的手工艺人,也不特指某一具体行当的工匠,而是泛指那些创造第二自然,即人工世界的人。换句话说,这里所指工匠是人造世界的创造者和建设者。在某种程度上,它既是一个职业共同体,也是一种生活方式,同时还是一种精神慰藉。譬如在现实生活中,有些人一辈子兢兢业业坚持某一行当,这种坚守,并不只是一种经济需求,一种职业要求,而是一种精神的慰藉,是一种依归。

2. 工匠历史形态

从整个历史形态来看，工匠到目前为止有三种形态：手艺工匠、机械工匠、数字工匠三大类。手艺工匠是农业经济时代的一般形态。机械工匠是工业经济时代的一般形态。数字工匠则是虚拟经济时代的一般形态。农业经济时代，工匠主要借助双手和工具直接对对象（材料）进行加工、改造和创制。整个过程中，人与工具、材料以及最终产品是一种在场关系，属于纯粹的手工劳动。机械工业时代，工匠主要通过操作机器来作用于对象，进而生产出最终产品。整个过程中，人与机器是在场关系（产品则不一定）。虚拟经济时代，工匠则以信息技术为工具，进行一系列交易、活动等。整个过程中，其作用对象都是虚拟形态。前二者，有一个共同的特点，就是生产或者制造的成果，都是有形的实体；而数字工匠，所生产的则是一种无形的实体。目前，工匠很显然已经突破了传统工匠等同于手艺工匠这样一个界限，"工匠"从古代一直"走"到现在。因此现阶段，是这三类工匠共存的时代，是美美与共的时代，即谁都不能完全取代谁的，而是共同创造着世界的新文明。

（二）工匠文化内涵及其两大构成系统

1. 工匠文化内涵

工匠文化是中心，即是指从文化的视角考察工匠或工匠的文化方式。"工匠文化"应该属于人类原发性的创造性文化，是人类揖别动物走向"人"的文化世界的开端。

2. 工匠文化两大基本构成系统

"工匠文化"是由"劳动系统"和"生活系统"两大基本系统构成的一个庞大系统。

所谓"劳动系统"是针对工匠的工作性质而言，此处借用了马克思的用语——劳动（而非"工作"），突出工匠的工作具有"一般劳动"的特质（这也是马克思对"工匠"历史地位提升的重大贡献），包括了各个领域和历史时期的工匠文化所具有的劳动力生产、劳动力价值、劳动力消费以及劳动的创造性等各类文化形态系统。"生活系统"则指工匠为人们日常生活中的衣食住行用等各领域创造的器物文化世界。

在劳动系统中，工匠文化首先涉及特定的技术（包括工匠个人的手工技能以及机械技术），以及在技术的运用过程中形成的方法。作为专业术语，"技术"有两种基本含义：一是指能通过学习、训练获得的手工技艺、技巧（Skill），在同样的劳动条件下，手工技艺的高低会影响产品质量的好坏；二是指科学技术（Technology），是在一定科学原理基础上发展出的一系列技术应用，如机械技术、工程技术等。无论是哪种含义的"技术"，在其实际运用过程中，为提高技术的效率，必然会形成特定的方法。方法的总结是一个不断探索的过程。经过一段时间的积累，特定的技术在应用过程中会形成最佳方法。随着技术的成熟与推广达到一定程度，与之匹配的方法也必然随之传播。

然而，如何使技术与方法达到最佳匹配（尤其是在规模化应用中），这就必然涉及制度与管理的问题。在中国，每一个朝代都有工匠制度，且各有不同。一方面，作为中国传统行政体制的一部分，工匠制度的设置不能脱离于总体行政体系的发展。如先秦时期中国行政体系的发展处于初级阶段，这就决定了其工匠制度松散凌乱且因工设职。又如明代朱元璋出于集权的需要，废除中书省，导致长期并行的工匠体系的双轨制（即服务于政府与服务于皇家的工匠分属不同的管理体系，各自独立）被彻底废除，工匠统一归于工部的管理。另一方面，工匠制度的设置往往与特定的时代需求密切相关，体现出鲜明的时代特点。如秦代，举全国之力而大兴土木，这涉及大量材料的采购、施工人员的征役、工程的设计与施工等问题，没有严格的规划与管理很难保证效率。因此，秦代的工匠制度一改先秦时期的松散与随机，出现专业的管理机构——将作少府，这使得秦朝成为中国传统工匠制度发展的重要转折期，后世工匠制度的发展根源很多都可以追溯到秦代。

其次，应该承认，无论是有意识还是无意识，技术以及方法的运用必定接受特定思想及理论的指导或影响，这也是工匠文化的一个重要方面。比如，关于技术伦理的评价问题，不同的人有不同的观点，不同观念指导下形成的技术应用，必然会产生不同的文化面貌。以先秦思想为例，如老庄的技术否定论，认为技术带来的是道德沦丧。受其影响的工匠文化必然呈现出反技术倾向，能用体力解决的，绝不借助工具。《庄子》中抱瓮浇菜的"汉阴丈人"就是典型例子。又如孔孟，在一定程度上肯定技术，但是否定技术的过分应用，否定奇技淫巧。受其影响的工匠文化必然呈现出强烈的中庸倾向，一切设计都有其特定的目的，一切功能够用就好，不能越雷池一步，否则就是僭越。再如管子，是一个彻底的功利主义者，对技术相关的一切运用都大加赞颂。受其影响的工匠文化必然是赏心悦目，仅仅够用是不够的，还要有足够的感官吸引力。因此，"劳动系统"主要包含"技术系统""制度系统""传承系统"等

在生活系统中，日常生活的正常运转得益于工匠们的辛苦劳动，从建筑到家具，从服装到器皿，无不出自工匠们之手。然而，产品的作用并不仅限于物质需求的满足，通过特定的结构与使用方式，它们会作用于人的行为，并最终影响人的行为方式。如唐宋之前，中国传统生活中均采用低矮型家具，这种家具的式样就决定了人的室内活动大多是在地面上进行，至少是以地面为主要活动空间。同样，传统服装中博衣宽袖的设计，也决定了人的行为必定受到极大约束，不能快速灵活地行动，因此，只适合于以精神创作为特长的文人雅士，以显示其风度翩翩，而不适合策马奔驰、弯弓射箭的武士。

因此，生活中的各类产品，虽然其基本的目的是满足物质生活的基本需求，然而，事实上其影响或作用远不止于此。当生活中的各种产品构成一个完整系统的时候（就成为了一个特定的环境），其作用就远远超越了对人的具体行为的改造，还会影响人对生活概念的基本认知。简单来说，就是特定的产品体系会塑造出一个特定的生活体系，而生活其间的人很难超越产品为人所描绘的关于生活的认知。人对生活的理解和认识也是被产品塑造出来

的。这也就是，人改造环境的同时，环境也会改造人，重新塑造人。

人都是社会中的人，是特定环境中的人。产品对人的塑造最终会进入社会层面，实现对整个社会体系的塑造。因此，应该强调，工匠文化并不只是体现于工匠们物质层面的劳动，也不只是体现于对个体生活的认识及塑造，它还会进入并且必定会进入社会层面，这样才能真正实现其特殊功能与价值，才能真正生成工匠文化的完整体系。综上，"生活系统"主要包含"习俗系统""思维系统""行为系统"等。

（三）工匠精神内涵及其基本要素

1. 工匠精神内涵

"工匠精神"是"工匠文化"的核心价值观，是"工匠文化"具有独特存在价值的根源所在。"工匠精神"是一种融"巧"（技术原则）、"饰"（艺术或审美原则）、"法"（行为原则）和"和"（生态原则）为一体的劳动精神、创新精神。"工匠精神"作为一种信仰、一种生存方式、一种生活态度，已经超越"工匠"和"工匠文化"，成为人类社会健康发展的巨大精神驱动力，追求精致，对人类的过去、现在和未来发生着历史性的伟大作用。

具体来看，可以从"现实层"和"超越层"来理解"工匠精神"。其中，"现实层"，主要是指"工匠精神"实存性的本位状态和事实（本来的意义）。这个实存性的本位状态也就是现象学所示的"事物本身"——工匠本位。也就是说，"工匠精神"首先是一种工匠本位的精神，而不是其他的精神。而"超越层"是指"工匠精神"已从其本位性的实体工匠创造活动延展至具有普遍性的方法论意义的层面。这个超越性层面已不再落实到具体的工匠活动领域，而是一种人生价值信仰、一种生存方式、一种工作态度，也就是马克思所说的"一种人的本质力量的确认"境界。

2. 工匠精神基本要素

依据考察，工匠精神主要包括四大基本要素（原则），即"巧"（技术原则）、"饰"（艺术原则）、"法"（行为准则）、"和"（生态原则）。

"巧"，技术原则。《说文·工部》曰："巧，技也"；《说文·手部》曰："技，巧也。""巧"与"技"互释，突出了"巧"的技术性。《广韵》曰："巧，能也，善也。"《韵会》有："巧，机巧也"，则进一步说明这种技术的精巧、娴熟。而《周礼·冬官考工记》"天有时，地有气，材有美，工有巧。合此四者，然后可以为良"，它不仅仅指制造良器，更要遵循天时地利人和等各方面要素，也暗含了"巧"为"工"的必备或主要要素与表征，就如"天有时，地有气，材有美"一样。由此可见，"巧"主要是指工匠所应具备的精巧、娴熟的技术特性，也即工匠精神所蕴含的技术原则。

"饰"，艺术原则或艺术设计原则、审美原则。《说文·工部》曰："工，巧饰也"，表明"工"还具有"饰"的属性。而"饰"，《说文·巾部》解释为"饰，刷也。"清代段玉裁《说文解字注》曰："凡物去其尘垢即所以增其光采。故刷者饰之本义。而凡踵事增华皆谓之饰。则其引申之义也。"可见，"饰"有清理擦拭以增加光彩、使事物得到美化之意。另外，"刷""饰"后来合成为一种装饰设计方法——"刷饰"。如《营造法式·彩画作制度》论及彩画类型时，就有"刷饰"一目。《玉篇》中则说："饰，修饰也。"《逸雅》："饰，拭也，物秽者拭其上使明，由他物而后明，犹加文于质上也。"强调"装饰"功能，即艺术性设计活动。《大戴礼记·劝学》云："运而有光者，饰也。"《史记·滑稽列传》"共粉饰之，如嫁女床席"。这里的"饰"都有装饰、修饰之意。依据考察，饰由一种清理美化行为，逐渐转化为一种装饰、设计之方法。

"法"，行为准则，制器原则。《尔雅·释诂》"法，常也"，取规则规律之意。《释名》"法，偪也。偪而使有所限也"，限制之意。《礼·月令》"乃命太史守典奉法"。《注》"法，八法也"，即周代管理官府的八种方法。《礼·曲礼》"谨修其法而审行之"，取制度之意。《孝经·卿大夫章》"非先王之法服不敢服"，取礼法之意。《易·系辞》"崇效天，法地"，取效法之意思。"法"的意思颇丰富，既可为名词也可作动词。在工匠活动中的"法"多取规矩、法则等意。《说文解字》云："工，巧饰也，像人有规矩也。"徐锴注曰："为巧必遵守规矩、法度，然后为工。"可见，工匠活动的前提是"遵守规矩、法度"。早期的"规矩"为工匠之工具，《墨子·天志上》"我有天志，譬若轮人之有规，匠人之有矩"。《楚辞·离骚》曰"圆曰规，方曰矩"。可见"规矩"是工匠画方圆之工具。后引申为礼法、法度、准则等意，不仅指导工匠制器，还成为规约工匠之行为准则。正如《礼记·经解》所言，"礼之于正国也：犹衡之于轻重也，绳墨之于曲直也，规矩之于方圜也。故衡诚县，不可欺以轻重；绳墨诚陈，不可欺以曲直；规矩诚设，不可欺以方圆；君子审礼，不可诬以奸诈。"工匠常用工具，如"绳墨""规矩"以其象征意义，如绳墨测曲直，象征辨别是非；规矩画方圆，象征做人（做事情）要遵循一定的规则、制度等，为人所乐道。而这些象征意义的广泛使用，或用来劝谏政治，或用来规劝人民。这就让工匠活动增添了一丝伦理意涵。

就工匠及其活动而言，他们在制器的过程中，都要遵循一定的制作"秘诀"，譬如选材的注意事项、制作过程中力道的把握、制作环境的选择等。这个"秘诀"有可能是匠人们自己多年经验的摸索和总结；也有可能是来自于师傅的传授、父兄的叮嘱；也有可能是行业中流传的一些口诀、民谣甚或是一些专门书籍。木匠行业中有许多这样的口诀如"大木不离中"，就是说在大木制作中，中线的重要性，木匠师傅首先要画好这条中线，以保证大木制作与安装有"线"可依。"冲东不冲西""晒公不晒母"，则是建筑建造中约定俗成的规则。古代建筑多为木构建筑，其朝向多坐北朝南，考虑到光照原因，习惯于将榫做成朝东方向的一端，卯做成朝西方向的一端。"冲三翘四撇半椽"也是建筑营造中对屋檐角梁部位的建造角度或尺寸的规定。匠人在制作过程中所遵循的这些经验、规则等就是所谓的"法"，即制作之法。另外，工匠不仅仅要遵循制作之法，还应有一定的行为之法来约束自己。技术本是一个中性词，只是人的意志赋予了其"善"或"恶"，这种"善"或"恶"主要通过使用人是出于何种目的去使用这种技术。回到工匠活动中，工匠凭借其技艺造物，或造福于人，或为恶于社会。因此，必须要遵循一定的"法"，将这种造物活动导向善的一面。这也是为何墨子指责公输班制作各种战争器械是伤害民众，因为其目的是为挑起战事，攻打它国。所以说，匠人还需遵循一定的行为法则，使得自身事业"利于人"。这里的"法"即行为法则，一种向善之心。

"和"，即生态原则。和，《说文·口部》曰"相应也"。《广雅》曰"和，谐也""谐，和也"，"和"与"谐"互注，而"谐"《玉篇》作"合也，调也。"《广韵》"顺也，谐也，不坚不柔也"。可见，"和"有配合得当、配合协调，不偏不倚，恰到好处之意。此外，在古代讲音乐韵律之美妙合拍、协调优美也常用"和"来描绘，《老子》曰"音声相和"。《国语·周语下》有"乐从和。"《吕氏春秋·慎行论》曰"和五声"。音乐将不同的音符搭配演奏以获取一种赏心悦目的听感。以"和"论音乐，恰恰说明了"和"有将不同元素组合在一起以达到一种最佳状态之意。

事实上，工匠活动本身也是一个将不同元素组合而成的一个新的东西的过程。所以说，就工匠活动自身来说，它是一个"和"的过程，从开始的构思、选材用料，制造打磨到最后的修饰美化，环环相扣，配合得当才能制造出精美的器物。一团泥块经过"和"的过程成为了精美的陶瓷器；几段木头经过"和"的过程成为了实用美观的家具；几块布匹经过"和"的过程成为了保暖美丽的服饰。也正是工匠活动的完整性，使得工匠活动本身成为一个内在的生态圈。借助自然之资源，使用人类之技术，将其改造成人类所需之器物，既满足了人类生存生活、发展之需求，也弥补了大自然之于人的"缺失"。另一方面，我们也应看到，工匠活动自身所构成的这一内在生态圈，对自然也有一定的影响。因此，若要获得自然长久之支持，工匠活动还需与自然界之间达到"和"的状态，也即生态原则。正如《考工记》曰："天有时，地有气，材有美，工有巧，合此四者，然后可以为良。"匠人在遵循自身活动的一套生态流程时，必须关注外在的生态圈，要同时考虑天时地利人和各方面要素。

（四）小结

在整个中华工匠文化体系建构中，"工匠"是其核心概念或主题，并且"工匠"既是一个职业共同体，也是一种生存方式，还是一种精神慰藉。工匠文化是中心，即是指从文化的视角考察工匠作为工匠的文化方式，其中"工匠精神"是"工匠文化"的核心价值观，是"工匠文化"具有独特存在价值的根源所在，"工匠精神"作为一种信仰、一种生存方式、一种生活态度，已经超越"工匠""工匠文化"成为了人类社会健康发展的巨大精神驱动力，对人类的过去、现在和未来发生着历史性的伟大作用。正因为以"工匠"为主题，以"工匠文化"为中心，以"工匠精神"为信仰，系统整理、构建和探索"工匠文化"世界，就形成了中华工匠文化体系。

三、工匠文化与人类文明起源

这里首先涉及对"人类文明"的理解，笔者认为，人类文明是与人造自然、人工世界、第二自然等对等的概念。论及人工世界时，同时也意味着人类文明。或者说，人类文明的结果就是人工世界，一个集精神的、物质的东西于一体的人造自然。

工匠文化与人类文明起源之相关学说，突出表现为人类文明之"劳动说"和"造物说"两个方面。所谓"劳动说"，即劳动创造世界，劳动创造人类。这一说法主要以马克思极其相关论说为典型代表。而"造物说"，则主要是中国古代之"造物说"，注意区别于西方之上帝创世说。中国古代的造物是圣人造物，而非一般人造物，在中国传统文献或神话传说中的创物记录，诸如鲧作城郭，禹作宫室，黄帝作冕，伏羲作宫室，仓颉作书，史皇作图等，"女娲补天"，等等，皆体现了圣人创物的基本观念。上述鲧、禹、黄帝、伏羲、仓颉等从其创物这个层面来讲，皆是工匠。并且，这些圣人创造的不仅仅包括物质性的东西，如城郭、宫室、衣裳、琴等，还包括更富有精神性的东西，如，书、图以及这些器物背后的制度、礼仪等。因此，从这个角度来讲，中国的圣人造物和人类文明的起源是直接对接的。

四、工匠文化与人类文明建构

工匠文化与人类文明的建构问题，实际上是探讨工匠文化之终极目标问题，是一个充满了诸多可能性的问题。这里首先要厘清人类文明的几个基本问题。

首先，是人类文明之前提。人类文明顾名思义是属于人类自己创造的文明，而非其他物种创造。也就是说人类文明之基本前提就是人的属性。属人性，是人类文明的基本前提；人（实际是工匠）则是构建人类文明的主体。

其次，是人类文明之基本结构。一般而言，人类文明包括物质文明和精神文明两个方面。物质文明是贯穿于人类衣、食、住、行、用中所有具体的、可感知的事物，即一个实在的人工世界中的一切实体。精神文明则是包括民俗、习俗、情感、道德伦理等各方面抽象的、无形的事物。

再次，是人类文明的空间性质。依据目前考察，笔者认为主要有两个基本维度：其一，是以地域分布为划分依据，如华夏文明、伊斯兰文明或者希腊文明等属于地域性质的文明；其二，是以思想聚类（人群）为划分依据，如儒家文化、道家文化等等。当然，这里将人群之思想作为划分依据，到底算不算严格意义上的空间性质，还有待商榷。人类文明之空间属性，则要求我们在人类文明之探讨过程中，具有包容并蓄的开阔胸襟，以全面的眼光去看待人类文明之发展和建构历程。

最后，人类文明的时间性质。依据历史发展进行现行划分，实际上是比较常见的，它体现了人类文明之时间属性，它在不同的历史时期体现为不同的文明特征，当然，每一阶段之文明特征是经历了漫长的演变发展。如古代文明、现代文明；农业文明、工业文明，他们在时间轴上都是具有先后顺序的（当然这种先后顺序不意味着二者的绝对分离）。人类文明的时间性质实际上也揭示出，人类文明并不是永恒存在的，而是通过我们世世代代人民共同努力而创造出来的，我们应该用发展的眼光去看待人类文明之发展和建构历程。

另外，我们也应看到，无论从哪个视角探索人类文明，它与人（工匠）始终息息相关，须臾不可或离。而某一工匠的产生或者活动的开展，则是新材料、新技术、新工艺、新设计、新文化等多方面要素互动生成——实际上这一切内嵌于人类文明建构过程中。

具体来看，首先面对的是材料，材料是工匠进行创物所必需的物质载体。面对特定的材料，工匠需要进行特殊的加工处理等，这就需要相应的材料处理技术。譬如，当代社会有了新的纳米材料，则需要相应的纳米技术对其进行处理。而普通的处理技术显然不适用于这种材料。具体的技术问题解决了功能问题后，还需进一步追求美观，这就是工艺所要面对的问题。新的材料、新的技术和新的工具，还需配合新的设计进行再设计，以此来实现这些要素的最优组合。这一过程还离不开新的文化背景，任何新事物的产生都是在特定的文化背景与环境中产生的。所以说，以上五方面的互动生成，才有可能促进工匠向更"新"层面的转型。譬如，手艺工匠向机械工匠的转型，绝不是简单的角色转换，应是各方面要素之合力构成。

以上仅是一个初步的思考与构想。从整体上来看，工匠文化与人类文明建构最终将回归上文提到"考工学"体系的研究与建构，即"考工学"——人工科学——人工智能——新人类文明（这里，严格来看"人工智能"不应该与其他几者并列，置于此是作为人工世界的一个新维度），这几个方面的研究实际上是一脉相承的，只是视角和维度不一样而已。总的来说，它们是历史与现实之对接；理论与实践之碰撞。

五、工匠文化与未来人类——走向工匠社会

工匠文化与人类文明的结合，未来将走向工匠社会，尽管目前为止还是一种美好愿景。但依据考察，未来建构的工匠社会应该具备以下几种特质。

其一，是创新赋能。"赋能"即"授权"。也就是说将个人的创造力，自由平等地发挥出来，这也是真正创新社会的基本前提。

其二，审美创造。创造不仅仅是创造一种可用的产品，而应该同时追求美。审美创造是物质创造的更高一层。在未来工匠社会，对美的追求与创造应当更加普遍化。

其三，美美与共。工匠社会，人人追求美、创造美。社会当是多种美的融合，即美美与共，包容并蓄。

其四，天下大同。天下大同尽管看似乌托邦，但假设若工匠社会真的具备了创新赋能、审美创造、美美与共这些特质，天下大同当并不仅仅是一种乌托邦的幻想。

总的来说，在人类社会、人类历史的发展与建构过程中，人始终是核心部分，尤其是具有一定技能并贡献于社会的广大人民群众。从这个意义上进一步聚焦，工匠当是历史的真正创造者，走向美美与共的工匠社会。

附 录：

国家社科基金重大项目
"中华工匠文化体系及其传承创新研究"
申报书（节选）

一、研究状况和选题价值

（一）本课题"中华工匠文化体系及其传承创新研究"的基本界定与选题缘起

1. 本课题"中华工匠文化体系及其传承创新研究"的基本界定

中华工匠文化体系是中华文化体系的重要组成部分，也是当代中国实现中华文化伟大复兴的核心部分之一。中华工匠文化体系及其传承创新研究，具有十分重大的理论与历史价值和当代实践意义。

中华工匠文化体系研究，旨在从文化理论的视角也就是从工匠活动的主体方面（人的方面）对 20 世纪 20 年代以前的中华工匠进行系统研究（特别是 1949 年之后，就应属于"非遗"领域，本课题虽有涉猎或延伸，但"非遗"在此不是讨论的中心或主题），深入系统挖掘中华工匠的文化史意义和当代价值。本课题以"工匠"为主题，以"工匠文化"为中心，以"工匠精神"为信仰或核心价值追求，系统整理、探索与显现中华"工匠文化"的生活世界，以期构建具有"中华特性"的中华工匠文化体系。

在整个中华工匠文化体系建构中，"工匠"是其核心概念或主题，并且"工匠"既是一个职业共同体，也是一种生存方式，还是一种精神慰藉。工匠文化是中心，即是指从文化的视角考察工匠或工匠文化的方式，其中"工匠精神"是"工匠文化"的核心价值观，是"工匠文化"具有独特存在价值的根源所在，"工匠精神"作为一种信仰、一种生存方式、一种生活态度，已经超越"工匠"和"工匠文化"，成为人类社会健康发展的巨大精神驱动力，对人类的过去、现在和未来产生着历史性的伟大作用。（关于"工匠""工匠精神""工匠文化""工匠文化体系"等概念的基本含义，可参见"首席专家情况"——《论中华工匠文化体系》一文简介）。在此仅将"工匠"问题做些重复。

关于"工匠"，文章从语义学、社会学、社会结构体系等方面界定了"工匠"的基本含义问题，认为"工匠"是一个语意丰富的概念，古代与"百工""匠""工""工官""国工""匠人"等同义。"工匠"的基本内涵是"巧"（技术原则或设计原则）和"饰"（艺术原则或审美原则）的统一体；是古代社会结构"四民"——"士农工商"之"工"，指与"士""农""商"相对待的主要从事器物发明、设计、创造、制造、劳动、传播、销售等领域的行业共同体。（当然，目前诸多学者将"工匠"一般意义称之为"手工艺人""手工业者"或现代意义的"工人"，有其合理性，但也有一定的历史局限性。）从社会层级结构来看，"工匠"大致可以分为管理型的"工匠"（大匠、百工）、智慧型的"工匠"（哲匠、意匠）、技术高超型的"工匠"（巧匠、艺匠）、一般性的"工匠"（匠人，以及各工种的从业人员如木匠、银匠、石匠、花匠、画匠等）等四类。这四类并无实质性差别（都属于"匠"的范畴，只是"匠"性的高下程度的差异），仍然只是一种理论或具体社会行为组织的要求或体现。就整个造物活动过程而言，"工匠"是一种具有复杂性的结构体，具有"造物主"的性质，承载着造物活动的全过程，从而创造并建构了一个不同于第一自然的"第二自然"的人造（人工）世界（人工界，man-built world，实际上应该是著名设计理论家 Victor Margolin 所说的 the Designed World）。"工匠"既要"创物"（包括发明、创造、设计等）以弥补自然的缺失，还要"制器"（制造、生产）以满足人类日常生活及其相关需求，更要"饰物"以满足人类日益丰富的精神需求或提升社会生活品质等，是三位一体的。由此而言，依据现代社会分工，"工匠"既是哲学家、科学发明家，也是工程师和技术创新专家，还是艺术家和美化师等，是多重身份或职能的统一。因此，我们完全有理由说，"工匠"实际上更符合当今的"设计师"称谓。设计师既包括广义的设计师，也包括工程技术设计师、科学理论设计师、人文设计师等各种专项设计师。

中华工匠文化体系既是一个逻辑范畴，即科学理论研究的对象或结果，也是一个历史范畴，即是人类历史发展的产物，依据人类（工匠）社会实践活动的深度和广度，中华工匠文化体系的建构也呈现出历史性和时代性的独特风貌。

作为逻辑范畴，中华工匠文化体系应该具有独特的学理性价值，包括精神境界追求、理论体系建构、核心范畴系统乃至内部各个子系统的构成等核心结构。中华工匠文化体系有三大核心要素：技术体系、工匠精神、工匠（百工）制度，同时另有两个层面：生命传承（教育）和生命意蕴（民俗）。其中，"工匠精神"是中华工匠文化体系最为核心的价值要素，"技术系统（体系）"是中华"工匠"文化体系存在的本体要素，而"制度体系"则是中华工匠文化体系生存发展的保障要素。而这三者的统一（三位一体）既支撑起了工匠文化体系大厦或环境，同时工匠文化体系所营造的氛围又有力地促进了三者的健康发展。也就是说，中华工匠文化体系与"工匠精神""技术体系""百工制度"三者的关系，是密不可分而且互动生成的关系。

作为历史范畴，中华工匠文化体系建构是一个发展的历程。历史上主要有三种典型的历史建构范式，我们称之为《考工记》范式、《营造法式》范式和《天工开物》范式。这三种范式各具特色，都具有一定历史性或代表性。《考工记》范式，主要是指国家管理者层面从整体社会结构组织来规范或建构工匠文化体系，突出了工匠文化的社会职能、行业结构、考核制度、评价体系等核心要素系统。为中华工匠文化体系创构期的重要范本，也是后世中华工匠文化体系建构的关键性文本或理论模式。《营造法式》范式，主要是指国家管理层面从具体工匠系统即"营造工匠"系统组织结构来规范或建构工匠文化体系，强调了工匠文化的行业职能、制度体系、经济体系、管理体系、评价体系、审美体系以及营造设计理论体系等核心价值系统。为中华工匠文化体系成熟期的重要范本，也为后世进一步完善中华工匠文化体系建构提供重要理论文本。《天工开物》范式，是一个纯学者从学术体系建构方面探讨和研究工匠文化体系建构问题的，它突出强调了传统农业社会典型生活图景——男耕女织生活世界展开工匠文化体系的建构，以"贵五谷而贱金玉"为指导思想对工匠制度文化、民俗文化、伦理文化、技术文化，评价体系等展开系统思考与提升，为中华工匠文化体系转型期的重要范本，也是传统工匠文化体系走向总结的重要方向或指向。

中华工匠文化体系的知识谱系定位大致如下：中华工匠文化体系属于中华工匠体系（文化、心理生理等）的重要组成部分，中华工匠体系属于中华设计造物体系（人的因素部分，此外还有"物""器""事"等重要部分）的重要组成部分，中华设计造物体系属于中华文化体系（造物、精神、治理等）的重要组成部分，中华文化体系又是整个中华体系重要组成部分。因此，中华工匠文化体系研究应该属于一个基础性的理论建设工程。同时，因其属于历史研究，所以与"非遗"问题有本质性差别，本研究虽有涉猎或延伸至"非遗"问题，可能也会有专题讨论，但不是本研究的主题或中心。

当然，中华工匠文化体系建构研究是一项十分艰巨而又意义重大的、跨学科融合的庞大系统工程。时代呼唤工匠精神，当代学者理应肩负起这一历史使命，不负众望，努力做好做强中国事！

2."中华工匠文化体系及其传承创新研究"的缘起

关于本选题缘起，至少有四个方面：第一，受到李约瑟研究的启示；第二，学术研究现状的促使；第三，当下"非遗"问题的反思；第四，学者的特殊使命。

第一，受到李约瑟研究的启示：李约瑟是中国科技史的研究大家，虽然其研究有其自身的内在逻辑，没有专门考察"中华工匠文化"问题，但其《中国科学技术史》的卓越历史成就对我们系统考察中华工匠文化体系具有极大的启发作用。比如，李约瑟在《中国科学技术史》① 中设专节（引论部分）讨论了"工程师"（匠）问题。包括"工程师的名称和概念""封建官僚社会的工匠与工程师""工匠界的传说"以及"工具与材料"等。在这些问题讨论中，李约瑟有很多对"工匠文化"的思考。（1）关于中华"工匠"的时代

---

① 李约瑟：《中国科学技术史》第四卷第二分册"机械工程"部分，科学出版社1999年版。以下引文皆出自该版本，只注页码。

背景，李约瑟采用了芒福德的技术史分类，即新技术——电、原子能、合金和塑料；旧时代——煤、铁为特征；古技术——木、竹和水为特征（以中国为代表）。李约瑟认为中华工匠文化属于"古技术"时代。（2）关于"工匠"文化史编写的意义，李约瑟认为："编写一本详尽的专题论文，从头到尾地叙述中国的工场、皇家工场和官方工场的历史，是最迫切的汉学任务之一。"（第14页）还特别指出了当代历史研究只重物而忽略人的弊端。他说："唐代历史只叙述产品，而不叙述所用的技术。"（第18页）技术，实际上它依据人而存在的，尤其是古技术时代。（3）关于"工匠"身份问题，李约瑟考察了大量中国古文献，指出："到目前为止，本书所谈的技术工作者都是'自由'平民。一个轮匠或漆匠是一个'家庭清白的''庶人'或'自由民'；或是一个'良人'，字义上是'好人'。他属于平民（小民）阶层，对于古代的哲学家来说，这些人必定是'小人'（卑贱的人），以与'君子'（高尚的半贵族的博学公职人员）区别开来。既然他有姓，他便是'百姓'（'古老的百家'）之一，并属于'编民'（登记过的人民）。"（第19页）这里，李约瑟发现并提出中华传统"工匠"身份问题，并作了简要阐述，他认为"工匠"不能简单归于"奴隶"的范畴，而应该属于"自由民""良人"范畴。"工匠"属于"民"的范畴，自然就与"君子"形成对照，被传统哲学家们划定为"贱民""小人"之列。即使如此，工匠也不是社会最底层的人群。作为工匠共同体也有了一个统一的身份或姓，是"百姓"之一，并且编入户籍——匠籍，有了自己的行业结构系统。（4）关于"工匠"的社会作用，李约瑟突破一般历史学家的观念，发掘出了"工匠"所具有的社会历史作用（不只是用自身的技术造物），他说："关于工匠在政治史上所起的作用，几乎全部需要有人去写出来。"（第20页）并用王小波和李顺领导的993—995年的四川起义作为例证加以简要说明。当然，目前这方面的研究还未真正开始，因此他呼吁，"阐明发明家、工程师和有科学创造能力的人在他们那个时代的社会中的地位，这本身就是一种专门的研究，我们现在还不能系统地进行，部分地因为它在某种意义上是次要的，首要任务是证明他们的身份和他们实际上做了什么。"（第 25 页）而这应该对我们有很好的启示。（5）关于"工匠"的分类研究问题，李约瑟作了较为系统的研究并得出了较为合理的结论。他说："我们把发明家和工程师的生活历史分为五类：a. 高级官员，即有着成功的和丰富成果的经历的学者；b. 平民；c. 半奴隶集团的成员；d. 被奴役的人；e. 相当重要的小官吏，就是在官僚队伍里未能爬上去的学者。"（第 25 页）他认为，第一类，高级官员，主要有张衡、郭守敬等；第二类，平民，如毕昇；第三类半奴隶集团的成员，如信都芳等；第四类，被奴役的人，如耿询等；第五类，相当重要的小官吏，就是在官僚队伍里未能爬上去的学者，数量最多的一类，如李诫等。

如上所示，就足以让我们作出很多关于中华工匠文化问题的系统深入研究成果，启示意义重大。

第二，受到当代学术研究现状的促使：如上李约瑟所示，中华工匠理应成为中华文化研究的主体部分或重要部分，然而一直以来，中国学术史，包括哲学史、思想史、文化史，美学史、艺术史等工匠共同体，都只是背景、配角，没有走向历史前台，即使是技术史、工程史、工艺美术史等也只是大量篇幅呈现"器物"，考察"器物"方面的问题（当然，器物是人造的，也可以借此考察造物者——工匠，但这是间接的不是直接的），人的问题基本缺席。即使谈"人"的因素，也更多只是从接受者（消费者、欣赏者）的角度去讨论其审美价值、经济价值、文化价值等，往往忽略器物创造者自身的历史文化价值。诚如"首席专家情况"中所言，"中华工匠文化体系及其传承创新研究"不仅具有设计学价值，而且具有更大的文化史价值和世界观价值。就文化史价值而言，"工匠"作为"造物主"特性的人类生活世界的创造者，理应具有极其崇高的历史地位（百工之事，皆圣人之作也）。然而，直到现在，我们的文化史（包括艺术史、科技史等）还并未使"工匠"获得其本该具有的真正价值。（李约瑟在讨论中华工匠问题时，曾说："唐代历史只叙述产品，而不叙述所用的技术。"（第 18 页）也就是只见物，不见人）比如艺术史，真正意义上的艺术史应该是"艺术"产生之后的事，也就是"纯艺术"之后，才有的事。而此前的"艺术史"，应该是"工匠史"或"设计史"。尽管"工匠""设计"本身也都有某些"艺术"的成分，但绝不等同于艺术。造成这一窘境的原因固然很多，但其根本性的原因就是世界观问题。所谓世界观问题，就是人们如何看待生活中的"工匠"问题［工匠应该是指那些凭借自身特殊技能改造世界和创造人类新世界的人群或共同体，特别是大量普普通通的"物作"者（"物作"，日本常用于指称"制造业""做东西"），是他们默默无闻地为我们的生活世界实实在在增色添彩］。就"雅俗"观念而言，"工匠"属于"俗"的性质，而我们长期以来，或几千年以来，都是在追求"雅"（虽然偶尔也会关注"俗"，一般都是"雅"的需要而为）、追求"高大上"、追求奢华、追求名牌等，而不知道真正制造和创造"高大上""名牌"的人，更不知道真正要尊重的是这些"工匠"。我们当今为了发展经济提升产品质量等，大力提倡"工匠精神"，是有一定的合理性，是时代的呼唤，但还应该进一步深入探讨"工匠精神"背后的生态环境——工匠文化（工匠文化体系）问题。当然，这样一来，这个话题可能更沉重了，而且极具现实性了（在此，不展开讨论）。实际上，如果工匠文化氛围的缺失或缺少，那么工匠精神是不可能获得真正的普及和深入人心的。也就是说工匠文化是工匠精神确立的基础和生长的生态环境。在理论层面加强工匠文化的研究，为中国当代社会实践活动服务，已显得十分重要。

第三，受到当前"非遗"问题的反思：随着高科技的发展，人类生产力的大幅提升，工业化文明程度越来越高，人类已进入"地球村"的"互联网"数字化全球化时代，传统民族文化如何有效保护与发展，成为当今世界文化发展的一大世界性主题。联合国教科文组织先后发布了《保护非物质遗产公约》和《保护世界文化和自然遗产公约》，大力推动了世界各民族传统文化（包括"非遗"）保护、传承与发展。以联合国教科文组织为首组建了世界各国非物质文化遗产（简称"非遗"）保护组织。为了适应世界潮流，有效保护中华传统非物质文化遗产和民族文化，中国政府采取了相关措施大力推进这一事业发展，并颁布了《中华人民共和国非物质文化遗产法》等。

关于"非遗"的含义，主要有两种解释：（1）根据联合国教科文组织《保护非物质文化遗产公约》定义：非物质文化遗产（intangible cultural heritage）指被各群体、团体、有时为个人视为其文化遗产的各种实践、表演、表现形式、知识体系和技能及其有关的工具、实物、工艺品和文化场所。各个群体和团体随着其所处环境、与自然界的相互关系和历史条件的变化不断使这种代代相传的非物质文化遗产得到创新，同时使他们自己具有一种认同感和历史感，从而促进了文化多样性和激发人类的创造力。（2）根据《中华人民共和国非物质文化遗产法》规定：非物质文化遗产是指各族人民世代相传并视为其文化遗产组成部分的各种传统文化表现形式，以及与传统文化表现形式相关的实物和场所。包括：a. 传统口头文学以及作为其载体的语言；b. 传统美术、书法、音乐、舞蹈、戏剧、曲艺和杂技；c. 传统技艺、医药和历法；d. 传统礼仪、节庆等民俗；e. 传统体育和游艺；f. 其他非物质文化遗产。属于非物质文化遗产组成部分的实物和场所，凡属文物的，适用《中华人民共和国文物保护法》的有关规定。由此可见，"非遗"保护的核心应该是对"工匠"的保护。

为了促进中国的非物质文化遗产保护工作规范化，国务院发布《关于加强文化遗产保护的通知》，并制定"国家＋省＋市＋县"共 4 级保护体系，要求各地方和各有关部门贯彻"保护为主、抢救第一、合理利用、传承发展"的工作方针，切实做好非物质文化遗产的保护、管理和合理利用工作。并先后展开了世界非遗保护名录和国家各级非遗保护名录的申报工作与保护传承措施。例如，2015 年由文化部、教育部等机构牵头组织和部署实施的"中国非物质文化遗产传承人群研修研习培训计划"，在全国蓬勃展开，风生水起。并将这一计划纳入常规化发展行列。

然而，由此也逐渐暴露出一些问题，比如，传承人的确定问题，虽然有很多限定或规范性条文，但具体实施的过程中，可能出现一些偏差（当然这是难免的）。而且传承人群研修、研习、培训，如何实质性落实与展开，这些都是有待研讨的。更重要的是，"非遗"是一项十分庞大而艰巨的系统工程，目前对"非遗"问题的探讨，大多还停留于基本概念和简单的操作层面（包括手工艺人口述史、工艺美术大师全集等成果），还没有出现深入系统探讨的学术成果。

这些问题展开的前提，是应该加大对中华工匠文化体系的深入系统研究。

第四，受到当代中国学者的历史使命思考：自鲁班以来，中国素有工匠大国之称，面对高科技发展、生存方式的变迁，中国传统工匠文化体系及其工匠精神，以及中国工匠文化如何保存、如何发展、如何更有效地提升人类生存品质，促进人类的更健康、更生态、更文明、更和谐的发展与进步，等等，都有待于我们深入系统展开研究。这也是本课题研究的核心宗旨所在。

我始终认为，任何时代的大学者都必然要思考人类、民族、文化及其未来发展的重大理论问题。古今中外概莫能外，中国的孔子、老子、墨子、朱熹、王阳明等，西方的柏拉图、耶稣、康德、黑格尔、马克思、杜威等皆是如此。是他们，为人类的发展、人类的文明作出了历史贡献。在中华民族伟大复兴的时代，作为学者，应该有所担当，为人类、民族、国家的发展作出自己的努力。

依据个人的学术体会，我始终关注中华当代体系（我对"中国梦"的一种用语）建构问题。结合本专业教学和研究，大力倡导和系统深入探索中国当代设计理论体系建构问题。依据目前的考察，中国当代设计理论体系建构基本路径有三个：中华传统设计理论体系（考工学体系）、国外设计优秀理论资源和当代设计实践基础上生成的理论系统。对于具有五千年文明的中国，中华传统设计理论体系显得尤为重要和亲切。为此，这些年来一直围绕中华传统设计理论体系经典论著的研读与创新建构，最终获得了一批成果，受到学界关注，并对中华设计理论体系的内部结构逐渐有了清晰的认识，其中，从"考工学"（很宽泛的大概念）逐渐聚焦到"造物美学"（但还是很宽泛）再到"工匠文化体系"（更明确，也更具中华意蕴、中华民族精神），显示出了对中华传统设计理论体系——考工学体系有了更进一步的认识和明晰化。应该说这是我研究中华工匠文化体系的基本路径。没有中国当代设计理论体系的建构研究，就不可能有对中华工匠文化体系的系统思考与研究，两者应该是互动生成的关系而密不可分的。

上述四点，坚定了我提出本选题，并加以深入系统研究的决心和信念。

（二）国内外有关本课题所涉主题和内容研究状况的学术史梳理或综述

以下为国内外有关本课题所涉主题和内容研究状况的学术史梳理或综述，依据"研究路径""研究特征"和"研究成果"三个方面展开。

1.国内外有关"工匠"问题研究路径的学术史梳理

关于"工匠"问题研究，学术界主要有以下几大研究路径。

第一，经济学研究路径。例如马克思在《资本论》中讨论手工业与机器大生产时，在一个重要注释中谈及了"工艺史"（工匠文化史）问题。他说："在他以前，最早大概在意大利，就已经有人使用机器纺纱了，虽然当时的机器还很不完善。如果有一部考证性的工艺史，就可以证明，18世纪的任何发明，很少是属于某个人的。可是直到现在还没有这样的著作。达尔文注意到自然工艺史，即注意到在动植物的生活中作为生产工具的动植物器官是怎样形成的。社会人的生产器官的形成史，即每一个特殊社会组织的物质基础的形成史，难道不值得同样注意吗？而且，这样一部历史不是更容易写出来吗？因为，如维科所说的那样，人类史同自然史的区别在于，人类史是我们自己创造的，而自然史不是我们自己创造的。工艺学揭示出人对自然的能动关系，人类生活的直接生产过程，从而人的社会生活关系和由此产生的精神观念的直接生产过程。甚至所有抽象掉这个物质基础的宗教史，都是非批判的。事实上，通过分析找出宗教幻象的世俗核心，比反过来从当时的现实生活关系中引出它的天国形式要容易得多。后面这种方法是唯一的唯物主义的方法，因而也是唯一科学的力法。那种排除历史过程的、抽象的自然科学的唯物主义的缺点，每当它的代表越出自己的专业范围时，就在他们的抽象的和意识形态的观念中显露出来。"①

从经济学路径，探索中华工匠问题的著作主要有：童书业《中国手工业商业发展史》、陈振中《先秦手工业史》、魏明孔主编的《中国手工业经济通史》、两套《中国经济通史》（经济日报出版社 2000 年版 9 卷 16 册和湖南人民出版社 2002 年版 10 卷 12 册）等。当然，从经济史角度，最值得集中探讨工匠问题的当属余同元的《传统工匠现代转型研究》。

第二，建筑学研究路径。如 20 世纪初，以朱启钤为首的"中国营造学社"展开了对中华营造学及其营造工匠的系统探讨与研究，产生了大批研究成果，影响深远，后来还出现了《哲匠录》专门研究营造工匠的专著。《中国古代建筑史》（5 卷本）《中国古代建筑技术史》等。

第三，技术学研究路径。从技术学视角研究中华工匠的著述较多，最具代表性的有三大书系。（1）李约瑟耗费近 50 年心血撰著的《中国科学技术史》（七卷，共计 34 册）。该书通过丰富的史料、深入的分析和大量的东西方比较研究，全面、系统地论述了中国古代科学技术的辉煌成就及其对世界文明的伟大贡献，内容涉及哲学、历史、科学思想、数、理、化、天、地、生、农、医及工程技术等诸多领域，具有极高的学术价值。（2）卢嘉锡总主编的《中国科学技术史》是中国科学技术史界近 60 多年来仅见的一部系统、完整的大型著作，集全国知名科学技术史家近百人历经 20 年毕其功业。这套中国古代科技史丛书从 1987 年开始讨论、酝酿，最初计划规模为 30 卷本。1991 年列为中国科学院"八五"计划重点项目，2007 年基本完工，迄今为止已完成 26 卷。它们分别是：杜石然主编《通史卷》，席泽宗主编《科学思想卷》，金秋鹏主编《人物卷》，郭书春主编《数学卷》，戴念祖主编《物理学卷》，赵匡华、周嘉华著《化学卷》，陈美东著《天文学卷》，唐锡仁、杨

---

① 马克思：《资本论》第 1 卷，人民出版社 2004 年版，第 428—429 页注释 89。

文衡主编《地学卷》，罗桂环、汪子春主编《生物学卷》，董恺忱、范楚玉主编《农学卷》，廖育群、傅芳、郑金生著《医学卷》，周魁一著《水利卷》，陆敬严、华觉明主编《机械卷》，傅熹年著《建筑卷》，唐寰澄著《桥梁卷》，韩汝玢、柯俊主编《矿冶卷》，赵承泽主编《纺织卷》，李家治主编《陶瓷卷》，潘吉星著《造纸与印刷卷》，席龙飞、杨熺、唐锡仁主编《交通卷》，王兆春著《军事技术卷》，丘光明、邱隆、杨平著《度量衡卷》，郭书春、李家明主编《辞典卷》，金秋鹏主编《图录卷》，艾素珍、宋正海主编《年表卷》，姜丽蓉主编《论著索引卷》。初始计划的 30 卷本中，《中外科技交流卷》（由汪前进、王扬宗、韩琦主撰）正在努力编撰中，不久将交稿付印。鉴于某种不可抗拒的原因和其他因素，原计划中的《典籍概要》2 卷、《教育、机构和管理》1 卷不得不放弃撰稿。最后完成的《大书》将是 27 卷本。该书为国内读者理解中国科学技术传统，乃至中华文明史提供了一套权威的学术读本。(3) 路甬祥总主编《中国古代工程技术史大系》（已出 10 册）。

第四，艺术学研究路径。《中国传统工艺全集》丛书（20 卷 20 册）是国家出版基金资助项目、中国科学院"九五"重大科研项目、原国家新闻出版总署"九五"重点图书出版项目，由中国科学院、大象出版社组织全国知名专家历时 20 年完成。《中国传统工艺全集》由路甬祥院士任主编，总字数 1200 余万，图和照片 1.4 万余幅，涵盖传统工艺全部十四大类，记述的工艺近 600 种，包括《文物修复和辨伪》《造纸（续）、制笔》《甲胄复原》等。该丛书是倾全国同行之力的集体成果。340 余位作者对传统工艺做了翔实细致的现场考察，又结合前人研究成果，做了深入的科学分析论证。

《中国设计全集》（20 卷）从时间上涵盖了华夏民族从新石器时期到民国时期的 8000 年文明发展历史，极具学术和收藏价值。根据中国设计史的具体特点和现代设计学的新观念，分为建筑类编（4 卷）、服饰类编（4 卷）、餐饮类编（3 卷）、工具类编（3 卷）、用具类编（3 卷）、文具类编（3 卷）等，囊括了中国历史上 3000 个经典设计案例和约 18000 幅图像资料，填补了中国设计学史的空白。

还有《中国美术全集》"工艺美术"部分，正在编撰的《中国工艺美术全集》，以及诸多《中国工艺美术史》（以田自秉的著作为代表）和《中国设计史》教材等。

上述成果都有部分涉及"工匠"问题。真正从艺术角度研究工匠问题的专著，当属英国爱德华·露西-史密斯的《工艺史——工匠在社会中的作用》（*The Story of Craft: The Craftsman's Role in Society*）。

第五，文化学研究路径。随着物质文化研究的兴起，从文化学角度探索工匠文化问题也逐渐增多，特别是对女性工匠的考察。例如《沈从文全集》（28—32卷）有5卷本探讨中华工匠文化问题。还有孙机《中国古代物质文化》《中国古舆服论丛》等。

第六，人类学研究路径。从人类学、社会学考察中华工匠文化，主要是海外汉学家。如伊佩霞《内闺》，白馥兰《技术与性别》等。还有《中国民俗史》（6卷本）、《中国风俗通史》（13卷）等也部分涉及"工匠"问题。

第七，哲学（科学）研究路径。这一研究路径主要始于古希腊哲学。如柏拉图在讨论三个世界时，以床为例，他就认为工匠的"床"世界就比"诗人"的床世界要真实，因为他是对"理念"（真理）世界的直接模仿。"工匠"的地位高于"诗人"。亚里士多德以知识的目的为依据，将所有知识分成三类：为着自身而被追求的知识是"理论（思辨）知识"（theoretike），包括数学、自然科学（第二哲学）和第一哲学（形而上学、神学）；为着行动而被追求的知识是"实践知识"（praktike），包括伦理学、政治学、家政（经济）学；为着创作和制造而被追求的知识是"创制知识"（poietike），包括诗学（艺术哲学）和其他生产性的技艺。"工匠"就属于"创制知识"范畴。真正从哲学角度探讨工匠问题的，要数美国哲学家理查德·桑内特的《匠人》。

依据上述研究路径及其相关成果可知，"工匠"问题的研究主要集中在经济、技术领域，其他相关领域，则明显要弱。特别是哲学领域探讨中华"工匠"问题的专著，至今还没有出现。

2. 国内外有关"工匠"问题研究特征的学术史梳理

就 1949 年以来的学术研究状况而言，大致有如下几个方面特征。1949—1976 年社会主义改造，大多以经济学、科学研究为主，主要考虑手工业者如何成为大工业时代的工人问题，对"工匠"的大部分考察都移植到了"工艺美术"的创汇领域。其中 1956—1976 年基本处于停滞状况。

1977 年至今，"工匠"问题研究才逐渐展开，并呈现出多学科多领域交叉融合的研究态势。随着 1978 年被誉为"科学的春天"的"科学大会"召开，科学研究各领域逐步走向正轨。"工匠"问题的研究，也开始在经济学、技术学、艺术学等多领域逐步展开。经济学方面主要有童书业《中国手工业商业发展史》、陈振中《先秦手工业史》、两部经济通史（经济日报出版社九卷本共 16 册《中国经济通史》和湖南人民出版社 10 卷共 12 册《中国经济通史》）、李伯重《江南的早期工业化》等。其中技术学方面成果较多，上述提及的三大书系即李约瑟《中国科学技术史》、卢嘉锡总主编《中国科学技术史》以及路甬祥主编《中国古代工程技术史大系》等，还有众多技术史研究专著如《中国古代建筑技术史》、陆敬严《中国古代机械文明史》。特别是进入 21 世纪，"工匠"问题越来越受到关注，研究成果也逐年增加，特别是 2015 年、2016 年有极大幅度增加。尤其是 2016 年 3 月 5 日随着李克强总理在《政府工作报告》提倡"工匠精神"，一夜之间，"工匠""工匠精神"等热词，红遍大江南北。各行各业各学科都在大谈特谈"工匠精神"。

由此可见，本课题的深入系统研究，更是适应时代的呼唤，具有极大的现实价值。

3. 国内外有关本课题所涉主题和内容研究成果的学术史梳理或展示

本综述主要是对近 20 年来"中华工匠文化体系"所涉及的主要问题研究成果的学术史梳理或展示，以凸显"工匠文化体系"整体风貌和基本发展态势。其梳理内容包括两大基本方面：一是直接与本课题相关的研究成果，即讨论"中华工匠文化体系"内在关键词的部分；二是与"中华工匠文化体系"相关的主题或领域，亦即虽然没有"中华工匠文化体系"中的某些词语，但实质上已有其内涵。这部分称为"相关问题"（如造物文化、手工艺文化、设计文化、科技文化等）。由于研究成果颇为丰富，数量太大，本综述筛选了部分与课题相关性较大的作为代表性成果加以呈现，以展现其学术态势和基本成就。

（1）中华工匠文化体系

关于中华工匠文化体系的历史与研究，尚未有专门的学术著作。但作为一个文化范畴，其内含工匠、工匠精神、工匠文化等各方面的内容。学者关于这方面的研究成果无疑为中华工匠文化体系的研究奠定了基础。根据资料显示，目前关于工匠、工匠精神、工匠文化的研究成果颇为丰富，具有相当的学术价值。

第一，工匠问题。

工匠，作为构成中华工匠文化体系的主题，是研究该课题首先要面对的一个问题，而学者对工匠问题的研究又大致可分为对其概念、意涵的考察，对其类别、身份地位及其管理制度的研究以及工匠相关的其他问题。具体如下：

一是工匠概念、意涵。

工匠概念、意涵是涉及工匠问题最基础性的问题，学者对工匠概念的界定与理解多从其从事的工作属性出发，目前，明确界定工匠概念或试图厘清其意涵的相关成果主要如下，其中，论文主要有：余同元《中国传统工匠现代转型问题研究》、王雁翔《"工匠"与"艺术家"辨析》、郑美珍《工匠是我国古代技术创新的核心主体简论》、岳振廷《"工匠"就是人才》、李小鲁《对工匠精神庸俗化和表浅化理解的批判及正读》、胡化凯《先秦儒家对于工匠技术活动的认识》、过常宝《论先秦工匠的文化形象》、刘子凡《唐前期西州民间工匠的赋役》、王锡臻《敦煌古代工匠与佛教艺术的民间性》、彭勇《班军：从操练之师到职业工匠——明代北京城防御战略转变的一个侧面》、张宝洲《宗教图式中的"工匠"概念——宗教图式的创制与沿袭问题》、李晓岑等《西藏铜佛像制作"昌都工匠群"的考察》、胡志强《工匠传统的伟大复活》、李浩《中国工匠美术教育综述》、陈诗启《明代的工匠制度》、何任远《工匠追求的是独一无二》、陈明富和张鹏丽《古代涉"工匠"义词语历时考察》、李晓菲《工匠精神：何为"匠"?》、张健《清代福州的漆器业与漆工匠》等。

著作主要有：我国台湾地区民政部门《台闽地区传统工匠之调查研究》、杨裕富《从传统工匠系统中分析建筑与工业设计的设计资源》《从传统工匠系统中分析建筑与工业设计的设计资源二设计的史学基础》《建筑与工业设计的设计资源四传统工匠的转型基础》《设计、艺术史学与理论》等①。

二是工匠类别。

不同类别的工匠其身份地位、待遇以及管理均不相同，因此，工匠类别的划分、讨论有利于工匠问题的区别研究，这也是讨论工匠问题无法绕开的一个问题。其相关成果主要如下，其中，论文主要有：陈诗启《明代的官手工业及其演变》、魏明孔《唐代官府手工业的类型及其管理体制的特点》、陆德富《战国时代官私手工业的经营形态》、刘莉亚《元代手工业研究》、周侃《唐代手工业者家庭生活探微》、余同元《中国传统工匠现代转型问题研究》、章永俊的《金代中都地区手工业述略》、乔迅翔《宋代营造类工匠考》、霍小敏《五代十国手工业研究》、杨浣《西夏工匠制度管窥》、杜建录和吴毅《西夏手工工匠考》、唐黎洲《工匠的智慧》、郑瑞侠《中国古代早期工匠神话解析》、魏明孔《唐代工匠与农民家庭规模比较》、马建春《元代的西域工匠》、王海强《对工匠气质在当代产品设计中的认识》、谢祝清《古代工匠技艺教育特色评析》、何伟《清代江南工匠入仕与技艺进宫——〈传统工匠现代转型研究〉释读》、彭丽华《唐五代工匠研究述评》、徐昊《论古埃及拉美西斯时代的皇家墓地工匠——以麦地那工匠村为例》、孙祺童和陈姝宇《工匠精神传承：传道授业培养更多傲人工匠》、李世武《从鲁班和姜太公神格的形成看传说和仪式的关系——以民间工匠建房巫术为中心》、朱天曙《印人：

---

① 余元同：《中国传统工匠现代转型问题研究》，复旦大学学位论文，2005 年。

从工匠到文人——明末清初印人身份的变迁及其背景初探》、陈立立《吉州窑工匠在景德镇瓷都地位确立过程中的作用》、胡平《明清江南工匠入仕研究》、陈佳宵《中国传统工匠美术教育论略》、苏玉敏《西域的供养人、工匠与窟寺营造》、王一胜《礼仪变迁与传统工匠的现代转型——以永康手艺人为例》、巩天峰《"炫赫一时"与"顾得不朽"——论中晚明造物工匠地位在文人价值体系中的变化》、李伯重《从"夫妇并作"到"男耕女织"—明清江南农家妇女劳动问题探讨之一》、《"男耕女织"与"半边天"角色的形成明清江南农家妇女劳动问题探讨之二》等。

著作主要有：沈黎《香山帮匠作系统研究》、林峰《江南水乡》、曹焕旭《中国古代的工匠》、曹坎荣和徐洋《中国古代能工巧匠》、[日]盐野米松《留住手艺》、小野二郎《寿司》、日本樱花编辑事务所编著《京都手艺人》、潘剑永《运斤成风：楠溪建筑工匠访谈录》、张超《渐渐消失的匠人行当》、朱勇《岁华：寻根古树普洱茶》、[日]美帆《诚实的手艺》等。

三是工匠身份地位。

工匠身份地位是工匠生存状况、社会重视程度的显性体现。对工匠身份地位的研究，宏观上来看有利于了解国家、社会对工匠及其所从事行业的态度；微观来看，有利于了解工匠个人的生存、发展状况，是研究工匠及中华工匠文化体系非常重要的内容。其相关成果主要如下，其中，论文主要有：魏明孔《浅论唐代官府工匠的身份变化》《从山陕会馆碑文（碑阴）看清代工匠地位及报酬》、郭玉峰《宋代手工业雇佣劳动研究》、刘莉亚和陈鹏《元代系官工匠的身份地位》、刘莉亚《元代手工业研究》、余同元《中国传统工匠现代转型问题研究》、马丹《从"百工之术"到现代设计》、扎嘎《西藏传统手工业五金工匠的历史、行会组织及其社会地位》、韩香花《史前至夏商时期中原地区手工业研究》、蔡锋《夏商手工业者的身份与地位》《秦代手工业生产者的身份与地位》《两汉私营手工业生产者的身份与地位》、孙周勇《西周手工业者"百工"身份的考古学观察——以周原遗址齐家制玦作坊墓葬资料为核心》、刘玉堂《楚国手工业技术生产者的身份与地位》、陆德富《战国时代官私手工业的经营形态》、杨一民《战国秦汉工商业者身份的变化与统治者的经济政策》、陈诗启《明代的官手工业及其演变》《明代的工匠制度》、邱敏《六朝官营手工业的管理和劳动者地位的变化》、李伯重《工业发展与城市变化明中叶至清中叶的苏州》《历史上的经济革命与经济史的研究方法》等。

著作主要有：郑延慧《工业革命的主角》、曹焕旭《中国古代的工匠》、朱小田《江南乡村妇女职业结构的近代变动》、罗丽馨《明代匠户之仕官及其意义》等。

四是工匠管理。

工匠管理主要涉及行业的管理问题，主要表现为国家政府对官工匠的管理和行会组织对民间工匠的制约，这是探讨工匠作为一种职业如何运行发展非常重要的一个方面。其相关成果主要如下，其中论文主要有：陈诗启《明代的官手工业及其演变》《明代的工匠制度》、邱敏《六朝官营手工业的管理和劳动者地位的变化》、魏明孔《唐代官府手工业的类型及其管理体制的特点》、刘玉堂《楚国手工业生产管理、技术职官》、杨浣《西夏工匠制度管窥》、朱学文《秦汉漆器手工业管理状况之研究》、周侃《唐代手工业者家庭生活探微》、刘莉亚《元代手工业研究》、刘花章《两汉手工业商业的官营和民营》、韩香花《史前至夏商时期中原地区手工业研究》、黄明浩《清代工匠角色转换及其法律调整》、陆德富《战国时代官私手工业的经营形态》、毕传龙《从清宫造办处档案看珐琅作工匠组织管理》、李传文《明代匠作制度研究》、胡平《明清江南工匠入仕研究》、马建春《元代的西域工匠》、杜建录和吴毅《西夏手工工匠考》、曾令怡《元代官窑制瓷工匠初探》、刘永成《试论清代苏州手工业行会》等。

著作主要有：祝慈寿《中国工业史》、王世襄《清代匠作则例》、王蔚和恩隶《中国建筑文化》、余同元《传统工匠现代转型研究：以江南早期工业化中工匠技术转型与角色转换为中心》、全汉升著和陶希圣校《中国行会制度史》、傅衣凌《明代江南市民经济试探》等。

五是其他主题。

工匠问题相关成果颇为丰富，所涉及主题远不止以上四个方面，还有许许多多其他方面的探讨，如对工匠伦理问题的探讨、工匠在行业中的重要作用等，都是了解和研究工匠及其中华工匠文化体系的重要资料。其相关成果主要如下，其中论文主要有：曾令怡《元代官窑制瓷工匠初探》、李世武《作为文化实践的语言——中国工匠咒语解析》、陈立立《吉州窑工匠在景德镇瓷都地位确立过程中的作用》、过常宝《论先秦工匠的文化形象》、吴立行《工匠制作与世俗需求——以祖宗像为例》、郑瑞侠《出入于崇道制器之间的工匠角色比量——论先秦文学中的匠人形象》、彭圣芳《晚明文人工匠观探析》、雍建华《鲁班的高超工匠艺术之历史探源》《中国古代家具工匠发展演变初探》、刘康德《论中国哲学中的"农夫"与"工匠"》、许飞进和王玉花《江西乐平传统戏台工匠行帮的分布与传承》、王哲然《近代早期学者—工匠问题的编史学考察》、樊蕊和李木子《中国古代工匠伦理探究》、徐少锦《中国古代工匠伦理初探》、冻国栋《唐宋历史变迁中的"四民分业"问题——兼述唐中后期城市居民的职业结构》、傅衣凌《明代苏州织工、江西陶工反封建史料类辑》、李华《从"盛世滋生图"看清代前期苏州工商业的发展》等。

著作主要有：严中平《中国棉纺织史稿》、童书业《中国手工业商业发展史》、蒋兆成《明清杭嘉湖社会经济研究》、刘国良《中国工业史》、郑学檬《中国企业史》、吴承明《中国企业史》、段本洛《苏州手工业史》、徐新吾《近代江南丝织工业史》《江南土布史》《近代缫丝工业史》、范金民等《明清江南商业发展史》、李伯重《江南的早期工业化》《明清江南生产力研究》《多视角看江南经济史》《中国经济史研究新探》、王崇杰《鲁班文化研究论丛》、袁熙旸《非典型设计史》、赵坚《苏州工匠文化》、吴立行《考工记：工匠·功能·风格》、尹定邦和邵宏《设计学概论》、[日] 榊原英资《日本的反省走向没落的经济大国》、Glenn Adamson, *The craft, a reader*、Richard Sennett, *The Craftsman*、邱春林《设计与文化》、顾丞峰《艺术中的工匠》、吾淳《古代中国科学范型：从文化、思维和哲学的角度考察》等。

第二，工匠精神问题。

工匠精神问题是工匠职业操守和职业精神方面的一种升华与凝练，是中华工匠文化体系的核心问题。如果说工匠问题探讨的是主体问题，工匠精神则探讨的是主体精神问题。这也是研究中华工匠文化体系问题的重点。其代表性成果主要可以分为对工匠精神基本含义的探讨及其实践价值与影响的研究。

一是工匠精神基本含义。

研究工匠精神的相关问题，首先要厘清其基本含义。其相关成果主要如下，其中论文主要有：薛栋《论中国古代工匠精神的价值意蕴》、臧志军《两种"工匠精神"》、李宏伟和别应龙《工匠精神的历史传承与当代培育》、肖群忠和刘永春《工匠精神及其当代价值》、李艳芹和姜苏原《探讨新常态背景下传统手工艺工匠精神》、杭间《工匠精神的借古鉴今》、查国硕《工匠精神的现代价值意蕴》、刘志彪《工匠精神、工匠制度和工匠文化》、李砚祖《工匠精神与创造精致》、李小鲁《对工匠精神庸俗化和表浅化理解的批判及正读》、王东宾《工匠精神背后的文化、伦理与制度内涵》、王新宇《"中国制造"视域下培养高职学生"工匠精神"探析》、陈钢《工匠精神的创新含义》、陈文龙《道、术、技，工匠精神的三重境界》、岳莹莹《发扬"工匠精神"——让少数民族艺术大放异彩》、紫叶《"工匠精神"》、刘晓《技皮·术骨·匠心——漫谈"工匠精神"与职业教育》、杨庆华《关于"工匠精神"的冷思考》、王寿斌《正确认识"工匠精神"的内涵和外延》、林颐《工匠精神的核心是创新》、毛国强《工匠精神 代代传承——谈民国时期毛顺兴陶器行的工匠精神传承》、赵亮《我所理解的工匠精神》、朱仲南《"工匠精神"的遗忘与回归》等。

二是时代呼唤工匠精神。

时代呼唤工匠精神主要探讨工匠精神在当代失落的原因及其实践价值、影响等问题。工匠精神作为工匠文化体系的核心，主要由其重要价值而体现。工匠精神的重提在近几年掀起了对其的研究热潮，这方面的成果近两年逐渐增多，其相关成果主要如下，其中，论文主要有：肖群忠和刘永春《工匠精神及其当代价值》、李艳芹和姜苏原《探讨新常态背景下传统手工艺工匠精神》、王小茉与王卫平《论工业化背景下的工匠精神》、任宇《培育"工匠精神"加快质量强国建设》、金碚《企业对创新应有更全面认识，要有工匠精神》、柯秉光《工匠精神 智造强国》、张东锋《用工匠精神引领中国制造》、牛禄青《工匠精神：中国制造的软肋》、阳迁《用"工匠精神"提升"中国制造"》、李泾一《弘扬工匠精神 做强中国制造》、汪莉《中国制造亟待"工匠精神"》、任志新《打造"工匠精神"，圆"中国制造梦"》、凌云《"工匠精神"：中国制造的精品之道》、赵晓玲《中国制造2025与工匠精神》、杨祖华《中国制造需要工匠精神》、钱桂林《培育"工匠精神"，让中国的优质制造走向世界》、康论《以工匠精神锻造高端中国制造》、张东锋《用工匠精神 引领中国制造》、施建平《"中国制造"呼唤工匠精神》、黄瑞松《让工匠精神在中国制造中闪光》、薛世君《"中国制造"呼唤"工匠精神"》、阚雷《别因工匠精神的浪漫，掩盖工匠制度的缺失》、刘志彪《工匠精神：生于制度还是孕于文化》、孙仁祥《工匠精神是塑造品牌的灵魂》、冯昭奎《"工匠精神"日本制造业发展的动力》、柯秉光《工匠精神 智造强国》、宋鑫陶《时代呼唤"工匠精神"》、张博《重塑"工匠精神"》、鲁贵卿《培育工匠精神 促进企业提质升级》、朱仲南《呼唤工匠精神》、白峰《永不过时的"工匠精神"》、张东锋《用工匠精神引领中国制造》、夫之《时代呼唤工匠精神》、郁红《呼唤工匠精神的回归》、李小灵《工匠精神成就世界品质》、庄之蝶《中国需要"工匠精神"》、陈述《工匠精神＋技术创新是应对消费升级的制胜法宝》、阳迁《用"工匠精神"提升"中国制造"》、唐林涛《设计与工匠精神——以德国为镜》、苏军《"工匠精神"与教育自觉》、全行《中国传统服饰中的工匠精神及启示》、毛传来《我们需要怎样的"工匠精神"》、丰石《国外的"工匠精神"》、万江心等《中国企业的工匠精神》、胡艳丽《寻回遗失的工匠精神》、徐和谊《工匠精神的基因》、陈强《倡导"工匠精神"，重塑"做事文化"》、陈华文《重新认识"工匠精神"》，黄健《寻回并发扬"工匠精神"》、龚友国等《"工匠精神"背后：企业技术人才困境凸显》等。

著作主要有：和力《负责到底：坚守敬业的工匠精神》、郑一群《工匠精神：员工的十项修炼》、刘志则和张吕清《董明珠：中国工匠精神杰出代表》、钱宸《工匠精神4.0：做与时俱进的优秀员工》、[日]本田宗一郎《匠人如神》、金岩和柴钰《工匠品》、郭宇宽《情感定制·意义经济》、杨朝晖《致工匠创时代：工匠精神的30项精密传承》、曹顺妮《工匠精神：开启中国精造时代》、蒋津《匠人精神》、苏燕《人生需要匠人精神：日本当代10位陶艺家的手作情结》、王卜《大道与匠心》、[日]秋山利辉《匠人精神：一流人才育成的30条法则》、[日]根岸康雄《工匠精神》、[美]亚力克·福奇《工匠精神：缔造伟大传奇的重要力量》、付守永《工匠精神：向价值型员工进化》等。

第三，工匠文化问题。

支撑工匠精神的是其背后的工匠文化，工匠文化问题是本质问题。工匠的培育、工匠精神的培育环境塑造都离不开工匠文化的支撑。重提工匠精神必须重建工匠文化体系，这是本课题研究的核心与重点。目前这类成果相对较少，其相关成果主要如下，其中，论文主要有：曹志宏《让工匠文化绽放新时代风采》、刘志彪《我们缺少的不是"工匠精神"，而是"工匠文化"》、于文《〈大国工匠〉：重塑尊重工匠的文化》、李继凯《培育工匠精神，重在营造"匠心文化"》、邹其昌《论中华工匠文化体系》《〈考工典〉与中华工匠文化体系建构》、王东宾《工匠精神背后的文化、伦理与制度内涵》、刘志彪《工匠精神、工匠制度和工匠文化》《构建支撑工匠精神的文化》、熊伟《工匠精神的文化意涵》等。

（2）相关问题（造物文化、手工艺文化、设计文化、科技文化）

中华工匠文化体系的相关问题涉及面比较广，包括造物文化、手工艺文化、设计文化、科技文化等方面，事实上，这几个方面与工匠文化体系有部分研究内容的重合，只是研究的旨趣和目标有所差异而已。如上所述，工匠文化相对于造物文化、手工艺文化、设计文化、科技文化等，这些研究极为薄弱，基本上才刚刚起步，他山之石，可以攻玉，因此对这几个方面研究的爬梳有利于本课题的研究夯实基础和健康发展。

第一，造物文化。

造物文化研究是物质文化研究的一部分，主要包括器物形态研究、器物材料研究、器物技术研究、器物审美研究等。工匠可以说是我国古代造物的主体，工匠文化内涵于中国传统造物文化，对造物文化的梳理有利于进一步厘清工匠文化的相关问题。其相关成果主要如下：程艳萍《中国传统家具造物伦理研究》、何佳《中国古代的造物人文观》、黄石《浅析中国传统造物文化》、潘越《现代产品设计对于儒家思想下造物文化的借鉴》、刘启文《浅析中国古代造物艺术的文化精神》、薛生辉《传统造物设计中的中国文化思想》、孔德明《从赫哲族鱼皮服饰探寻三江平原的造物文化》、梅映雪《传统工艺造物文化基本范畴述评——传统工艺美学思想体系的再思考》、沈业《黑陶工艺品中龙山文化的造物思想在其包装设计中的应用研究》、杨传杰《山东传统织机造物文化探究》、夏娟《畲族传统造物设计的文化生态探析》、朱河和杨先艺《华夏衣冠，造物之美——浅析汉服中的造物文化》、田云飞等《楚造物艺术文化的符号表达》、姚吉人《传统造物文化中的材质》、王健《六朝时期造物设计的文化考量》、孙发成《文化学视域下的传统"工艺造物"及其审美特性》、丁诗瑶和顾平及姚丹《造物文化学科体系下的灶具研究——以身体介入空间为例》、周志《品物皆春——春季节气与造物文化》、刘晶晶《适意消夏——夏季节气与造物文化》、袁园《金秋醉人——秋季节气与造物文化》、张明《冬节藏物——冬季节气与造物文化》、胡飞《论中国古代造物的设计文化观念》、孙璐《扬州玉雕的造物文化思想研究》、魏天德《中国传统造物文化对现代设计的启示》、周明扬《论工艺美学的发展与造物文化的传承》、魏勇《中国传统造物设计内蕴的文化基因》、黄曦《试论传统造物文化对工业设计的启示》、庄威《造物艺术的文化观》等。

第二，手工艺文化。

手工艺文化是我国传统文化的一个部分，早期工匠从事的很多活动也可称为手工艺活动（也称作"工艺美术"或"工艺""工艺文化"等），或者说传统工匠文化与手工艺文化在早期有很多重合之处，对手工艺文化的研究有利于补充工匠文化的相关研究。其相关成果主要如下，其中，论文主要有：达妮莎《清代蒙古族民间手工艺文化研究》、David Makofsky 与赵楠《现代人类学视野下的维吾尔族传统手工艺文化研究》、闫玉和彭兆荣《传统手工艺文化的现代表述——以黔东南苗族银饰锻制手工艺为例》、徐艺乙《中国历史文化中的传统手工艺》、荆雷《中国当代手工艺的核心价值》、钟玮《羌绣手工艺变迁与呈现中的文化重构与创新》、谢良才和张焱及李亚平《中国传统手工艺文化重建的路径分析》、陈君《传统手工艺的文化传承与当代"再设计"》、李纯和葛苑菲《从维吾尔传统手工艺透视其传统文化》、陈相宜《兰溪竹编传统手工艺文化重塑研究》、胡平《中国传统手工艺的复兴》、张兴全《天水地区民间建筑脊饰手工艺文化研究》、杨斌《手工艺是文化，更是生产力》、李鹏《浅析中原传统手工艺文化的保护与发展》、玛日古丽·艾力《维吾尔妇女手工艺术文化研究》等。

著作主要有：彭泽益《中国近代·手工业史资料》、陈诗启《明代官手工业的研究》、National Geographic Society（U.S.）*The craftsman in America*、祝慈寿《中国古代工业史》、陈诗启《从明代官手工业到中国近代海关史研究》、《中国古代建筑史》（五卷本）、[日] 柳宗悦《工艺文化》《工艺之道》《日本手工艺》、卢西·史密斯《世界工艺史》、金鹰达《中国传统手工艺》、沈从文《沈从文全集》（第 28—32 卷）、李平《东北民族民俗丛书·东北代表性行业作坊卷》、基思·卡明斯《世界玻璃工艺史》《中国手工艺》、左靖主编《百工 01》《碧山》系列、徐胜利和陈慧清《百工录》系列丛书（目前已经出版《苏式浅雕》《苏式核雕》《苏式装裱》《苏式砖雕》《桃花坞年画刻制》《桃花坞年画印制》《金属锻造艺术》《首饰花丝艺术》《首饰錾刻艺术》《唐卡艺术》）、陈昌余《永康百工》、国家文物局和首都博物馆《百工千慧》、双根《世相百工》、冷坚《百工呈奇》、华觉明和李劲松《中国百工》、胡文彦和于淑岩《家具与百工》、扬之水《中国古代金银首饰》（共 3 册）、雷德侯《万物》、薛凤和刘东《工开万物》、华觉明等《中国手工技艺》等。

第三，设计文化。

古代工匠与今天的设计师在很大程度上存在相似性，尽管设计是一个现代词，但其传统根源在遥远的古代，今天的设计文化与工匠文化有着千丝万缕的联系，甚至可以说工匠文化是设计文化的前世，设计文化是工匠文化的今生，对设计文化的解读有利于更全面、更开放地研究工匠文化体系。其相关成果主要如下，其中论文主要有：陈宇《城市街道景观设计文化研究》、吴笑露《中式茶具设计文化研究》、周鹏《通过产品语意塑造中国特色设计文化的探讨》、代海燕《坐具设计文化寓意的研究》、邢庆华《设计文化"回归"论》、陈岩《日本现代设计文化研究》、周之澄《上海田子坊设计文化与设计方法研究》、杨柳《礼品包装的设计文化特征研究》、杨梅《历史上中西设计文化的比较研究》、罗玲《解析设计文化中的设计意识与设计营销》、刘悦《中国当代陵园设计文化研究》、杨婧《多元一体的设计文化在产品设计中的应用》、胡飞《论中国古代造物的设计文化观念》、李砚祖《设计的文化身份》、李麟和吴珏《试论传统设计文化对现代设计艺术发展的影响》、惠伯金《文字设计的视觉语言设计文化观》、汪瑞霞《在文化的语境中解读设计——设计文化学研究新视野》、李龙生《设计文化的价值及其文化传播》、吴祖慈《论设计文化的共性与特性》、朱喆和陈新华《以和合思想发展中国设计文化》、周宇《数字化时代设计文化研究》、黄婕《17、18世纪中西设计文化的交流》、李蔓丽《中西设计文化探源》、余森林《数码产品设计文化研究》、许越琦《再论"设计文化"》、郝静和郭乐峰《从现代设计文化看中国设计的发展》、何明《中华传统设计文化对古典家具艺术形态的影响》、廖曦《设计文化的现实意义》、蔺清《北齐设计文化研究》、郑超《浙江宁海十里红妆设计文化研究》、朱翀楠《以设计文化视角对农安辽塔的审美探析》、何芳《以圆为象——中国传统"圆"设计文化研究》、张国斌《〈洛阳伽蓝记〉中的城市设计文化研究》、冯志《设计文化和文化设计——试论公共设施设计的文化关联》、李丛芹《从"设计"到"文化设计"的辨析：一个本体论视角》、李克《理性与非理性冲突中的现代设计文化》、李清华《地方性知识与后工业时代的设计文化》《中国设计文化的创造性转化——以传统图形为例》等。

第四，科技文化。

科技文化的研究包括技术哲学、科技史、科技教育等问题。其相关成果主要如下，其中，论文主要有：易显飞《科技文化研究的现状与走向》、杨怀中《科技文化的历史地位及当代价值》、杨怀中和裴志刚《科技文化：中国社会现代化的必然选择》、欧阳绪清和欧阳聪权《科技文化与人和自然的和谐》《当代科技文化的特征、内在价值与建构》、崔云《论我国科技文化建设的途径》、吴晓江《科技文化传播的内涵、机制和评价》、张馨元《中国古代科技文化及其当代价值》、高远《楚国科技文化遗产及其展陈研究》、包蕾《社会文化建设中科技文化价值研究》、丁宏《春秋战国中原与楚文化区科技思想比较研究》、何亚平和张洪石《科技文化的价值观与技术创新》、张云霞和辛望旦《科技文化的成长与中国现代化进程》、樊国华《和合思想对中国古代科技文化的影响》、耿喆辉《科技文化引领和谐社会的构建》、邵继成《科技文化进化的机理及向度诠释》、刘玉静《明清时期中外农业科技文化交流研究》、朱宏斌《战国秦汉时期中外农业科技文化交流研究》、陈茜《传统文化的反思与新型科技文化的构建》、施若谷和刘德华《历史进程中科技文化的多元形态》、贾兵强《近年来我国科技文化研究综述》、高建明和黎德扬《论科技文化系统》、刘国章《科技文化、系统思维与文化强国建设关系探究》、潘之光《科技文化发展的历史进程及现状》、张柏春《对中国学者研究科技史的初步思考》、黄世瑞《略论中国科技史研究中史料考据的几个问题》、王勇《西夏科技史研读札记》、万辅彬《从少数民族科技史到科技人类学》、何亚平和张立及于小涵《竺可桢与中国科技史研究》、付邦红《李约瑟中国科技史研究动因新考》、王洪伟《如何表述传统技艺——基于钧窑科技史述实践》、郭金海《1980 年以来美国中国近现代科技史研究述要》、韩毅《20 世纪日本学者对宋代科技史的研究》、殷亮《"李约瑟难题"辨析及其对中国科技史研究的影响》、刘远明《李约瑟难题对中国科技史研究的影响》、万鸣《历史教学中的科技史教学及其意义》、王扬宗和张藜《学术与现实的需求——

中国近现代科技史研究》、卜风贤《后李约瑟时代中国科技史的发展趋向》、章梅芳《女性身份差异性与科学文化多元性——基于女性主义科技史研究的理论基础》、杨捷《当代德国的中国科技史研究》、戴叶萍《科技人才创新应注重科技史的学习》、王作跃《近现代中国科技史研究：历史、现状与展望》、胡大年《20世纪中国科技史研究有感》、汪前进和胡绐佳《科技史视角的科技战略研究》、李涛《论中国口述科技史研究》、李秋芳《〈三才图会〉及其科技史价值》、姜振寰《少数民族科技史在中华科技史中的地位问题》、訾威和杜正乾《气象科技史视野下的社会变迁——〈中国历朝气候变化〉评介》、胡远鹏《〈山海经〉：中国科技史的源头》、李迪《10年来国内学者对西夏科技史研究的进展》、管成学《中国古代科技史研究失误探源》、许康和李林安《1900—1982年间中国科技史论文的定量分析》、李迪《十年来中国少数民族科技史研究综述》、夏鼐《中国考古学和中国科技史》、邱龙虎和黄世瑞《胡适之科技史研究》、王勇《略论西夏科技史研究的文化观照》、苏冠文《西夏科技史的学科建设问题》、张玉海和杨志高《西夏科技史研究述评》、程燕平《古今中西第一人——李约瑟及其中国科技史研究》、王兴文《也谈中国科技史的史料考据问题》、闫勇《探究古代科技史的现代价值》、阎康年《世界科技史研究和教学的几个问题》、王章豹《中国古代机械工程技术的辉煌成就》、潘志华《谈中国古代的技术标准》、刘克明和杨叔子《中国古代工程图学及其现代意义》《中国古代机械设计思想初探》《中国古代工程图学的成就及其现代意义》《中国古代机械设计思想初探》《中国古代工程制图的数学基础》《中国古代机械设计思想的科学成就》《中国古代图学对现代工程图学的贡献》、卢本珊《中国古代采矿工程技术史研究的几个问题》、杨树栋《机械工程——中国古代技术进化的标志》、何红中《中国古代粟作研究》、杨星宇《元上都遗存科技应用研究》、王兆春《中国古代军事工程技术管理机构的演进》、崔杨《我国古代画中的机械图研究》、陈万球《中国传统科技伦理思想研究》、何堂坤《中国古代工程技术史大系》、张芳《中国古代淮河、汉水流域的陂渠串联工程技术》、刘克明《中国古代工程技术语言的科学成就》《秦代技术思想初探》《老子技术思想初探》、张应杭《论工程技术伦理中敬畏自然的理念培植——基于中国古代道家的研究视阈》、张秀红《我国古代科技文献的保存与流传》、李映发《都江堰在科学技术史上的价值》、郑俊巍和王孟钧《中国工程管理的历史演进》、刘克明和杨叔子及左红珊《〈老子〉技术思想初探》等。

著作主要有：赵丰等《中国古代物质文化史》、路甬祥《中国古代工程技术史大系》（20卷）、李约瑟《中国科学技术史》、卢嘉锡《中国科学技术史》、李智舜《中华科技五千年》、李春泰《墨子科学技术思想研究》等。

以上，基本上展示了当代与本课题主题和内容研究相关的研究成果状况，资料搜集比较全面系统，为本课题的深入研究基本上做到了胸中有数、有的放矢。

（三）对已有相关代表性成果及观点作出科学、客观、切实的分析评价，说明可进一步探讨、发展或突破的空间，具体阐明本选题相对于已有研究的独到学术价值、应用价值和社会意义

1. 对已有相关代表性成果及观点的具体分析评价

应该说，随着高科技发展、工业4.0以及国际经济政治文化的重大转型，"工匠文化"及其"工匠精神"已逐渐成为一个国家、一个企业获得核心竞争力的重要武器，这就是"特色"。这一点也成为了诸多有识之士的共识，且纷纷发表观点、出版著作、推行实施等，还有诸多出版社大量引进国外诸多"工匠文化"的著作。

论文方面，据《中国知网》检索，以"工匠"词为篇目检索的论文，共有2000余篇，如果再细化为"工匠精神""工匠文化"词条，检索结果则是"工匠精神"有1600余篇，而"工匠文化"仅10篇（其中还有两篇重复，另有三篇不是学术论文，实际上只有5篇）。书籍方面，据亚马逊等电商及重要图书馆检索，以"工匠""工匠精神""工匠文化"等关键词检索的图书，

近 200 条。经过研读、对比分析，根据其研究内容、学术价值，筛选了 300 余篇（册）与本课题探讨密切相关并有利于进一步展开研究的论文和著作。这些著作主要涉及如下主题和内容：一是工匠问题研究：主要包括工匠的概念、工匠的分类、工匠身份地位以及工匠管理等；二是工匠精神问题研究：主要包括工匠精神的内涵、工匠精神实践价值的探讨与研究以及工匠精神在当代失落的原因等；三是工匠文化问题研究：涉及工匠文化的内涵及历史问题研究等；四是工匠文化体系建构的问题：主要探讨什么是工匠文化体系以及构建工匠文化体系的路径问题等。

（1）"工匠"问题研究及评述

一是"工匠"概念研究评述。

对工匠概念、意涵的理解是工匠相关问题的基础性问题，主要探讨"工匠是什么"。从收集的文献资料来看，目前，学者对工匠内涵的分析与界定基本上是从职业角度来阐释。其代表观点如下：

1）余同元《中国传统工匠及其现代转型界说》详细论述了"工匠"的基本定义、基本要素、基本特征。他认为："工匠是指具有专业技艺特长的手工业劳动者"，他们往往具备以下三个基本要素：专业的或手工业行业分工的要素；技术的或专门技术技能的要素；艺术的或工艺的要素。并指出了传统工匠与工人之间的差别，"传统工匠是从事传统手工业生产的劳动者，主要指在家庭、作坊或在手工工场里劳动的技术工人。后来'工人'主要指工业生产的体力劳动者"。[①]

2）肖群忠等《工匠精神及其当代价值》指出："工匠一般是指从事器物制作的人"。[②]

3）李砚祖《工匠精神与精致创造》指出："工匠，有广义和狭义的不同所指，狭义的也即传统意义上专指从事手工造物和劳作的匠人，如木匠、瓦

① 余元同：《中国传统工匠及其现代转型界说》，《史林》2005 年第 4 期（参见其博士论文《中国传统工匠现代转型问题研究》的相关章节）。

② 肖群忠、刘永春：《工匠精神及其当代价值》，《湖南社会科学》2015 年第 6 期。

匠、铁匠、皮匠等；在现代，广义的指包括传统匠人在内的所有从事劳作的专业人员和生产者。"①

4）邹其昌《论中华工匠文化体系》认为，"工匠"亦称之为"匠人""匠""工""人匠""百工""国工""工官"等，是一个意指非常广泛的概念。"工匠"最为基本含义就是古代社会结构"四民"——"士农工商"之"工"，是古代经济三大支撑（农工商）系统之一。从语义学角度，工匠是集"巧"（技术原则，或技术设计）和"饰"（艺术原则，或艺术设计原则、审美原则）于一身的从事造物活动的创造者和劳动者；从社会学和社会经济结构的角度，"工匠"既是一个共同体，也是一个层级性社会群体。从社会层级结构来看，大致可以分为管理型的"工匠"（大匠、百工）、智慧型的"工匠"（哲匠、意匠）、技术高超型的"工匠"（巧匠、艺匠）、一般性的"工匠"（匠人，以及各工种的从业人员如木匠、银匠、石匠、花匠、画匠等）等四类。从性别而言，既包括男性的"工""匠""工匠""百工"等，也包括女性的"妇功"即"女红"。从管理体制而言，分为官府"工匠"和民间"工匠"。从造物活动这个角度来说，工匠又是第二自然"人工界"（man-built world）的创造者和构建者，具有"造物主"性质，地位神圣而崇高。"工匠"既要"创物"（包括发明、创造、设计等）以弥补自然的缺失，还要"制器"（制造、生产）以满足人类日常生活及其相关需求，更要"饰物"以满足人类日益丰富精神需求或提升社会生活品质等等，是三位一体。由此可见，依据现代社会分工，"工匠"既是哲学家、科学发明家，也是工程师和技术创新专家，还是艺术家和美化师等，是多重身份或职能的统一。因此，我们完全有理由说，"工匠"实际上更符合于当今的"设计师"称谓。②

5）岳振廷在《"工匠"就是人才》中也谈道，匠"一般指的是有专门手艺的工人，也称'匠人'或'工匠'，如木匠、铁匠等能工巧匠"，而现代时

---

① 李砚祖：《工匠精神与精致创造》，《装饰》2016 年第 5 期。
② 邹其昌：《论中华工匠文化体系》，《艺术探索》2016 年第 5 期。

期的"工匠"则主要形容一批像"一线生产工人中的高级工或者关键岗位的员工"。①

6）王雁翔《"工匠"与"艺术家"辨析》指出，"工匠"就是手工艺人，包括"木石匠、打铁匠、泥瓦匠、剃头匠、裁缝、厨师等"。与艺术家相较而言，工匠具有偏向"追求技艺方法""重复复制""匠知识储备较单一"等特点。②

7）李小鲁《对工匠精神庸俗化和表浅化理解的批判及正读》指出，现代工匠"是长期受到工业文明熏陶、训练而培育出来的一种专门人才。这种专门人才在整个专业活动中掌握着较高的技能、技艺和技术，只有达到这个高度才能称之为工匠，反之，一般的作坊工、简单熟练工，不能称之为工匠。"③

简要评述："工匠"的意涵，主要探讨"什么是工匠"（如何全面理解工匠问题），不同领域的学者对工匠概念作出了不同的解释：余元同教授认为"工匠是指具有专业技艺特长的手工业劳动者"，并具备一定的艺术素养、专业能力、技术技能等。这一界定在一定程度上客观还原了"工匠"的性质与意涵。但也有学者认为"工匠"只是手艺人，重在重复制作，追求技艺的娴熟而甚少考虑其背后的精神理想，有的学者则认为"工匠"在一定程度上是今天的高级技工。这些观点虽有一定的合理性，但仍有失偏颇。其实，今天大多观点认为传统工匠主要指手工艺人，现代意义上的工匠则主要指高级技工（工人）。将"工匠"视为今天的"工人"也许是社会对"工匠"最普遍的误解。正如吴立行老师所言，"工匠"是一个多层次的、动态的概念，无法武断地去界定其意涵。而邹其昌从不同的视角、不同层次分别界定"工匠"，更有其合理性。他认为依据现代社会分工，"工匠"既是哲学家、科学发明家，也是工程师和技术创新专家，还是艺术家和美化师等，是多重身份

---

① 岳振廷：《"工匠"就是人才》，《企业观察家》2016 年第 4 期。

② 王雁翔：《"工匠"与"艺术家"辨析》，《艺术科技》2013 年第 11 期。

③ 李小鲁：《对工匠精神庸俗化和表浅化理解的批判及正读》，《当代职业教育》2016 年第 5 期。

或职能的统一。在某种程度上"工匠"类似于今天的"设计师"称谓。

由此观之,学界对"工匠"的分析与解读分为两大类:一是认为传统工匠即为手工艺人,今天的"工匠"则指高级技工(工人)这类人;二是认为应从多角度、多层次动态地去理解、界定"工匠"。很明显,前者对"工匠"的看法过于狭隘,这也是当前对"工匠"存在的普遍误解;后者则以系统的眼光审视"工匠",相对来说比较客观合理,尤其是邹其昌教授对"工匠"的理解与论述,正是本课题的题中之义。

二是"工匠"类别研究评述。

工匠类别是探讨工匠相关问题中比较常见的一个关注点。目前,学界对手工业分类的观点基本一致,大致按所属的层级分为官营手工业和民间私营手工业两大类,相应"工匠"的类别就有官府工匠和民间工匠之分了,而官府工匠和民间工匠在不同时代又有不同的细分。根据从事的不同行业类别,工匠也可分为不同类型。因此,目前研究成果对工匠的分类主要依据所属层级和从事行业类别。其主要观点如下。

1)陈诗启《明代的官手工业及其演变》算较早阐述工匠相关问题的文章,文章对明代官工匠的类别及其工作内容作了比较详细的阐述。根据坐班类型的不同,官工匠可分为轮班工匠和坐住工匠,班工匠根据不同的时间轮班上岗,后来固定为四年服役三个月。而坐住工匠的服役时间长,因此享有的待遇也稍微好一点。以上两种工匠都属于民匠,还有一种军匠。军匠一般从事军事武器生产。其次,工匠之下常有不少夫役作为工匠的助手。①

2)魏明孔《唐代官府手工业的类型及其管理体制的特点》分别将官府手工业分为中央政府在京师直接经营的手工业、建筑及公共工程手工业、地方政府经营的手工业、中央政府在地方经营的手工业、军事手工业及其他类型的官府手工业等。②

---

① 陈诗启:《明代的官手工业及其演变》,《历史教学》1962 年第 10 期。
② 魏明孔:《唐代官府手工业的类型及其管理体制的特点》,《西北师大学报(社会科学版)》1993 年第 2 期。

3）陆德富《战国时代官私手工业的经营形态》①具体讨论了战国时代官营手工业中的工匠分类，文章认为大致可以包括"旧的百工族手工业劳动者""从民间招纳的私营手工业劳动者""官府培养的手工业劳动者"三大类。

4）刘莉亚在《元代手工业研究》中指出，官府工匠多是"优中择精"，官府手工业中汇集了大量能工巧匠，他们有的来自"臣属国的工匠"，有的来自民间搜罗的巧匠以皇帝、各级官员等为服务对象，因此官府工匠不仅技艺高超，还有专门的官员管理。②

5）周侃《唐代手工业者家庭生活探微》论述了唐代官府手工业和民间手工业的分类构成。作者指出唐官府工匠主要有"官奴婢、刑徒和征自民间的各类工匠"。而民间在一些经济发展较快的地区，也出现了许多专门的手工业者，有制茶户、井户、海户、盐户、糖户等，民间工匠中还分为官匠户（不同于官府手工业者，他们完成特点的任务即可恢复自由之身）和私人手工业者、个体手工业者等。③

6）余同元《中国传统工匠现代转型问题研究》指出，"明政府继承了元代的工匠制度，把有技艺的工匠编为匠户，其主要来源有三：一是元代遗留下来的匠户，二是抽选，三是因罪责充或籍充。按照他们的户籍，可分为民匠、军匠和灶户三种，民匠是具有专业造作技术的劳动者，由工部和内府各监局等部门管辖，是官手工业劳动力中的主力队伍军匠是具有军器生产技术的劳动者，归都司卫所管理，也是官营手工业的重要组成部分灶户是生产食盐的专业户，属户部管辖。此外，还有散处在全国各地的矿冶户、窑户、机户等，也由户部管辖"。④

7）章永俊《金代中都地区手工业述略》中指出，"金代官府手工业的工

---

① 陆德富：《战国时代官私手工业的经营形态》，复旦大学学位论文，2011 年。

② 刘莉亚：《元代手工业研究》，河北大学学位论文，2004 年。

③ 周侃：《唐代手工业者家庭生活探微》，曲阜师范大学学位论文，2004 年。

④ 余同元：《中国传统工匠现代转型问题研究》，复旦大学学位论文，2005 年。

匠分为官匠、军匠和民匠。官匠指长期在官府服役的工匠，他们根据不同技术分工和手艺高低而冠以不同名称，其钱粮衣物都由官府支给，并根据工种和技能高低各有等差。凡为官匠即终身服役，且世代不能解脱。民匠是从民间招雇的手工业者。军匠是从军队中抽调服役的"。①

8）沈黎《香山帮匠作系统研究》②则是关于中国著名匠帮"香山帮"的较为全面的著作，对香山帮的历史、技术和文化做了全面而系统的考察研究。书中对近代著名香山耆匠——姚承祖的生平做了全面的追踪，并且从姚承祖所作的《营造法原》出发，结合前代文献，分析了其中包含的技术和文化内容，如提栈的技术本质、草架的发生和演变、传统匠人图样的表达方法、运用苏州码的计数方式等。更进一步分析了香山帮的营造技艺和文化特性，探讨了香山帮匠作系统的变迁。

9）乔迅翔《宋代营造类工匠考》详细介绍了宋代的官工匠类型，包括军匠与民匠（差雇匠与和雇匠）。军匠一般为军人，而差雇匠、和雇匠都是政府在民间雇佣的工匠以保证国家政府手工业所需。由于受压迫受剥削程度高，尽管有纳资代役，但是只有少数匠人才能真正享有这一政策。因此，差雇匠在实际操作过程中带有强制性，尽管和雇匠强调雇值合理，雇佣关系的自主，但在实际操作过程中也与差雇匠差不多。而"'军匠''民匠'最大差别在于体现身份的待遇，即军匠虽为'匠'，但其军人的身份是民匠所没有的，军匠可因军功升阶"。而民匠是基本无法进入仕途的。③

10）霍小敏《五代十国手工业研究》按照劳作内容和行业的不同将五代的手工业分为冶矿业、铸钱业、兵器制造业、金属制造业、造船业、染织业等。相应地，从事相关劳作的手工业者也根据其从事的行业不同分为不同类型的手工业者。④

---

①　章永俊：《金代中都地区手工业述略》，《首都师范大学学报（社会科学版）》2012年第3期。

②　沈黎：《香山帮匠作系统研究》，同济大学出版社2011年版。

③　乔迅翔：《宋代营造类工匠考》，《华中建筑》2009年第8期。

④　霍小敏：《五代十国手工业研究》，厦门大学学位论文，2007年。

11）曹坎荣、徐洋《中国古代能工巧匠》[①] 是《中国历史知识全书》系列的一个分册，收集并整理了在我国悠久而灿烂的造物文化中有影响、有创造的能工巧匠 40 人；介绍了这些能工巧匠的事迹，歌颂了他们精益求精的精神和勤劳勇敢的民族智慧。

12）曹焕旭《中国古代的工匠》[②] 从历史学的视角对中国古代工匠系统的产生、发展都进行了较为详细的阐述。不仅有为官府劳作的工匠的记载，更把文章重心放在了民间作坊中的工匠上，并从工匠的身份自由、租税负担、日常生活、文化信仰等方面提供了全面而独特的视角和论断。

13）林峰《江南水乡》[③] 以第一人称为主视线，以亲身经历描绘场景，重点在新中国成立后江南城镇落笔墨，在本书第七章也专门描写了江南工匠。

14）杨浣《西夏工匠制度管窥》根据行业种类的不同将工匠划分为不同类型，作者认为大致有八类，如军械类就有弓箭匠、炮工等；土木建筑类就有井匠、舟船匠等；采矿冶炼类就有铁工、断金工等。[④]

15）［日］盐野米松著《留住手艺》[⑤] 以纪录片的形式呈现日本战后一代手工艺者的生活和作品，不仅是他们的手艺，还有他们的故事和人生。

16）小野二郎《寿司》[⑥]，作者小野二郎被称作当代第一寿司工匠，本书虽然是一本全面而系统地讲解了寿司的品类、寿司的做法、制作寿司的工具，并将自己五十多年寿司制作的经验与心得的图书，但从个中细节可以窥视到令人感动和镇服的工匠精神。

17）日本樱花编辑事务所编著《京都手艺人》指出，日本以"劳身"为荣，也保存了世界上少有的尊重匠人的文化。本书记录了 50 种传统手工艺，为此走访了 50 多位手艺人，其中有不少工艺濒临失传。它以丰富的图文诠

① 曹坎荣、徐洋：《中国古代能工巧匠》，北京科学技术出版社 1995 年版。
② 曹焕旭：《中国古代的工匠》，商务印书馆 1996 年版。
③ 林峰：《江南水乡》，上海交通大学出版社 2008 年版。
④ 杨浣：《西夏工匠制度管窥》，《宁夏社会科学》2003 年第 4 期。
⑤ ［日］盐野米松：《留住手艺》，广西师范大学出版社 2012 年版。
⑥ ［日］小野二郎：《寿司》，中国民族摄影艺术出版社 2015 年版。

释工艺流程，细腻地呈现在都市快节奏之下，手艺人如何用专注和手艺对抗机械时代的冰冷。这本书不仅是一份珍贵的记录，也是一次见证。在手艺人质朴的语言中，对工作的认真、对手艺的自豪和倾注一生的匠人精神触动人心。同时，他们对传承的忧虑和失落，同样让人揪心，也更体现了这本书作为"记录"的珍贵价值，它让我们得以见证京都手工艺辉煌的过去，也让我们看到了现实的残酷，为其今后的发展指明了方向。①

18）潘剑永《运斤成风：楠溪建筑工匠访谈录》②主要是对个别行业中工匠佼佼者的访谈和纪录，内容包括：木匠谢宝姆、木匠胡志春、木匠王光武、木匠金可武、木匠郑庆杏、木匠潘教善、古建匠厉长春、解板匠章定华、泥水匠金可贵、石匠徐进玉、开岩匠徐定焰、泥塑匠胡铁、油漆匠胡方伦等。书中内容生动而丰富，贴近现实。

19）张超著《渐渐消失的匠人行当》③从消失与保护的角度，对走街串巷的小贩、技艺精湛的艺人、智勇双全的镖师、勤劳勇敢的劳力以大体量详细地记录了84种已经在我们生活中消失或者濒临消失的行当和匠人，展现了他们的起源、发展、衰亡的过程，了解他们的传说和传承，了解在那个没有机器的年代里手工匠人能够达到的最高境界。

20）朱勇《岁华：寻根古树普洱茶》④是一本骨血丰满的古茶匠人志。从寻、艺、品、行四个角度记录了极具代表性的古法制茶手艺人和每一个为极致古茶全力以赴的人物故事，其中有奋战在前线在古茶坊里制茶的少数民族师父，也有为寻找和保护古茶文化的寻茶团队。

21）[日]美帆《诚实的手艺》⑤记载了与50多位匠人的对话。他们不仅走访了京都老铺的新生代手艺人，也重访了柳宗理的民艺之路，并将与著名

---

① 日本樱花编辑事务所编著：《京都手艺人》，湖南美术出版社2015年版。
② 潘剑永：《运斤成风：楠溪建筑工匠访谈录》，中国民族摄影艺术出版社2015年版。
③ 张超：《渐渐消失的匠人行当》，北京工业大学出版社2016年版。
④ 朱勇：《岁华：寻根古树普洱茶》，中信出版社2016年版。
⑤ [日]美帆：《诚实的手艺》，湖南美术出版社2016年版。

设计师、民艺馆馆长深泽直人的精彩对谈也收录其中。这本书，见证了手艺在一个尊重传统的国家的传承与复兴。

简要评述："工匠"的类型主要探讨了工匠从属或行业分类问题。根据前文所述，工匠的分类从所属层级来看，主要分为官府工匠和民间工匠，他们依据从属的机构而划分，受国家政府管控的一般属于官工匠，私人的、民间作坊或者个体手工业工匠则一般属于民间工匠，具体的官工匠又可分为军匠、民匠等。而依据所属行业来分，工匠又可依据从事的不同行业分为木匠、铁匠、砖瓦匠等。历朝历代虽对工匠的分类有所不同，但基本上都可以按照这两种分类方式进行分类。

文献中对官民工匠的分类论述相对较多，且多集中于对官工匠的讨论，主要是因为这部分的历史文献资料相对来说，比记录民间工匠的多一些。值得注意的是，对工匠类型的论述往往伴随着工匠身份地位，管理体制以及行业发展状况等问题的研究，很少有专门论述工匠分类这一单个问题的。

三是"工匠"身份地位研究评述。

根据对相关研究成果的分析考察，目前对工匠身份地位的研究基本是从其法律地位、经济地位以及在"四民"中的社会地位几个方面入手，有对不同时期工匠身份地位进行考察，也有对不同的确工匠身份地位的考察，其代表性成果如下：

1）韩香花《史前至夏商时期中原地区手工业研究》一文通过大量的文物论证了史前时期手工业者的身份地位，文中指出早期手工业者的出现主要是由于劳动分工而出现的一种自然分工，当时的手工业劳动者在"从事手工业生产的同时兼做农业或渔猎生产"，他们从事劳动的种类比一般的农业劳动者要多，因此他们可能会更加受尊重，此时，他们的经济地位也与其他氏族成员没什么太大差别。而到夏商时期，手工业者"在政治上还拥有发言权，受到统治者的重视"，可见早期的手工业者社会地位还是相对较高的。但要注意的是，当时并不是所有的手工业者地位都相对较高，作者认为根据出土文物，这些手工业者可以大致分为贵族和平民手工业者，很显然平民手工业者的地位相对低微。①

2）蔡锋《夏商手工业者的身份与地位》指出："夏代的手工业生产工匠身份以自由人为主要组成部分，而在王室及贵族作坊中也有少部分的奴隶。作为自由人的工匠在社会中因其职业的重要，受到王室和贵族的尊敬，因而，其地位也就高于一般的平民"。"殷代手工业生产中虽有一部分奴隶，但人数不是很多，其地位低下，境遇悲惨"，而"百工""多工"可能是大中贵族作坊与村社民间专业作坊中的自由手工业生产者，他们拥有自由民的身份，而身份较高的要数王室作坊的工匠，他们有升为手工业管理者的可能。②

3）孙周勇在《西周手工业者"百工"身份的考古学观察——以周原遗址齐家制玦作坊墓葬资料为核心》一文中通过考古分析指出，在西周"绝大部分活跃于官营手工业生产领域的劳动者'百工'享有和普通平民或庶民相当的社会地位，只不过他们依然以某种政治或经济纽带密切地与贵族或王室关联起来。'百工'既非奴隶，又不同于庶人。"③

4）刘玉堂《楚国手工业技术生产者的身份与地位》指出，楚国的工匠主要包括国工、客匠、工奴，其中，国工的身份为役徒，役徒在被征发前为有手工业技能的庶人，其身份与农奴相当，但高于奴隶。他们享有某种程度的人身自由，故其姓名可与专司官吏印记一同署于产品之上。客匠主要是国外工匠，当时也受到政府的重用。工奴则为其中身份最低微，"其身份同奴隶比较接近，但还不能神严格意义上的奴隶"。④

5）陆德富《战国时代官私手工业的经营形态》指出，在战国"官私手工业的形态已经趋于相对的稳定"，而相对官营手工业劳动的工匠其身份地

---

① 韩香花：《史前至夏商时期中原地区手工业研究》，郑州大学学位论文，2010年。

② 蔡锋：《夏商手工业者的身份与地位》，《中国经济史研究》2003年第4期。

③ 孙周勇：《西周手工业者"百工"身份的考古学观察——以周原遗址齐家制玦作坊墓葬资料为核心》，《华夏考古》2010年第3期。

④ 刘玉堂：《楚国手工业技术生产者的身份与地位》，《自然科学史研究》1995年第2期。

位而言较其他劳动者身份地位略高，但由于和政府的隶属关系，他们相当的不自由，而"民间工匠一旦被征招就隶属于官府了。从对官府的隶属性上看，他们的身份与春秋以前'食官'的工匠并没有太大的变化"。尽管如此，在与农比起来，尽管都作为庶民，可作为农业社会的根基，农民的身份地位很明显要高于手工业从业者，当时从事工商业者是被排除在官爵系统之外，可见工匠身份的卑微。[①]

6）杨一民《战国秦汉工商业者身份的变化与统治者的经济政策》指出："秦时工商业者的地位没有什么显著改变，他们中的绝大多数人仍不能获得军功爵位。"文中还指出，西周春秋时期工商业者的地位是极其低贱的，没有迁升机会，甚至不如庶民的身份高。到春秋战国之际，由于商品经济的发展，"工商业者的地位由奴隶上升为庶民"，但其地位依然很低。[②]

7）蔡锋《秦代手工业生产者的身份与地位》指出，秦"官府手工场中一部分生产者为服役的工匠，他们的人身是自由的，也可获得少量的报酬，在役满后仍可回到原来家中从事手工业生产。一部分则是属于奴隶或半奴隶的官奴婢与刑徒，或隐官刑徒一类的手工业生产者，身份低下，待遇极差，人身极不自由，在官府的严密监督下劳作，实际上刑徒是被当作奴隶一样来对待。此外，官府手工场中还有为数不少的官奴婢，他们都是由犯罪者家属及战俘转化而来，虽然人数没有刑徒多，但也占有相当的数量，其身份为真正的奴隶"，"在私营手工业与农民家庭副业生产中，主要为自由工匠、私属徒及个体手工业生产者。私属徒的实际身份为奴隶，地位低下"。[③]

8）蔡锋《两汉私营手工业生产者的身份与地位》指出，"两汉时期，雇佣工匠普遍存在于大中型的私营手工业中，他们属于有技艺的工匠，与雇主之间没有任何的人身依附关系，以技艺来获取一定的报酬，且在社会中有一

---

①　陆德富：《战国时代官私手工业的经营形态》，复旦大学学位论文，2011 年。

②　杨一民：《战国秦汉工商业者身份的变化与统治者的经济政策》，《江西师院学报（哲学社会科学版）》1982 年第 3 期。

③　蔡锋：《秦代手工业生产者的身份与地位》，《山西师大学报（社会科学版）》2010 年第 2 期。

定的地位。私营手工场中的奴婢，其来源于私属徒、买卖奴隶、家内奴隶、僮仆等，为私营手工场中身份最为低下的生产者，境遇比较悲惨；小作坊手工业以商品生产为目的，使用的劳动者多是家庭成员，或者雇佣一二名工匠进行生产。尽管个体手工业者是身份自由的国家的编户齐民，但同样在当时抑末政策压制下的社会环境中，必须接受封建国家的'市籍'管理，向封建国家交纳重税，其实际地位要低于农民"。①

9）邱敏《六朝官营手工业的管理和劳动者地位的变化》，主要分析了六朝时期官营手工业着的来源，主要包括奴婢、刑徒以及手工工匠，前者两者地位最为低贱，手工工匠的地位略高于前二者，但依然低于一般的庶民，"统计他们数量时，以家为单位，说明整个家庭处于被奴役的境地。户籍与士家兵户一样，世袭而不能随意移动。可见其地位与士卒相似，对封建政权有明显的依附性。手工工匠身份的卑微和依附性，意味着所受压迫的深重"，但从历史发展来看，此时工匠的地位已经比秦汉时期有了提高。②

10）魏明孔《浅论唐代官府工匠的身份变化》一文则通过对《新唐书》《旧唐书》等历史文献的研究，分析了唐代官工匠的身份地位，作者认为在《新唐书》中将官工匠称为"丁奴""官奴""户奴"，表明了官工匠身份地位的低微，不如农民及私人工匠。这主要表现为受控制较一般庶民更为严格；职业不易改变，难以进入仕途；受剥削程度严重。作者在文章中指出，尽管整体上官工匠地位比较低贱，但在唐中后期其身份地位相应得到了改善，唐中期以前，工匠以力服役，工匠所受限制比较严格；到天宝、开元之际，随着经济的发展，有了纳资代役，大部分官工匠由和雇而来。作者认为"工匠身份变化的主要标志是其服役形式的变化"，因此相对来说，唐中期以后随着和雇与纳资代役的逐渐普及，官工匠的身份也有所提高。最后作者还认为，中堂以后，官工匠与农民工匠的身份地位除了形式上的差别外，基本上没有

---

① 蔡锋：《两汉私营手工业生产者的身份与地位》，《山西师大学报（社会科学版）》2014年第3期。

② 邱敏：《六朝官营手工业的管理和劳动者地位的变化》，《南京社会科学》1992年第4期。

实质的差异。①

11）宋代时期，私营手工业的发展有超过官营手工业的势头，此时手工业的从业人数不仅大幅增加，内部的分工也越来越细致，"工匠"的身份地位也发生了相应的变化。郭玉峰《宋代手工业雇佣劳动研究》通过对不同雇佣类型的工匠身份关系及其待遇的考察与研究，阐述了宋代工匠身份地位变化的相关问题。文章指出"宋代手工业雇工的身份关系表现为与雇主的人身依附关系和经济关系两个方面"②，就人身依附关系而言，官雇手工业中的军匠是没有人生自由，无法选择自己的雇主，只能被分配到固定的部门劳作，其受到严格的人身控制，身份仍属于军营中的兵卒；而官雇的民匠则主要是一种临时的雇佣关系，在雇佣期间服从管理，也会受到严格的控制，雇佣期结束恢复自由，所以相对来说民匠拥有一定的人身自由。民间手工业者就相对自由的多，"他们有选择雇主的自由、有受雇与退雇的自由"。但他们也会受行会制约或手工业主的剥削。就经济关系来讲，官雇手工业中的军匠，其经济来源只能是官府发放的工钱，而不能从事民间经营赚取额外收入。由此可见，当时军匠在经济上也完全依附国家；而早期政府为了吸引更多的民工巧匠，给予民匠的待遇比较优厚，当然发展到后面也出现了各种克扣，但是民匠在完成自己任务后也可以自由从事手工业活动以赚取额外利益。总的来说，宋代商品经济发展，手工业从业人数增多，工匠身份地位虽没有明显提高却也越来越受重视。

12）刘莉亚与陈鹏《元代系官工匠的身份地位》指出：在随后不同的朝代，"工匠"地位也会随着时代的不同发生微妙的变化，"元代系官工匠并非奴隶或工奴，他们只不过是官府控制下、拥有特殊户籍——匠籍的劳动者。首先，与同一时期的其他人户一样，他们是国家管理下的编户齐民，享有与其他人户一样的法律地位。虽然在应役的具体环节上与其他人户有很大差

---

① 魏明孔：《浅论唐代官府工匠的身份变化》，《中国经济史研究》1991年第4期。

② 郭玉峰：《宋代手工业雇佣劳动研究》，陕西师范大学学位论文，2012年。

异，如以户为单位，父死子继、夫死妻继，国家出于征调匠役、均衡徭役需要的特殊安排。而这一点是以往成果重视不够的。其次，元代有相当一部分系官匠户，并非长年禁锢于官府局院，他们在应役之外，可在一定限度内，从事独立的生产经营，如种田纳税、开张店铺从事手工生产，拥有自己独立的经济利益。但与此同时也应看到，随着元代整体生产关系的倒退，工匠的人身束缚比前代大大加深，所受的奴役程度也大大加强。"①

13）刘莉亚《元代手工业研究》首先分析了元代"系官工匠"的法律地位和经济地位，就其法律地位而言，作者根据大量的文献资料论证，认为元代的工匠与其他类型的户籍都属于国家的"编户齐民，都要受到封建国家的管理和控制，没有什么良贱与等级区别，不同的只是所应役的种类有区别"。且根据元律规定，"匠户与其他人一样，有相对平等的生存权"。但元代的律法也规定工匠户籍以世袭制一代代传承，不得更改户籍，甚至元代官工匠的混应都由政府管控，不过此时民户与匠户可通婚，这也说明工匠与一般百姓在身份地位上没有太大差别。另外，作者还谈到一点值得注意，在元代工匠已经有进官入仕现象了，而在隋唐的时候工匠是没有资格参加科举考试的，这也从一个侧面说明了元工匠地位的提升，不过有一点是不可忽视的：尽管在法律地位上元代官工匠与其他平民百姓已经没有太大差别，但对于国家来说他有很强的隶属性，但绝对不是奴役。就经济地位来看，元代部分官工匠在服役其外也有其独立的生产经营，赚取额外费用，他们也会有小块土地，也会种田纳税等。②

14）余同元《中国传统工匠现代转型问题研究》分析了明清时期工匠身份地位的变化。作者指出，在明代匠户也要承担差役，但相较于元代，其人身自由相对宽松，不过其劳役依然十分繁重，到了清代匠籍制度的废除，说明国家对匠人的控制进一步放松，匠人得到身份解放。③

① 刘莉亚、陈鹏：《元代系官工匠的身份地位》，《内蒙古社会科学（汉文版）》2003年第3期。
② 刘莉亚：《元代手工业研究》，河北大学学位论文，2004年。
③ 余同元：《中国传统工匠现代转型问题研究》，复旦大学学位论文，2005年。

15）魏明孔《从山陕会馆碑文（碑阴）看清代工匠地位及报酬》指出，在清代国家废除匠籍制度，在法律上获得了一般民户的地位，并在当时会馆的修建过程中，"工匠报酬的支付占到了支出的 30% 左右，……部分工匠不仅参加修建，同时还在修建的过程中捐银，这都体现出其身份、地位、收入均有一定程度的提升"。①

16）马丹《从"百工之术"到现代设计》则从历史范畴简单地梳理了工匠身份地位的发展变化，文中指出，夏商时期，工匠多为自由人；春秋时期，官府手工业中工匠地位开始有所上升；秦汉时期，工匠地位比农民低，受压迫比较重；魏晋南北朝时期，同农民相比较而言，工匠的地位相对低下；隋唐时期，工匠的地位较之小农业生产者要低下；元代工匠之间的差别很大，贫富分化严重，很难一言定论；在明朝时期，政府对于工匠的人身控制有所放松，使得工匠的人身自由获得一定的解放；至清代顺治年间，匠籍制度宣告终结，工匠自由支配的时间增多，表明工匠地位获得了很大的提高。②

17）扎嘎在《西藏传统手工业五金工匠的历史、行会组织及其社会地位》一文中，根据实地考察和历史文献资料分析了西藏传统五金工匠的社会地位，文中指出历史上西藏五金工匠地位极其低贱，"他们在西藏所分等级中，属于三等九级中的最低一层，不能与平民平起平坐，他们只能内部通婚，居住于不同的场所，只许与同种人共餐，不准加入寺院僧侣的行列，即使他们的经济地位有庆提高，也不能改变其'低贱'的身份"。③

18）郑延慧《工业革命的主角》④ 作为工业革命科学技术科普佳作，其中两章内容涉及并称赞了灵巧的工匠在工业革命中的创造。

---

① 魏明孔：《从山陕会馆碑文（碑阴）看清代工匠地位及报酬》，《西北师大学报（社会科学版）》2014 年第 1 期。

② 马丹：《从"百工之术"到现代设计》，东北师范大学学位论文，2014 年。

③ 扎嘎：《西藏传统手工业五金工匠的历史、行会组织及其社会地位》，《中国藏学》1992 年第 S1 期。

④ 郑延慧：《工业革命的主角》，湖南教育出版社 1999 年版。

简要评述："工匠"的身份地位主要是讨论工匠的社会等级、工资待遇、人身自由等问题。依据文献资料可以看出，在我国古代工匠整体来说地位不高，尤其是官工匠受到国家严格的管控，毫无人身自由可言。从经济地位来讲，工匠受到了严重的剥削，尤其是官工匠只能领取行政机构发的薪水，不能参与民间经营活动。从社会地位来讲，工匠基本上低于或等同于庶民的身份，缺乏人身自由。

四是"工匠"管理研究评述。

对"工匠"管理制度的研究分别针对官营和私营手工业，多从管理机构、政策等视角入手，其主要观点如下。

1）早期对"工匠"的管理还不成熟，没有专门的管理机构与政策，主要靠氏族部落组织生产，韩香花《史前至夏商时期中原地区手工业研究》指出，在裴李岗文化到仰韶文化早期这段时期内，"一个聚落代表一个氏族或几个氏族组成的更高一级的社会组织"（各个部落或氏族之间的关系是平等），手工业者就是在这样的一个社会组织中生产劳动，其制作成品也归其组织所得。随着时间的推移这种组织不断地扩大，手工作坊的类型也不断增多，到夏商时期，国家政权的建立，对手工业者的管理由氏族部落转换为国家政府。文章通过对各类作坊遗址等的考察指出，夏商时期"手工业已经分为官营手工业和民间手工业。官营手工业集中于王都，由王室直接控制，其原料、生产和产品由王室直接管理和控制，产品主要为王室服务，多具有非商品生产的性质。其中分布有大批专业的手工业者，工商食官'之制始于夏商时期"。①

2）刘玉堂《楚国手工业生产管理、技术职官》则通过对文献与考古资料的研究，探讨了楚国时期手工业管理及职官源流、职能等问题。文章认为，当时楚国手工业管理制度已基本成型，具体表现为针对不同行业的手工业部门设置了掌管百工的职官，例如"工伊""工佐""司徒"等；还形成了

---

① 韩香花：《史前至夏商时期中原地区手工业研究》，郑州大学学位论文，2010 年。.

较为合理的监督和考核制度。①

3）陆德富《战国时代官私手工业的经营形态》阐述了战国时期国家对私营手工业的管控。首先从事私营手工业必须要拥有"市籍"（即为私营工商业者的登记簿）。其次，在具体的生产过程中，私营手工业从业者必须要在其制作的作品上刻上自己的名字以便监管，由于当时登记制度森严，他们生产出来的产品不能过于奢侈，若"作出一些新奇不实用的器物甚至会有性命之虞"。此外，私营手工业者还要承担繁多的赋税，如市肆税、交易税、门税、关税、资源税等，其中关税主要针对进口商品。②

4）朱学文《秦汉漆器手工业管理状况之研究》专门考察了秦汉时期漆器手工业的管理，文章从对漆园的经营管理谈到对手工业作坊及其工匠的管理。其中对于工匠的管理与监督主要是通过"工师""丞""曹长"等官职以及"工官"等行政部门来实现；其次是当时对工匠实行分工管理，由于秦汉漆工艺发展繁荣，行业内分工越来越细化，"除造工为整个漆器制造的技术负责人外，其余只负责一道工序"，且每一道工序要刻上自己的名字，也就是物勒工名，这样既可提高工作效率，也保证了产品质量，也是对工匠的严格管理。③

5）刘花章《两汉手工业商业的官营和民营》指出，汉承秦制，汉代继续推行"重农抑商"政策和"官手工业"制度，在秦朝的基础上"逐渐形成一种制度模式和配套政策为后代所沿袭"。汉代管控手工业商业的部门主要有"大司农、少府、水衡都尉、地方工官等"，他们各司其职，各有分工。如大司农主要管理一些生活用品的生产和销售，水衡都尉主要掌管铜器制业等。④

6）邱敏《六朝官营手工业的管理和劳动者地位的变化》介绍了六朝时期

---

① 刘玉堂：《楚国手工业生产管理、技术职官》，《中国科技史料》1996 年第 3 期。

② 陆德富：《战国时代官私手工业的经营形态》，复旦大学学位论文，2011 年。

③ 朱学文：《秦汉漆器手工业管理状况之研究》，《秦文化论丛》2004 年第 11 期。

④ 刘花章：《两汉手工业商业的官营和民营》，河南大学学位论文，2007 年。

朝廷对官营手工业的管理与控制，文中指出六朝政权对手工业的控制逐渐增强，如"作部的普遍设立"，是为了专门管理一些刑徒、奴隶工匠。且"尚书曹郎参与控制官手工业"，是为了进一步强化国家对手工业的管理与控制。[①]

7）周侃《唐代手工业者家庭生活探微》指出，唐政府对工匠的管理有一个变化的过程，唐初沿用南北朝制，开元天宝年间出现和雇，随后又有了纳资代役制（一部分工匠通过缴纳代役钱而不必非要到指定的时间和地点从事劳役不可），其中纳资代役与和雇制相辅相成，在一定程度上解放了手工业者。[②]

8）魏明孔《唐代官府手工业的类型及其管理体制的特点》则认为唐代手工业经营范围广、类型多，管理相当复杂，"从整体上看，中央机构与地方部门相互配套，各司其职，相互补充，构成了官府手工业管理的较为完整的体系"，它具有以下几大特点："明确工匠职责，各司其职""实行工匠征集制度"，这也是为了保证工匠质量和数量，"实行工匠培训制度"，甚至为了保证巧匠们认真传授技艺，还有专门官职对其进行监督与考察，"在大型工程中实行工头负责制"——指导和监督工匠的生产活动，"不遗余力地吸收民间先进技术"和能工巧匠，可见，唐代对工匠的管理已经较为完善。[③]

9）杨浣《西夏工匠制度管窥》从对工匠的编制、调动、人身管制、优惠政策以及工匠的责任、行业禁令等方面论述了西夏工匠的管理制度。如，"西夏工匠机构编制为中等司京师工院"，而"基层管理者为都案和案头"，且工匠必须在一定时期内向官府上交账册。

10）刘莉亚《元代手工业研究》则从管理机构、管理政策和措施三个方面讨论了元政府对官工匠的管理。文章指出："朝的官府手工业在中央主要分布于工部、内府、武备寺系统"，而此三部门下又设不同的部门和工种，

---

①　邱敏：《六朝官营手工业的管理和劳动者地位的变化》，《南京社会科学》1992 年第 4 期。

②　周侃：《唐代手工业者家庭生活探微》，曲阜师范大学学位论文，2004 年。

③　魏明孔：《唐代官府手工业的类型及其管理体制的特点》，《西北师大学报（社会科学版）》1993 年第 2 期。

体系庞大而繁杂。这些机构掌控着不同工种的匠人以服务统治阶级。而具体的管理政策、措施更是一整套完备而有严格的体系，包括"对工匠人手的确定、征用及技艺培训，生产过程的组织与管理，产品质量的验收，工期的限定及手工业品的运输等等"①。

11）陈诗启《明代的官手工业及其演变》是较早研究古代工匠管理问题的文章，作者在文中以充分的史料分析了明代制度对官手工业及其劳动者的管理。文章指出，当时管理官手工业的领导机构是刘不中的工部，其下设立四个司，不仅管理大小工厂和各项物料，还管辖全国三十多万官工匠（军工匠除外），且设有专门的监管部门以监督工匠保质保量完成任务。而刑部则制定各种法律来强制这些官工匠承担生产任务。②

12）余同元《传统工匠现代转型研究：以江南早期工业化中工匠技术转型与角色转换为中心》以 16 世纪 20 年代—20 世纪 20 年代为时代背景，以江南及其周边地区工业人力资源中的技术主体——传统工匠及其现代转型问题为主要研究对象，力图从技术经济史和人力资源开发的角度，对江南区域传统工匠的技术形态转变、角色地位变化及其相关问题进行区域经济地理学、演化经济学、技术经济史学的动态考察和实证研究，以揭示明清以来江南区域社会经济发展的基本脉络及内生能力，探讨江南早期工业化中人力资源开发与使用、科学技术生成与创新、产业经济增长与发展等特征及其相互之间的作用关系，并重点勾勒出中国历史时期工匠传统与学者传统结合中的技术科学化途径与特点，从而在根本上去把握中国现代化进程的基本内涵与变化规律。③

13）黄明浩《清代工匠角色转换及其法律调整》介绍了明至清初工匠管理制度的法制变革。首先是明代轮班匠与住坐匠的法律变革，将轮班匠

① 刘莉亚：《元代手工业研究》，河北大学学位论文，2004 年。

② 陈诗启：《明代的官手工业及其演变》，《历史教学》1962 年第 10 期。

③ 余同元：《传统工匠现代转型研究：以江南早期工业化中工匠技术转型与角色转换为中心》，天津古籍出版社 2012 年版。

改革为以银代役，到了清初，废除了工匠匠籍制度、并宣布免征班匠银，采用雇佣劳动，"工匠在法律上真正获得了一般民户的地位以及是独立自由的劳动者"。①

14）毕传龙《从清宫造办处档案看珐琅作工匠组织管理》一文以《清宫内务府造办处档案总汇》和《清代档案史料圆明园》为研究文本，分析了当时珐琅作工匠的管理问题，文章分别介绍了工匠选用标准与补替制度、工匠放匠管理与腰牌制度、工匠评价标准与赏罚制度、工匠养膳制度与分级管理、工匠请假制度与民俗事件，较为细致地展现了珐琅作的工匠管理制度。②

15）祝慈寿《中国工业劳动史》③ 主要从官府和民间两种角度记载中国古代的劳动者，其中第一章就有章节专门阐述古代官府的工匠。

16）王世襄《清代匠作则例》④ 可以被称为清代匠作研究领域的里程碑式著作，作者王世襄是我国著名文物专家、学者和文物鉴赏收藏家。自 1958年开始搜集清代匠作则例，将前营造学社所藏抄本则例多种借出，亦以北京图书馆、北京大学等处所藏，共 70 多种，内容涉及 40 余作，1960 年开始汇编工作，先后涉及漆作、油作、泥金作、佛作、门神作、石作、装修作、铁作、画作、铜作等条款。

17）李传文《明代匠作制度研究》谈到了对工匠的行政管理和法律管理，行政管理体现为轮班制度，这在一定程度保证了用工量以及用工的灵活性。除去对工匠的监督外，明代刑部也制定一系列法律用以监督、约束工匠的言行，对其实行严密的法律监控，"对于工匠任何僭越等级、偷盗摸抢、贻误工期以及怠工失班等行为予以严厉的制裁"⑤。

简要评述："工匠"的管理主要讨论了国家、行业组织及职官对工匠的

---

① 黄明浩：《清代工匠角色转换及其法律调整》，西南政法大学学位论文，2010 年。

② 毕传龙：《从清宫造办处档案看珐琅作工匠组织管理》，《中原文化研究》2014 年第 3 期。

③ 祝慈寿：《中国工业劳动史》，上海财经大学出版社 1999 年版。

④ 王世襄：《清代匠作则例》，大象出版社 2009 年版。

⑤ 李传文：《明代匠作制度研究》，中国美术学院学位论文，2012 年。

招募、培训、生产、监督、惩奖等一系列问题的管控。综合来看，古代工匠的管理十分严格、苛刻，基本上每个环节都会有专门的监督、监管人员，其中物勒工名制就是最好的印证。而匠籍制度的确立与发展更是使得工匠家族世代不得更换职业。尽管不同时代，对工匠进行管控的行政部门和官职在安排上有所不同，但大体的系统，尤其是官营手工业建立起从中央到地方一整套合作紧密的工匠管理体系是基本保持不变的。

五是其他方面主题研究评述。

除此之外，关于工匠相关问题的讨论还有许多不同的主题，如对工匠背后的伦理制度的探讨，或是站在不同的时代不同视角探讨工匠形象问题，抑或是对传统能工巧匠的个案分析，还有工匠作为一种职业与其他职业的比较研究，以及工匠背后伦理问题的探讨等。

如，郑瑞侠在《出入于崇道制器之间的工匠角色比量——论先秦文学中的匠人形象》[1]一文中，根据史料文献探讨了儒墨法道家对工匠的描绘与看法，文中指出："以儒家思想为主导的作品，匠人是受限制或被改造的角色；以法家思想为主导的作品，匠人是受排斥、被疏远的对象；只有在墨家作品中，匠人才有自由的活动空间和广阔的舞台；而在道家作品中，其主要倾向是匠人扮演传教布道角色，有时又对他们予以定。"

在具体谈到文人墨客对工匠的看法时又有喻学才《孔子的工匠观》[2]、彭圣芳《晚明文人工匠观探析》[3]等。在《孔子的工匠观》一文中，作者根据文献资料以及孔子的言论总结了13个相关方面，其中孔子不仅强调工匠要具有专门的造物技艺，还必须讲诚信，在造物过程中要重视材料的运用。他并不轻视技艺，但是他强调建筑物的建造不仅要注重细部还要讲究等级制度，当然他还认为再好的工艺也该以实用为先。并且孔子还强调工匠个人的

---

[1] 郑瑞侠：《出入于崇道制器之间的工匠角色比量——论先秦文学中的匠人形象》，《社会科学家》2006年第1期。

[2] 喻学才：《孔子的工匠观》，《华中建筑》2008年第5期。

[3] 彭圣芳：《晚明文人工匠观探析》，《南京艺术学院学报（美术与设计）》2016年第2期。

综合素质问题。很显然，孔子留下了关于工匠问题的宝贵遗产。而《晚明文人工匠观探析》则介绍了在晚明时代文人对工匠态度的转变，主要表现为不少文人"记咏手工技艺"且"肯定匠心巧思""激赏工匠人格个性"，更有"与工匠交往合作"，这不仅反映了文人对工匠的赞赏与肯定，也从侧面反映了工匠社会地位的提高。

雍建华的《鲁班的高超工匠艺术之历史探源》①则属个案分析，文章生动地描述了鲁班的成长事迹，向人们展示了一个成功工匠是如何炼成的，而这些秘诀便是勤恳学习、勤于思考，这对今天工匠的培养具有一定启示作用。

也有综合探讨工匠意涵、工匠身份地位演变以及工匠技术的发展问题的，《中国古代家具工匠发展演变初探》②介绍家具行业中工匠的身份特征：地位低，人身依附强；身份世袭，职业固定；行会组织封闭，发展程度低，等等；其技术传承模式则有父传子继、师徒承袭、官营艺徒传习等。而家具工匠这一职业的发展则是从早期的木工而来，文章也介绍了木工的历史演变及其低微变化。

还有关于"工匠"与其他职业的对比，如刘康德《论中国哲学中的"农夫"与"工匠"》③一文就分析了古代"农本工末"观点根深蒂固下，首先分析了"农夫"与"工匠"的差异，包括劳动生产（农夫成果主要自然天成；工匠要人为之）劳动场所（农夫与"天""地"相关——多元；而工匠主要在工棚、作坊，劳作场所相对单一）、劳动形式（农夫多单干；工匠多协作）、生产使用工具上的差异（农夫所用工具根据地形、地势等不同而不同；工匠则根据不同的工种有固定工具）等几方面。然而其最显著的差距还在于"农夫体道，工匠用器"。其中，冻国栋《唐宋历史变迁中的"四民分业"问题》④是讨论"四

---

① 雍建华：《鲁班的高超工匠艺术之历史探源》，《兰台世界》2014 年第 19 期。
② 姜琪、吴智慧：《中国古代家具工匠发展演变初探》，《家具与室内装饰》2013 年第 9 期。
③ 刘康德：《论中国哲学中的"农夫"与"工匠"》，《复旦学报（社会科学版）》2009 年第 5 期。
④ 冻国栋：《唐宋历史变迁中的"四民分业"问题——兼述唐中后期城市居民的职业结构》，《暨南史学》2004 年第 3 辑。

民"即传统社会结构非常重要的一篇文章。文章分别从"唐代律令中有关'四民分业'的规定及其变化"；"敦煌所出《二十五等人图》及唐代判文所见的迹象"；"唐宪宗元和十二年（817）敕中所见城市（主要是长安）居民职业结构的某些迹象"这三方面探讨了唐代社会职业结构，作者指出，唐代四民的结构发生了微妙的变化，其中，"'士'阶层的队伍正在明显地扩大，而农民虽作为一个最广大的也是一个最不稳定的阶层，却日益成为城市中雇佣人口、工商业、搬运、建筑等行业的最大的后备军。居于'四民'之末的工商业者，身份地位较之六朝时期有明显的不同，特别是在'入仕'问题上，所谓'工商之家，不得预于士'的传统禁令已被打破，工商业者通过各种途径跻身于政治舞台，从而也在一定程度上使皎然有别的'四民分业'走向混杂。"

还有关于工匠行帮问题的讨论，在《江西乐平传统戏台工匠行帮的分布与传承》一文中，作者根据普查资料对江西乐平传统戏台工匠行帮情况进行了详细的介绍，其中行帮主要包括涌山帮、塔前帮、双田帮、临港帮等四大行帮。并对其分布特点，行帮特征做了介绍，如适应市场能力增强，社会影响力增加；工种繁多，注重分工与合作。在考察其传承时，作者发现木匠传承呈现大龄化和本土化，雕匠技术的传承呈低龄化、近亲化和本土化、工匠知识结构呈低学历化与流动性等特点，其保护与传承也是一个值得思考的问题。①

也有关于工匠问题的编史学考察，《近代早期学者——工匠问题的编史学考察》探讨了学者——工匠在科学史和科学革命中的发展问题。文章认为，二者的关系在一定程度上决定了新科学的产生。文章主要考察了西方学者——工匠问题的形成发展，文章指出："在齐尔塞尔看来，近代科学中新兴的科学家群体是学者和工匠融合的标志，二者在此前长期处于分离状态，对工匠的实验、量化方法和因果思维的吸收是新科学得以产生的决定性因

---

① 许飞进、王玉花：《江西乐平传统戏台工匠行帮的分布与传承》，《南昌工程学院学报》2016年第2期。

素。潘诺夫斯基强调，文艺复兴时期科学的最主要特征体现为科学与艺术的融合，人文主义者和工匠之间广泛的交流合作引发了视觉表现技术方面的革命，成为近代科学诞生不可或缺的一环。霍尔认为，科学革命本质上是对中世纪自然哲学问题的全新解答，它始终没有超出学术思想内部，学者自觉吸收了部分工匠传统中的问题和方法，但其价值非常有限，科学革命时期学者和工匠之间没有形成真正的互动关系。帕梅拉·隆利用交易地带的概念超越了学者－工匠简单的二元划分，所谓交易地带旨在描述 15—16 世纪存在于欧洲的一种特殊社会现象，不同背景和身份的人群在某个现实或虚拟的空间中进行复杂的知识和技能交换，在这个过程中学者和工匠的身份变得模糊不清，经验研究得到重视，交易地带是近代科学得以产生的土壤。"[1]

另外，还有探讨工匠背后的伦理制度问题的，如《中国古代工匠伦理探究》[2]就介绍了古代工匠的伦理观与伦理规范，其中伦理观主要包括"以道驭术"观、"抑奢"观、遏制"行滥"等，而伦理规范则主要包括技艺精湛、物勒工名、毋作淫巧等。另外，文中还谈到了对这种伦理观的扬弃应用，有一定的启发作用。《中国传统工匠伦理初探》[3]论述了古代工匠的伦理问题，包括官匠的制度伦理准则、民匠的职业道德准则以及工匠行会的伦理准则等问题。

（2）"工匠精神"问题研究及评述

一是"工匠精神"基本含义研究评述。

目前学者对"工匠精神"的研究首先集中于对其基本含义的界定与探讨。根据搜集资料分析可得：学者对工匠精神的界定有从哲学视野去分析定义的，有从历史角度去阐述的，也有通过中西对比来总结其内涵的，其中比较有代表性的观点有：

1）臧志军在《两种"工匠精神"》中也发表了他对工匠精神的看法，他

---

[1]　王哲然：《近代早期学者——工匠问题的编史学考察》，《科学文化评论》2016 年第 1 期。

[2]　樊蕊、李木子：《中国古代工匠伦理探究》，《学理论》2011 年第 2 期。

[3]　徐少锦：《中国传统工匠伦理初探》，《审计与经济研究》2001 年第 7 期。

认为工匠精神不仅仅是精益求精的工作态度，更是一种努力去发现问题并且通过亲身实践来解决问题的文化。很显然，臧志军教授对"工匠精神"的理解已经触及其文化层面的意涵。①

2）薛栋《论中国古代工匠精神的价值意蕴》则认为，"中国古代工匠精神是以道德精神为中心，强调'以德为先''德艺兼求'，通过'心传身授'和'体知躬行'的教育过程，陶铸中国匠师'强力而行'的敬业奉献精神、'切磋琢磨'的精益求精精神和'兴利除害'的爱国为民精神"。可以看出作者理解的工匠精神是以匠人良好的技艺为基石，以其高尚的道德情操为核心，他们不仅具有敬业奉献和精益求精的精神，更应该有一种更高层次的爱国为民情怀。而古代的这种工匠精神在当代尤其重要，当今企业的目标是利益至上，爱国为民的情怀少之又少，古代工匠精神的综合也许能够适当地改变这种状况。②

3）李宏伟和别应龙《工匠精神的历史传承与当代培育》论述了工匠精神的内涵，主要包括"尊师重教的师道精神""一丝不苟的制造精神""求富立德的创业精神""精益求精的创造精神""知行合一的实践精神"。作者还谈到当代工匠精神失落的现实原因，并针对现状提出了相应的解决方案，如作者提倡向德国学习，"传统与现代相结合，以双元制、双导师制培养工匠技师"，提高对工匠地位、工匠职业的重视与保护等。③

4）肖群忠和刘永春《工匠精神及其当代价值》，首先从狭义与广义上对"工匠精神"作了相应的阐述，他认为"工匠精神"的主体即"工匠"主要"是指从事器物制作的人"，而"工匠精神""狭义上是指凝结在工匠身上、广义是指凝结在所有人身上所具有的，制作或工作中追求精益求精的态度与品质"。并且分别从中西文化视域论述了"工匠精神"具体体现：（中）"'尚巧'的创造精神，'求精'的工作态度，'道技合一'的人生境界"；（西）"非

---

① 臧志军：《两种"工匠精神"》，《职教通讯》2015 年第 28 期。

② 薛栋：《论中国古代工匠精神的价值意蕴》，《职教论坛》2013 年第 34 期。

③ 李宏伟、别应龙：《工匠精神的历史传承与当代培育》，《自然辩证法研究》2015 年第 8 期。

利唯艺的纯粹精神，至善尽美的目的追求，对神负责的精业作风"。可以看出，作者所理解的工匠精神既体现了一种工作态度也包含了一种人生追求与价值。①

5）李艳芹和姜苏原在《探讨新常态背景下传统手工艺工匠精神》中探讨了传统手工业工匠精神的内涵，他们认为"传统手工艺工匠精神实际上是民族文化共性中个性部分的体现，是民族文化符号，是民族审美意识、人生价值观、宗教信仰、民族文化意识的体现"。②

6）杭间《工匠精神的借古鉴今》通过中国三个传统小故事展现了"工匠精神"的意涵，他认为传统工匠"对技艺有执着的钻研精神，更以自己的身体和生命作为代价投入其中"。正是这种工匠精神，"创造了中国历史上不朽的工艺传统——敬天、尊重技术和材料、尊重自然"。③

7）查国硕《工匠精神的现代价值意蕴》探讨了传统工匠的地位与内涵发展演变，并认为"工匠精神（Craftman's Spirit）属于职业精神的范畴，是从业人员的一种职业价值取向和行为表现，与其人生观和价值观紧密相连，是从业过程中对职业的态度和精神理念"。④

8）刘志彪《工匠精神、工匠制度和工匠文化》阐述了其度工匠精神、工匠制度和工匠文化的看法。文章认为，"无论怎么去定义工匠精神这一范畴的内涵，它都是指在制造和服务的每一个环节，都以消费者至上为宗旨，十分注重细节，对自己的产品精雕细琢、精益求精、追求完美和极致的生产经营理念，指那种不惜花费时间精力，孜孜不倦，反复改进产品，对产品质量严谨苛刻的、不懈的追求行为"。⑤

9）李砚祖《工匠精神与创造精致》指出，工匠精神的内涵十分丰富，

---

① 肖群忠、刘永春：《工匠精神及其当代价值》，《湖南社会科学》2015年第6期。
② 李艳芹、姜苏原：《探讨新常态背景下传统手工艺工匠精神》，《美与时代》2015年第12期。
③ 杭间：《工匠精神的借古鉴今》，《中华手工》2016年第7期。
④ 查国硕：《工匠精神的现代价值意蕴》，《职教论坛》2016年第7期。
⑤ 刘志彪：《工匠精神、工匠制度和工匠文化》，《青年记者》2016年第16期。

它"实质上是指一种工作中一丝不苟的工作态度和追求精工精致的精神"。但他不唯工人所独有，而是"人类一种通过不断学习、创新所积累的一种历史的、求实的、能够把工作做好的基本精神和保证"，"也是人类随着科学技术的进步、生活品质和审美要求的提高而越加重视的关键所在"。①

10）李小鲁《对工匠精神庸俗化和表浅化理解的批判及正读》指出，"工匠精神是专业精神、职业态度、人文素养三者的统一"。②

11）王东宾《工匠精神背后的文化、伦理与制度内涵》论述了现代"工匠精神"的意涵，作者认为，"与传统工匠强调技术的秘诀、秘方不同，现代'工匠精神'在强调自身主动性、创造性的同时，更加强调开放、协同和信息共享、共用。"且"工匠精神"不只是"个体层面对产品的精雕细琢、精益求精、追求极致和尽善尽美的精神理念"，在更高层次上还"体现着对人和劳动的认同和尊重，是一种人文关怀与社会担当"③。

12）邹其昌《论中华工匠文化体系》认为，关于何谓"工匠精神"，学界已有大量的阐述与研究成果。结合学界的研究成果或观点，"工匠精神"可以从"现实层"和"超越层"两方面来理解。所谓"现实层"主要是指"工匠精神"实存性的本位状态和事实（本来的意义）。这个实存性的本位状态也就是现象学所示的"事物本身"——"工匠"本位。"现实层"的"工匠精神"有四种基本要素有"巧"（技术原则）、"饰"（艺术原则）、"法"（行为准则）、"和"（生态原则）。这四种的有机结合，就会出现"工匠精神"的物态化。而所谓"工匠精神"的"超越层"是指"工匠精神"已从其本位性的实体工匠创造活动延展为一种具有普遍性的方法论意义的层面。这个"超越性层面"已不再落实到具体的工匠活动领域，而是一种人生价值信仰，一种生存方式，一种工作态度，也就是马克思所说的"一种人的本质力量的确认"境界。"工匠精神"的方式或原则主要有两点：求真务实与精益求精。"工

---

① 李砚祖：《工匠精神与创造精致》，《装饰》2016 年第 5 期。

② 李小鲁：《对工匠精神庸俗化和表浅化理解的批判及正读》，《当代职业教育》2016 年第 5 期。

③ 王东宾：《工匠精神背后的文化、伦理与制度内涵》，《21 世纪经济报道》2016 年 3 月 28 日。

匠精神"的两个层面是相互生成的，也是人的一种本真的存在方式，即物质性生命体和精神性的生命意蕴的统一方式。"工匠精神"是"工匠文化"特征，也是"工匠文化"的核心价值所在。①

　　简要评述：对"工匠精神"概念、意涵、价值的探讨，主要回答了"什么是工匠精神"这一问题属于基本问题的探讨。如，许纪霖认为"工匠精神"是一种"专业精神"和"志业精神"。刘志彪认为"工匠精神"是"指在制造和服务的每一个环节，都以消费者至上为宗旨，十分注重细节，对自己的产品精雕细琢、精益求精、追求完美和极致的生产经营理念，泛指那种不惜花费时间精力，孜孜不倦，反复改进产品，对产品质量严谨苛刻的、不懈的追求行为"。肖群忠和刘永春则指出"工匠精神""狭义上是指凝结在工匠身上、广义是指凝结在所有人身上所具有的，制作或工作中追求精益求精的态度与品质"。白明认为，"工匠精神"的核心是"对手艺的忠诚，所有的敬业精神、一以贯之都是与尊重手艺、材料表达及对待材料的忠诚息息相关。"邹其昌教授从"现实层"与"超越层"阐述"工匠精神"意涵，最终指向是一种人生价值信仰，一种生存方式，一种工作态度，也就是马克思所说的"一种人的本质力量的确认"境界等。

　　由此观之，目前学者对"工匠精神"意涵的理解多是从职业精神和工作态度来理解，当然也有部分学者注意到了工匠精神更高层次的意涵，如邹其昌所说的"工匠精神也是一种人生信仰"，薛栋则认为"德"是工匠精神的核心。综合以上，笔者认为工匠精神不仅是一种兢兢业业、精益求精的工作态度和敬业精神，更是一种德操、人生追求、人生信仰的体现。

　　二是时代呼唤"工匠精神"研究评述。

　　工匠精神的实践价值，从个人层面而言主要是对个人的塑造作用，从社会层面而言主要是指其对企业发展、中国制造的促进作用，工匠精神的重提

---

① 邹其昌：《论中华工匠文化体系》，《艺术探索》2016 年第 5 期。邹其昌曾在 2015 年 6 月提出了"工匠文化精神"概念，突出了"工匠文化"价值。参见宋应星撰，邹其昌点校：《天工开物》，人民出版社 2015 年版，第 1 页。

是时代所唤。然而，目前我们面对的现实是当代工匠精神的缺失，寻找其缺失的原因也是时代所需。其主要观点如下：

1）肖群忠等《工匠精神及其当代价值》探讨了工匠精神的当代价值。作者认为，"工匠精神是工业制造的灵魂，有助于工作主体的自我价值实现，当代中国制造呼吁工匠精神的回归"。[①]

2）李艳芹和姜苏原《探讨新常态背景下传统手工艺工匠精神》探讨了中国传统手工艺工匠精神的价值体现及其当下价值。作者认为，"工匠精神是我国从制造大国转变为制造强国的强大精神助力。"[②]

3）王小茉与王卫平《论工业化背景下的工匠精神》论述了工业化背景下，工匠精神的三个积极价值："促进设计师在造物过程中的整体把控能力，对机械设备改造的关注，以及对自己工作的自豪感。"[③]

还有一部分文章则集中论述了工匠精神对中国制造业的影响，主要有《"工匠精神"将给中国制造业带来颠覆转型》、《"工匠"精神，引领中国"智"造》、《培育"工匠精神"加快质量强国建设》（任宇）、《企业对创新应有更全面认识，要有工匠精神》（金碚）、《工匠精神 智造强国》（柯秉光）等，这类文章主要探讨了工匠精神对供给侧改革以及我国制造业转型升级发展的重要意义。如金碚在《企业对创新应有更全面认识，要有工匠精神》就特别谈到了我国技术创新不强的一个深层问题即文化问题，作者认为工业品做到最后一定是精致、极致的，这就需要工匠精神的融入。柯秉光在《工匠精神 智造强国》中则指出，当前我国与发达国家在制造业上除了技术上的差距，还缺少了一种工匠精神。他说："老一辈的机械工人普遍学历不高，但工作过程沉着自信、一丝不苟，充分体现了'精益求精，多快好省'的优良品质。反观当前的年轻人普遍欠缺吃苦耐劳精神，缺少了对科学、对技术的尊崇，以至于创新能力不足，逐步拉开与发达国家技术工人之间综合技术能

---

① 肖群忠、刘永春：《工匠精神及其当代价值》，《湖南社会科学》2015 年第 6 期。

② 李艳芹、姜苏原：《探讨新常态背景下传统手工艺工匠精神》，《美与时代》2015 年第 12 期。

③ 王小茉、王卫平：《论工业化背景下的工匠精神》，《装饰》2016 年第 5 期。

力的距离。"要改变这种现象，缩小与发达国家的差距，他认为需要工匠精神的回归，需要对产品的精益求精和一丝不苟的精神。

此外，还有一部分文章则探讨了我国工匠精神失落的原因，他们试图找出问题之所在，便于对症下药，以此发扬我国的工匠精神。

4）阚雷《别因工匠精神的浪漫，掩盖工匠制度的缺失》首先分析了当前中国所面临的现状，指出"精益求精跟价格和利润并没有直接的关系，而是由竞争的标准决定的"。而这就需要工匠精神的融合，然而当前中国的情况却是"工匠精神"的缺失，作者认为这种不好实现，是因为"工匠精神"更多的是"德"，而不是"才"。而要真正培养这种德才兼备的"工匠"及"工匠精神"，最终指向了"工匠制度"的建立。作者认为良好的"工匠制度"才能确保培养更多的"工匠"和"工匠精神"。因此，作者认为真正缺乏和急需建立的是"工匠制度"。①

5）刘志彪则认为，"工匠文化"的缺失才是导致"工匠精神"缺失的真正原因。他在《工匠精神：生于制度还是孕于文化》一文中批判了工匠制度的表面化，他明确指出："缺少工匠制度还是表面化的解释，制度背后的相互作用的文化，才是缺乏工匠精神的深层次的原因，即支撑工匠精神的文化，才是我们真正缺乏和必须重构的东西。"②

6）付守永《工匠精神：向价值型员工进化》③以工匠为主题阐述如何弘扬人类最基本的工匠精神，把工匠的工作上升为修行，这实在是一件难能可贵的事情。对于21世纪迅速发展的中国来说，一定具有长远的现实意义，也充分体现了作者背负的浓浓的责任感和与生俱来的坚强意志。

7）亚力克·福奇《工匠精神：缔造伟大传奇的重要力量》④将工匠精神重新带回我们身边。随着工业化进程的不断推进，工匠精神经历了衰微，又

---

① 阚雷：《别因工匠精神的浪漫，掩盖工匠制度的缺失》，《装饰》2016年第5期。
② 刘志彪：《工匠精神：生于制度还是孕于文化》，《中国经贸导刊》2016年第16期。
③ 付守永：《工匠精神：向价值型员工进化》，中华工商联合出版社2013年版。
④ 亚力克·福奇：《工匠精神：缔造伟大传奇的重要力量》，浙江人民出版社2014年版。

再次在新时代工匠的身上焕发出生机。这本书让人们见识到工匠精神的荣耀回归。它告诉我们，社会的不断发展，依靠的正是这些富有工匠精神的工匠。

8)〔日〕根岸康雄《工匠精神》① 讲述了每一个创新的技术里都有一个故事。不会让人痛的注射针、IPod 的研磨技术、不会发出噪声的牙石清洗器等都来源于日本小型工厂的发明与创造。然而那么小的工厂怎么会有那么好的想法？高成本、紧急交货期、和大公司在海外的严酷竞争，这些都阻止不了他们。"只想做好的产品！"这就是这些小工厂企业人的大愿望，这就是这个社会需要的工匠精神。

9)〔日〕秋山利辉《匠人精神：一流人才育成的30条法则》② 为"秋山木工"代表秋山利辉关于如何培养具有日本特色的合格"匠人"的著作。书中秋山利辉通过列举"秋山木工"的"匠人须知三十条"，阐释了其心目中一流人才培养的核心：对一个人品格的重视远高于对其技术的要求。同时，通过讲述自己从进入木工行业，努力自我培养，直到成长为一名行业领袖的人生历程，秋山利辉现身说法：在现代社会中，一个人若想实现真正的自我，社会若想恢复凝聚力，重拾失落的"匠人精神"势在必行。

10)《传承工匠精神，争做优秀员工》③ 一书传承了《大国工匠》的精神内涵，响应了《中国制造2025》的行动纲领，以更接地气的方式，贴近亿万普通员工的工作实际。崇尚一技之长，不唯学历凭能力；施展一身本领，不为名禄为传承。每一位员工都有梦想成真、人生出彩的机会。工匠勤劳、敬业、稳重、干练、执着。他们以无可代替性的劳动推动人类文明的进程，作出了不可毁灭的贡献。高尚的"工匠精神"是任何时代绝不可缺少的，不是工作为赚钱的工具，而是对工作执着、对所做的事情和生产的产品精益求

---

① 〔日〕根岸康雄：《工匠精神》，东方出版社 2015 年版。
② 〔日〕秋山利辉：《匠人精神：一流人才育成的 30 条法则》，中信出版社 2015 年版。
③ 学习型员工·素质建设工程教研中心：《传承工匠精神，争做优秀员工》，企业管理出版社 2016 年版。

精、精雕细琢。工匠把工作当修行，通过工作，提高心性，修炼灵魂。作为一名员工，也要视工作为修行，以修正自己的内心，改变自己的行为。

11）王卜《大道与匠心》①讲述了方太从创业到腾飞的历程，分析了方太多年来的创新与经营管理之道，揭秘了其产品在极致追求背后灌注的价值力量。

12）苏燕《人生需要匠人精神：日本当代 10 位陶艺家的手作情结》②，作者寻访了日本当代 10 位著名的陶艺家，走进他们的陶艺工坊，聆听他们的创作历程，为喜爱陶器、喜爱手作的人带来一次近距离接触大师，聆听大匠教诲的机会。

13）蒋津《匠人精神》③，通过古今中外大量事例验证说明匠人精神的重要性、时代性，特别是在山寨泛滥、盗版猖獗的今天，匠人精神对于提振企业精神，攻克制造业难题尤为重要。此外，个人的健康成长、持续发展，也离不开匠人精神，把匠人精神熔铸在灵魂里，从而在所在行业脱颖而出。

14）曹顺妮《工匠精神：开启中国精造时代》④，本书从经济的视角出发，以案例故事的写作模式，分析中国从事实体、坚守实体的企业，尤其是制造业企业，旨在指明中国制造业的未来出路：以工匠教育和平民教育培养工匠精神的文化土壤，以工匠精神推动"中国制造"向"中国精造"迈进。

15）杨朝晖《致工匠创时代：工匠精神的 30 项精密传承》⑤，工匠精神是中国传统文化的职业操守和负责态度；是企业文化、产品品质口碑与魅力的源泉；是祖祖辈辈工艺传承与突破创新的不竭动力。本书紧扣"创时代""工匠精神"主题，详细阐释了新时代需要的新工匠精神，致力于让企业员工深

---

① 王卜：《大道与匠心》，中信出版社 2016 年版。

② 苏燕：《人生需要匠人精神：日本当代 10 位陶艺家的手作情结》，中信出版社 2016 年版。

③ 蒋津：《匠人精神》，群言出版社 2016 年版。

④ 曹顺妮：《工匠精神：开启中国精造时代》，机械工业出版社 2016 年版。

⑤ 杨朝晖：《致工匠创时代：工匠精神的 30 项精密传承》，中华工商联合出版社 2016 年版。

刻感受到工匠精神对传承与创新的重要性，将锻造匠心作为企业一项永恒不变的追求。

16）《丰田工作法：丰田的工作哲学与方法大全》① 主要就是将丰田的工作法取其精华进行总结，使该工作法能适用于丰田企业之外的商务人士。本书以终生受用的工作原理和原则为中心，所以不仅是年轻员工，即便是工作多年的老员工也可以利用本书找出自己工作中存在的不足。

17）郭宇宽《情感定制·意义经济》以"情感定制、意义经济"概念统摄全书，通过深入企业及其定制中心进行调研，了解并感知 BLOVES 在商业模式构建、品牌建设、经营理念等方面的内容，探讨个性化时代的消费品产业新的发展方向。其中第二章特别介绍了从工匠精神到工程师精神——曹霖的情感定制方法论。②

18）金岩、柴钰《工匠品》③ 从人性与心理学角度分析了"你在为谁工作"和"把工作落到实处"的深层动机，帮助企业员工自身及管理者更正确地对待工作，激励员工脚踏实地、沉下心来工作，把平凡的工作作为施展自己才能的舞台，倡导"认真认真再认真"的工匠品格，一丝不苟做精品，在全社会形成爱岗敬业的标杆。

19）本田宗一郎《匠人如神》④ 一书汇聚了日本"经营之圣"，本田技研工业株式会社创始人本田宗一郎一生的成功心得，阐述了他对事业、商业、成长、创新、人生等重大问题的看法。从学徒到一手缔造世界 500 强企业、日本经营四圣之一，本田汽车创始人讲述他的 240 条匠人之道，涵盖领域非常广阔，涉及创业、学习、家庭、团队精神、技术、产品设计、时间管理、竞争、合伙人、经验、成长等内容。

---

① ［日］OJT＋解决方案股份有限公司：《丰田工作法：丰田的工作哲学与方法大全》，北京时代华文书局 2016 年版。

② 郭宇宽：《情感定制·意义经济》，清华大学出版社 2016 年版。

③ 金岩、柴钰：《工匠品》，中华工商联合出版社 2016 年版。

④ ［日］本田宗一郎：《匠人如神》，民主与建设出版社 2016 年版。

20）钱宸《工匠精神4.0：做与时俱进的优秀员工》[①]一书以"工匠精神"为主题和切入点，从七个方面入手，论述了"工匠精神"的内涵，以及在当今工业4.0时代倡导"工匠精神"的重要性。希望通过阅读本书，读者能够有所启迪，并积极传承和发扬工匠精神。

21）刘志则、张吕清《董明珠：中国工匠精神杰出代表》[②]一书讲述了格力集团董事长兼总裁董明珠，在行将中年时起步开创自己事业的历程。她行事专注且富有激情，以一种坚定的工匠精神执着地奋斗着，最终成功地在市场竞争最激烈的家电领域走出了自己的一番天地。

22）郑一群《工匠精神：员工的十项修炼》[③]一书深入阐释了工匠精神的内涵和意义，并进一步剖析了工匠精神对企业发展的重要作用——可以以工匠精神提高企业员工提升自身修养、培育企业内生动力。

23）和力《负责到底：坚守敬业的工匠精神》[④]一书以"工匠精神"为主题，从"责任与事业""责任与成长""责任与做事""责任与思想""责任与提升自我"等方面入手，详细阐释了"负责到底"的重要性，并且提出了树立责任意识、对工作负责到底的一些原则、实用方法与技巧。

简要评述：时代呼唤"工匠精神"主要探讨了工匠精神的当代价值、意义及其失落原因等问题。

首先，关于"工匠精神"价值意义的讨论，如肖群忠等提出"工匠精神是工业制造的灵魂，有助于工作主体的自我价值实现，当代中国制造呼吁工匠精神的回归"。柯秉光则指出，当前我国与发达国家在制造业上除了技术上的差距外，还缺少了一种工匠精神。他说："老一辈的机械工人普遍学历不高，但工作过程沉着自信、一丝不苟，充分体现了'精益求精，多快好省'

---

① 钱宸：《工匠精神4.0：做与时俱进的优秀员工》，中华工商联合出版社2016年版。

② 刘志则、张吕清：《董明珠：中国工匠精神杰出代表》，北京联合出版有限责任公司2016年版。

③ 郑一群：《工匠精神：员工的十项修炼》，新华出版社2016年版。

④ 和力：《负责到底：坚守敬业的工匠精神》，中华工商联合出版社2016年版。

的优良品质。"还有很大一部分文章讨论了"工匠精神"对我国制造业的重要价值。总的观点认为，工匠精神的发扬有助于我国制造业的转型升级发展。可以说，这也是当今社会重新关注被忽视的工匠、重新呼唤失落的"工匠精神"最现实、最直接的原因。

资料显示，不同的从业者在不同的行业领域谈到了"工匠精神"对行业、企业发展的重要作用，大多基于行业、企业发展的功利性目的，其中为"工匠精神"的培育所提出的建议和策略也多局限于表面化机制的调整，如增加工匠的工资，提升工匠社会地位；加强职业技术教育等，这些策略大多治标不治本，最根本的解决策略还更需进一步探讨。

此外，探讨"工匠精神"失落原因，其主要有两种观点：一种以阚雷为代表，认为当代工匠精神的失落是由于"工匠制度"的缺失，没有制度的保障，工匠精神也难以回归；一种是以邹其昌、刘志彪为代表，认为工匠精神失落的深层原因在于工匠文化的缺失，要复兴工匠精神，需构建工匠文化体系。笔者认为这两者都有一定的合理性，首先制度是保障，必须有相应的制度保障才能真正寻回失落的工匠精神，但是也要看到制度建设也属于文化建设的部分。因此，归根结底是一个文化问题，笔者比较认同第二种观点，即重拾工匠精神与构建工匠文化体系。

（3）"工匠文化"问题研究及其评述

从"工匠"到"工匠精神"再到"工匠文化"，实际上是一个由表象到本质、由物质到精神、由职业到信仰的过程。根据对目前研究成果考察发现，直接与"工匠文化"相关的探讨和研究相对较少，就工匠文化研究学术史的视角而言，早期着重于对"手工艺文化"的研究与探讨，而"手工艺文化"应该属于工匠文化的范畴。虽然近两年的研究成果尽管大多数还停留在对"工匠精神"及其价值的解读以及落实培育问题的探讨，但也有少数敏锐学者发现真正支撑"工匠精神"的其实是其背后的"工匠文化"。为此"工匠文化"成为一个研究重点和突出问题。其中比较有代表性观点主要有：

1）曹志宏《让工匠文化绽放新时代风采》指出，工匠文化是指技能型劳动者在人类社会历史实践过程中所创造的物质财富和精神财富的总和，工匠文化是优秀传统文化的组成部分，也是科学发展史的重要组成部分……并谈到了工匠文化对新时期技能人才培养的启示：现代工匠是企业不可或缺的人才。工匠文化是企业的核心竞争力。把工匠文化融入职业学校课程。①

2）刘志彪《我们缺少的不是"工匠精神"，而是"工匠文化"》、于文《〈大国工匠〉：重塑尊重工匠的文化》、李继凯《培育工匠精神，重在营造"匠心文化"》等都在不同程度上谈到了工匠文化对于工匠及工匠精神培育的重要性，并提出了相应的解决对策，可见学者们已经开始关注"工匠精神"背后的文化营造问题。

3）邹其昌《论中华工匠文化体系》一文从广义的文化范畴出发，将"工匠文化"置于劳动系统和生活系统中进行讨论，作者认为，工匠文化，并不只是体现于工匠们物质层面的劳动，也不只是体现于对个体生活的认识及塑造，它还会进入并且必定会进入社会层面这样才会真正实现其特殊功能与价值，才会真正生成工匠文化的完整体系。

简要评述：目前，关于工匠文化问题的探讨还比较少，大多都被作为"工匠精神"的附加问题被论述。关于对工匠文化的看法主要有以下几种代表性观点：曹志宏认为，"工匠文化是指技能型劳动者在人类社会历史实践过程中所创造的物质财富和精神财富的总和，工匠文化是优秀传统文化的组成部分，也是科学发展史的重要组成部分。"刘志彪也在其系列文章中表示了对"工匠文化"的关注。邹其昌认为，"中华工匠文化是指中华工匠作为一种文化现象的历史价值状态"，并从广义的文化范畴出发，将"工匠文化"置于劳动系统和生活系统中进行讨论，他们认为，工匠文化，并不只是体现于工匠们物质层面的劳动，也不只是体现于对个体生活的认识及塑造，它还会进入并且必定会进入社会层面才会真正实现其特殊功能与价值，才会真正

---

① 曹志宏：《让工匠文化绽放新时代风采》，《中国培训》2012 年第 2 期。

生成工匠文化的完整体系。

事实上，工匠文化是一个宏观的概念，它与文化的概念、结构体系一致，又区别于宏观意义上的文化。上述学者的观点都有其合理性。

(4)"中华工匠文化体系"问题研究及其评述

从构建工匠文化体系方面来看，目前的思考与成果相对较少。

刘志彪关于工匠文化的观点在其论文及相关发言中有所体现，如《构建支撑工匠精神的文化》[①] 一文认为，支撑"工匠精神"的是"工匠文化"，复兴"工匠精神"就必须建立"工匠文化"体系，我们真正缺失的是"工匠文化"。并针对学者提出的"中国并不缺乏工匠精神而缺乏工匠制度"的观点，提出工匠文化才是造成中国缺乏工匠精神的深层原因，作者指出，"中国若没有建立起支撑工匠精神的文化体系，也就无法实现中国制造业的转型升级，无法建设智能制造强国，无法从一个制造大国顺利地走向全球制造强国"。因此提出构建工匠文化的几大建议，即：建设支撑工匠精神的物质文化、行为文化、管理文化、体质文化、价值观文化。

邹其昌《论中华工匠文化体系》认为，在整个中华工匠文化体系建构中，"工匠"是其核心概念或主题，并且"工匠"既是一个职业共同体，也是一种生存方式，还是一种精神慰藉。工匠文化是中心，即是指从文化的视角考察工匠或工匠的文化方式，其中"工匠精神"是"工匠文化"的核心价值观，是"工匠文化"具有独特存在价值的根源所在，"工匠精神"作为一种信仰、一种生存方式、一种生活态度，已经超越"工匠""工匠文化"成为人类社会健康发展的巨大精神驱动力，对人类的过去、现在和未来发生着历史性的伟大作用。正因为以"工匠"为主题，以"工匠文化"为中心，以"工匠精神"为信仰，系统整理、构建和探索"工匠文化"世界，就形成了中华工匠文化体系。中华工匠文化体系既是一个逻辑范畴，即科学理论研究对象或结果；也是一个历史范畴，即是人类历史发展的产物，依据人类（工匠）社会

---

① 刘志彪：《构建支撑工匠精神的文化》，《中国国情国力》2016 年第 6 期。

实践活动深度和广度，中华工匠文化体系的建构也呈现出历史性、时代性的独特风貌。

就目前的考察而言，中华工匠文化体系建构主要有三种典型的建构范式，我们称之为《考工记》范式、《营造法式》范式和《天工开物》范式。这三种范式各具特色，具有一定历史性或代表性。《考工记》范式，主要是指国家管理者层面从整体社会结构组织来规范或建构工匠文化体系，突出了工匠文化的社会职能、行业结构、考核制度、评价体系等核心要素系统，成为中华工匠文化体系创构期的重要范本，也是后世中华工匠文化体系建构的关键性文本或理论模式。《营造法式》范式，主要是指国家管理层面从具体工匠系统即"营造工匠"系统组织结构来规范或建构工匠文化体系，强调了工匠文化的行业职能、制度体系、经济体系、管理体系、评价体系、审美体系以及营造设计理论体系等核心价值系统，成为中华工匠文化体系成熟期的重要范本，也为后世进一步完善中华工匠文化体系建构提供重要理论文本。《天工开物》范式，是一个纯学者从学术体系建构方面探讨和研究工匠文化体系建构问题的，突出强调了传统农业社会典型生活图景——男耕女织生活世界展开工匠文化体系的建构，以"贵五谷而贱金玉"为指导思想对工匠制度文化、民俗文化、伦理文化、技术文化，评价体系等展开系统思考与提升，成为中华工匠文化体系转型期的重要范本，也是传统工匠文化体系走向总结的重要方向或指向。

当然还有其他很多建构模式或范本，《考工典》就是一种极其重要的集大成式的中华工匠文化体系建构方式或范本，具有重大的研究价值。《考工典》共分为三部分：考工总部、宫室总部和器用总部。其中《考工总部》以劳动为主，而后两者（宫室总部和器用总部）以生活为主。这种划分方式背后隐藏着深刻的思想文化逻辑，即先政治，再社会，后生活的逻辑。事实上，在这个过程中《考工典》初步完成了它对中国传统工匠文化体系建构的历史任务。并且，对当代工匠文化体系的建构来说，《考工典》也提供了一个重要的具有当代价值的历史坐标或参照系统。

中华工匠文化体系既是一个逻辑范畴，也是一个历史范畴。中华工匠文化体系建构主要有三种典型的历史建构范式，作者称之为《考工记》范式、《营造法式》范式和《天工开物》范式。

在《〈考工典〉与中华工匠文化体系建构》中，邹其昌具体介绍了《考工典》与工匠文化体系的建构问题，作者认为，《考工典》"是一种极其重要的集大成式的中华工匠文化体系建构方式或范本，具有重大的研究价值"。文章从劳动系统和生活系统两个方面论述了《考工典》的中华工匠文化体系建构问题，这为当代工匠文化体系的建构也提供了一个重要的历史坐标或参照系统。

对于"工匠文化"的思考，"工匠文化"体系建构的问题也许是我们重拾"工匠精神"的重要突破口，唯有营造工匠成长的文化氛围，工匠的培育、工匠精神的培育才能成为可能。

简要评述："中华工匠文化体系"建构问题在实质上探讨的是如何培育和复兴"工匠精神"这一问题。当然，这必须有一个大的前提，即认识到"工匠精神"背后"工匠文化"的主导作用，否则就会成为流于表面化的策略探讨。目前，敏锐意识到"工匠文化"主导作用的学者不多，能够对此提出建构"工匠文化体系"的学者更是少之又少，如刘志彪就提到过，发扬"工匠精神"，须建设支撑工匠精神的物质文化、行为文化、管理文化、体质文化、价值观文化。尽管这一提法显得比较抽象，但至少代表了作者的思考和研究方向，对进一步研究有一定的启发作用。相对来说，邹其昌在其相关文章中谈论的"工匠文化体系"建构问题就更加清晰、具体，他认为，中华工匠文化体系研究，旨在从文化理论的视角也就是从工匠活动的主体方面（人的方面）对20世纪20年代以前的中华工匠进行系统研究，深入挖掘中华工匠的文化史意义和当代价值。以'工匠'为主题，以'工匠文化'为中心，以'工匠精神'为信仰，系统整理、构建和探索'工匠文化'世界，构建中华工匠文化体系。具体来讲，中华工匠文化体系建构主要有三种典型的建构范式，即《考工典》范式、《营造法式》范式、《天工开物》范式，邹教授试图从传统的经典中寻求建构当代工匠文化体系的参照系统，古为今用，不仅具有现实意义还具有很大的可行性，他参照古代经典范式，试图从劳动系统和生活系统两个系统层面构建"中华工匠文化体系"，这一探索是一个庞大而艰辛的工程，具有重大的意义。

2. 对已有其他相关代表性成果及观点的具体分析评价

除此之外，与本课题的相关研究，主要有造物文化、手工艺文化、设计文化、科技文化等。

（1）造物文化问题研究及其评述

从收集资料来看，对造物文化的研究热从 20 世纪开始一直延续至今，产生了大量具有学术价值的成果，其跨学科研究也发展迅猛，已涉及艺术学、民族学、哲学、建筑学、应用经济学等多个学科领域。从其研究主题来看，主要集中于对造物文化史的研究以及造物文化的当代价值探讨。

论文方面，如黄石《浅析中国传统造物文化》主要探讨了中国传统造物文化中的"简约主义风尚、科学主义精神、自然主义倾向、功能与形式的关系、现实主义和超现实主义的表现"等等，试图通过对传统造物文化的学习，为中国当代设计提供借鉴。[1]

梅映雪《传统工艺造物文化基本范畴述评》首先分析了传统工艺造物文化观念的基本范畴：本体论范畴包括天人、道器、理气、文质；形象发生论范畴包括意、象、形、法意象、意匠、型器等；造型要素范畴包括色、材、位、向、数、时、比、应。在此基础上总结了其理论特色：首先形、象对举而有别："视之则形也，察之则象也"；象形取意、立象尽意的致思方式，突出"意"的主导地位，树立了"意象"和"意匠"的核心概念，奠定了传统艺术注重心理意象创造的基本特征；比类取象的思维方法，立象尽意的思维逻辑，规范了取象构形的造型意识；传统工艺造物文化有自己独特的造型哲学。作者详细分析了传统的工艺造物文化的重要概念，以点串线，勾勒出中

---

[1]　黄石：《浅析中国传统造物文化》，《北京理工大学学报（社会科学版）》2003 年第 5 期。

国传统工艺文化的基本范畴，具有一定的学术价值。①

　　胡飞《论中国古代造物的设计文化观念》则从具体的器物层面探讨了古代造物设计文化观，文章"以钟、钺、锁三个典型器物为例，从中国古代造物设计的物质层入手，并结合中国古代设计的发展历史，将中国古代造物的设计观念归纳为'应时而动''随地所宜''因人而异''择材施技''述而作之'。"② 作者认为上述五点构成了中国传统造物设计文化主体，有一定的合理性。

　　黄曦《试论传统造物文化对工业设计的启示》③、李太国《浅析传统造物文化与现代创意设计的关系》④、朱宗华《荆楚造物文化在农产品包装设计中的传承》⑤、魏天德《中国传统造物文化对现代设计的启示》⑥、吕欣《传统造物观对现代产品设计的启示》⑦ 等文章则探讨了传统造物文化的当代应用及价值问题。如《传统造物观对现代产品设计的启示》探讨了传统造物观在现代设计中的应用与价值，文章首先分析了传统的造物原则和造物观，如"文质彬彬"体现的形式与功能的统一；"以玉比德"则强调造物过程中的真善美、大巧若拙的质朴美、返璞归真的自然美等，在此基础上它从人与产品关系、产品与自然关系以及传统造物的文化内涵等几个方面探讨了传统造物观在当代设计中的应用与价值，具有一定的现实意义。

　　著作方面，如赵丰等《中国古代物质文化史》⑧，是"十二五"国家重点出版规划项目，共60余卷，是一套基于考古发现和传世文物等物质实体而

---

① 梅映雪：《传统工艺造物文化基本范畴述评——传统工艺美学思想体系的再思考》，《美术观察》2002年第12期。
② 胡飞：《论中国古代造物的设计文化观念》，《艺术百家》2007年第4期。
③ 黄曦：《试论传统造物文化对工业设计的启示》，《科技致富向导》2011年第32期。
④ 李太国：《浅析传统造物文化与现代创意设计的关系》，《大众文艺》2012年第23期。
⑤ 朱宗华：《荆楚造物文化在农产品包装设计中的传承》，《中国包装》2015年第12期。
⑥ 魏天德：《中国传统造物文化对现代设计的启示》，《沿海企业与科技》2005年第12期。
⑦ 吕欣：《传统造物观对现代产品设计的启示》，湖南大学学位论文，2005年。
⑧ 赵丰等：《中国古代物质文化史》，开明出版社2014年版。

书写的中国古代文化史。包括通史和专史两个系列，通史系列以史前中国、商周、秦汉、魏晋南北朝、隋唐五代、宋元明清六个阶段进行划分，共6卷。专史系列则是根据中国古代物质文化遗存的分类，按"类"来叙述某类物质。以物质文化遗存为点和面，以中国发展进程为线，运用考古学、民族学和历史学等学科的研究方法，阐释了中国古代物质文化历史。

沈从文《物质文化史》是《沈从文全集》[①]的第28—32卷，其中第32卷为《中国古代服饰研究》专著，是我们研究中华物质文化的重要文献。

简要评述：尽管以上列举只是造物文化研究的冰山一角，但依据整体考察来看，造物文化研究的内容已经涉及器物文化、行为文化和观念文化三个层次，器物文化主要是对具体器物的考察，如青铜器、陶瓷器、金银器等，既包含工艺品也包含实用品；行为文化主要是探讨人与人，人与器物之间的一种关系，如人使用器物的行为习惯、人们的生活方式，等等；观念文化主要是精神层面、意识形态层面，如造物理念、造物观念、造物原则等都属于观念文化层面。另外，造物文化的当代价值也是另一个不可忽视的内容，传统造物文化的当代立足，基本上是通过其当代价值体现的，但值得注意的是对造物文化的解读要注意时代的大背景，而不能盲目与今天的设计相等同。

（2）设计文化问题研究及其评述

随着对设计研究的不断深入，出现了越来越多的相关研究点，如"设计师""现代设计""工业设计""设计理念""传统设计"等，这也说明了学者对设计文化问题的关注，就目前研究成果而言，对设计文化研究的主题主要有：设计文化的全球化与本体化问题；设计文化的基本意涵与历史问题；设计文化的价值问题、设计教育问题等。

皮永生《全球化背景下中国本土设计文化发展研究》[②]、张槛《论信息时

---

① 沈从文：《沈从文全集》，北岳文艺出版社2009年版。

② 皮永生：《全球化背景下中国本土设计文化发展研究》，《中国软科学》2009年第S2期。

代设计文化的全球化与本土化》①等探讨了设计文化的全球化与本体化问题。《论信息时代设计文化的全球化与本土化》一文介绍了信息时代的来临时的全球生活方式、风俗习惯等相互融合，设计文化也进入了全球化阶段，然而在面对全球化的同时，设计文化的本土化又是一个不得不去思考和面对的问题，作者认为不应该追求一种文化对另一种文化的"拯救"或者"征服"，而应该建立一种全球与本土有机统一的多元设计文化观。很显然这一观点是值得肯定的，但是作者在具体论述设计文化的全球化及本土化问题时过于简单，其全球化和本土化具体体现在何处仍值得进一步研究。

陈曦《先秦至秦汉家居设计文化观念之演变》②、吴笑露《中式茶具设计文化研究》③、王振《明清时期居室设计之文化观念研究》④、李蔓丽《中西设计文化探源》⑤等探讨了设计文化的基本遗憾与历史问题。如《先秦至秦汉家居设计文化观念之演变》通过对先秦至秦汉时期居住建筑、家居设计等的考察，以具体实例分析论证其设计文化观念的演变。文章指出先秦至秦汉时期居住建筑占据着重要的地位，其设计受到天命观与自然观的影响。这一时期设计文化由为生存设计转向为皇权设计；设计审美由理性之美到雄浑博大与飞动之美。很明显这种设计文化观的转变受到了社会发展和体制改变的影响，这在一定程度上为设计文化的历史研究提供了参考。

雷庆和王敏《工程设计与工程设计教育的历史解读》、陈宥敏《艺术设计教育品牌管理研究》、童慧明《膨胀与退化——中国设计教育的当代危机》、肖佩《当代中国高校艺术设计教育》、姚贵平《中等职业学校学生职业生涯设计教育的初步构想》、纪春《艺术设计教育探索》、游佳丹《设计

---

① 张榄：《论信息时代设计文化的全球化与本土化》，见中国机械工程学会工业设计分会：*Proceedings of the 2006 Inter- national Conference on Industrial Design & The 11th China Industrial Design Annual Meeting (Volume 2/2)*，中国机械工程学会工业设计分会，2006 年。

② 陈曦：《先秦至秦汉家居设计文化观念之演变》，南京理工大学学位论文，2006 年。

③ 吴笑露：《中式茶具设计文化研究》，重庆大学学位论文，2013 年。

④ 王振：《明清时期居室设计之文化观念研究》，南京理工大学学位论文，2007 年。

⑤ 李蔓丽：《中西设计文化探源》，武汉理工大学学位论文，2004 年。

教育专业课程设置比较研究》、裘晓红《当代中国工业设计教育分析与批判》、匡双艳《论我国艺术设计教育体系的多元化发展趋势》等则探讨了设计教育问题。如《当代中国工业设计教育分析与批判》梳理了中国工业设计教育的历史、呈现其现状并展望其未来，用批判的眼光解读了当代中国工业设计教育问题。作者认为中国工业设计教育存在"质"与"量"的不平衡，具体表现在：设计思想的空洞化；设计本质趋向造型化；国外经验学习的教条化；等等，警醒社会认识、重视我国设计教育问题，有一定的现实价值。[1]

简要评述：事实上，随着设计学科的迅猛发展，近年来，设计文化的研究得到了持续关注，也产生了丰富的研究成果，其研究关注的问题也越来越多，研究深度与广度也不断拓展。依据资料显示，目前设计文化研究包括物的研究（设计产品）、人的研究（设计师）、理论研究（设计原则、设计观念、设计伦理等）、价值研究（设计的经济、社会、文化价值等）。设计本是一个涵盖范围广泛的概念，设计文化的研究自然也是内涵外延都很广泛，但还有许多新的领域需要进一步研究。当然值得注意的是，设计文化的研究决不能成为设计史的复制，设计史只是其中一个方面。

（3）手工艺文化问题研究及其评述

自 2008 年以来，国内对手工文化的研究逐渐多起来，跨学科研究也发展起来，主要涉及艺术学、民族学、经济学、地理学等学科，主要研究点集中在传承方式、现代价值、文化遗产等方面，具体来看主要有以下几大主题：手工艺的传承、保护和开发利用；手工艺文化的现代价值；传统手工艺文化的重构问题等。

论文方面，如，张西昌《传统手工艺知识产权研究》通过田野调查、个案研究等翔实的资料，分析了手工艺文化的知识产权问题，作者认为这不仅仅是一个法律问题，也是一个文化生态发展机制的问题，即便是立法保护也

---

[1]　裘晓红：《当代中国工业设计教育分析与批判》，浙江大学学位论文，2006 年。

该注意立法与执法环境的相结合。

荆雷《中国当代手工艺的核心价值》从生命价值与文化价值两方面探讨了当代手工艺的核心价值，作者认为其生命价值以体验和生成为核心；其文化价值以观念性和公共性为主体。较为全面地展示了手工艺的核心价值，为挖掘和发挥手工艺的当代价值奠定了基础。①

陈君《传统手工艺的文化传承与当代"再设计"》则试图探讨传统手工艺的当代生存问题，文章首先分析了传统手工艺的内涵，并在借鉴国外经验的基础上提出了当代生存策略，即传统手工艺文化元素与当代文化的融合，并结合现代工艺技术、材料、市场理念等。②

在谢良才等人合作的《中国传统手工艺文化重建的路径分析》一文中，作者首先分析了传统手工艺文化的特点：生产精细化、注重营销口碑、广泛的大众市场、体现一定的文化内涵以及学徒式的传承模式。其中有许多值得借鉴和学习的方面，然而由于工业化的冲击，传统手工艺却逐渐失落，为此，作者提出了重新构建手工艺文化的路径：首先要符合时代特征，遵循现代企业的发展；其次，注重品牌的打造与营销，产品开发与生产方式的现代化转型。就传统手工艺教育重构路径而言则倡导职业教育的转型与发展，并且倡导借助现代传媒、高校等力量，提高传统手工艺文化的传播力度及消费需求……以此来重建传统手工艺文化。作者在文中已关注大传统手工艺文化的缺失与重构问题，也提出了可行的策略，但很明显，作者的策略路径还停留在表面层次，并未触及传统手工艺文化失落的根本原因。③

著作方面，如：

路甬祥主编《中国传统工艺全集》丛书（20 卷 20 册），总字数 1200 余万，图和照片 1.4 万余幅，涵盖传统工艺全部十四大类，记述的工艺近 600

---

① 荆雷：《中国当代手工艺的核心价值》，中国艺术研究院学位论文，2012 年。
② 陈君：《传统手工艺的文化传承与当代"再设计"》，《文艺研究》2012 年第 5 期。
③ 谢良才、张焱、李亚平：《中国传统手工艺文化重建的路径分析》，《理论与现代化》2015 年第 2 期。

种，包括《文物修复和辨伪》《造纸（续）、制笔》《甲胄复原》等。该丛书是倾全国同行之力的集体成果。340 余位作者对传统工艺做了翔实细致的现场考察，又结合前人研究成果，做了深入的科学分析论证。

华觉明等《中国手工技艺》是一本关于中国手工艺的综合性论著，其成书宗旨是"手艺是个宝，请善待手工艺，与手工艺同行"，全书分述工具器械制作、农畜矿产品加工、营造、织染绣、陶瓷烧造、金属采冶和加工、雕塑、编织扎制作、髹漆、家具制作、造纸术和笔墨砚制作、印刷、刻绘、特种技艺及其沿革、技法、品类、行业习俗、著名匠师、代表作、著述及社会经济人文内涵，并讨论传统工艺的保护和可持续发展。这本著作的问世不仅展示了中国手工艺发展的面貌，还对手工艺的保护与传承有着重要的意义。

徐胜利、陈慧清主编《百工录》系列丛书，目前已出版 10 册，主要包括《苏式浅雕》《苏式核雕》《苏式装裱》《苏式砖雕》《桃花坞年画刻制》《桃花坞年画印制》《金属锻造艺术》《首饰花丝艺术》《首饰錾刻艺术》《唐卡艺术》。作为中国工艺美术记录系列丛书，《百工录》主要考察苏州当地的手工艺业发达的现状。本书指出，"百"意味着该丛书品种近百，"工"强调的是工艺美术内容，"录"指出的是该书的文体方式。江苏人杰地灵、物产丰厚，造就了辉煌的吴文化、楚汉文化、金陵文化和淮扬文化。富庶的生活，使得传统手工业兴旺发达，工艺美术大师云集。当下，仍有部分地区未被纳入受保护范围的传统工艺美术品种，未能引起社会的足够重视，有些甚至面临技艺失传、后继乏人的危机。本丛书的编辑目标是，继承和弘扬民族传统文化艺术。

可见，《百工录》作为区域工匠文化问题研究的范例，为工匠文化体系的研究提供了翔实资料与例证。

扬之水《中国古代金银首饰》(共 3 册）也是研究手工艺文化的经典著作，这套著作是扬之水先生潜心 10 余年的心血，全套书考察了中国古代金银首饰历史、文化、类型、题材、纹样、制作等阶段与过程，较为全面展现了中国古代金银首饰的发展脉络。

金鹰达《中国传统手工艺》对中国古代手工业、传统手工艺进行了较为系统的梳理，均从手工业入手，以大的社会、技术发展为平台，展示了我国古代手工业、手工艺的发展脉络，其中作为手工艺技艺的掌握者、使用者和传承者的匠人们是不可忽视的力量。

李平《东北民族民俗丛书·东北代表性行业作坊卷》主要以曾经出现在东北地区的"五行八作"为切入点，较为详细地介绍了作坊、工匠、文化、金融商业四个方面对东北地区经济发展、社会变迁所带来的影响。本系列丛书对于研究东北民族民俗文化具有极大的参考价值，同时也为研究东北地区近70年的社会变迁提供相关佐证。

另外，创刊于1994年的《中华手工》杂志（2004年之前为《中国搪瓷》，后更名为《中华手工》）也为中国手工艺文化的研究作出了贡献，该杂志"真实、客观地记录非遗之殇、民艺之美，同时引入时尚设计与新鲜创意，通过讲述手艺人的故事，以手作的方式让生活更美好，也让美好生活过得更有人情味"。杂志为手工艺文化进入大众视野作出了持续贡献。

简要评述：近几年，随着物质文化遗产保护和非物质文化遗产保护事业的大力推进，手工艺以及手工艺行业的相关领域也越来越受到政府、组织机构和相关人士热切关注。同时，手工艺文化的研究也得到了诸多学者的关注，其相关成果也逐渐丰富起来。依据资料显示，目前对手工艺文化的研究主要涉及几下几方面：区域手工艺文化的研究；器物的手工艺文化研究；手工艺文化的历史研究；手工艺文化的价值研究等。区域手工艺文化的研究主要是研究某一地区特色手工艺文化，主要针对少数民族而言；器物的手工艺文化研究主要是针对具体某种器物或者技艺的研究，主要针对某地区或某时代比较有特色的器物、技艺而言；手工艺文化的历史研究主要是研究不同时期手工艺文化的整体发展面貌；等等；手工艺文化的价值研究主要涉及手工艺文化的传承与保护及其当代价值。但是，学界探讨手工艺价值研究的时候都陷入了政府帮扶的怪圈，事实上手工艺的传承发展需要有其成长的环境，只有真正建立适合其生长的手工艺文化环境与氛围，其苗壮成长才能成为自然而然的事情。说到底，目前还缺乏对手工艺人（工匠的一部分）的文化理论研究，这也应该是本课题研究的内在本质需求。

在引介外国工艺文化方面，徐艺乙较早地关注日本柳宗悦的工艺文化思想成果，并系统加以引进，为中国工艺文化的发展作出了积极的贡献。柳宗悦著《工艺文化》① 指出，美术品过于强调创作者的个人意志，不吝成本高高在上，脱离了实用的范畴；机械品远离人手的操弄，又受限于快速量产的需求，呆板无趣；商业品过分追求利润最大化，而丧失了对美的追求。与之相对的工艺品，则是出自无名的熟练匠人之手，基于长期稳定的自然、社会及匠作规范，为实实在在的日用目的而制作的。工艺品不为少数人夸富或致富而存在，是源于大众又用于大众的成果，因此不受一时一人的左右。相应的，工艺之美也是某种集体无意识的积累，反应的是整个群体的品位和喜好。他在《工艺之道》② 提出"民艺"的概念，努力改变人们崇尚美术而轻视工艺的倾向，认为工艺蕴藏在民众之间，民众的无心之美、自然的加护是美之源泉，而非个人艺术家的天才创造，工艺之荧必须与用相结合，必须具有服务意识。透过他的视角，我们得以重新审视自己的日常生活。其《日本手工艺》③ 一书是对 1940 年前后日本手工艺状况的一份详尽记录。这份记录，是柳宗悦先生踏遍日本的全境，根据亲眼所见写成的。因此读来仿佛身临其境，跟他做了一次日本民艺之旅。手工艺的素朴真诚之美，洋溢在旅途中的第一步。日本今之为设计大国，缘自过去之为手工艺之国，其精神一脉相传。

此外，爱德华·露西-史密斯《世界工艺史》，作为第一部工匠史，由朱淳翻译引进。该书简要而生动地论述了上溯 50 万年前，下至 20 世纪 70 年代末世界范围内手工艺发展的历史，系统地阐述了各个历史时期手工艺家的

---

① 〔日〕柳宗悦：《工艺文化》，广西师范大学出版社 2006 年版。
② 〔日〕柳宗悦：《工艺之道》，广西师范大学出版社 2011 年版。
③ 〔日〕柳宗悦：《日本手工艺》，广西师范大学出版社 2011 年版。

社会地位与作用，以及手工艺风格与观念的变迁。①

（4）科技文化问题研究及其评述

从 20 世纪中期开始学界对科技文化的研究就逐渐多起来，从资料来看，对科技文化的研究范围广，研究跨度大，涉及多个交叉学科，主要有教育学、科学技术史、社会学、艺术学等，其研究关注点主要包括科技文化的基本含义；科技文化史；具体领域的科技文化研究；科技文化的价值意义等。

论文方面，如杨怀中《科技文化的历史地位及当代价值》、杨怀中和裴志刚《科技文化：中国社会现代化的必然选择》、张馨元《中国古代科技文化及其当代价值》、包蕾《社会文化建设中科技文化价值研究》、欧阳绪清和欧阳聪权《当代科技文化的特征、内在价值与建构》、崔云《论我国科技文化建设的途径》、何亚平和张洪石《科技文化的价值观与技术创新》、张云霞和辛望旦《科技文化的成长与中国现代化进程》、耿喆辉《科技文化引领和谐社会的构建》等主要论述了科技文化的价值意义。其中，《科技文化的历史地位及当代价值》指出："科技文化标志着人类社会进步和发展的水平，是国家文化力构成中的核心要素，先进文化建设的基石和先导，在全社会弘扬科技文化，是当代中国现代化建设提出的历史性课题。"②《中国古代科技文化及其当代价值》则探讨了古代科技文化的当代意义，作者认为"古代科技精神有利于增强我国文化软实力"，古代科技文化精神"整体思维"能够为现代科技创新注入新活力，而"天人合一"又是建设生态文明的重要力量。文章注重向传统学习，其论述虽不够完整，但观点具有一定的合理性。③

潘建红和吴晓江《科技文化传播的内涵、机制和评价》、邵继成《科技文化进化的机理及向度诠释》、刘国章《科技文化、系统思维与文化强国建设关系探究》、杨怀中《科技文化软实力及其实现路径》、高建明和黎德扬《论科技文化系统》则主要阐述科技文化的基本含义。《科技文化：内涵、层次

---

① ［英］爱德华·露西-史密斯：《世界工艺史》，中国美术学院出版社 2006 年版。

② 杨怀中：《科技文化的历史地位及当代价值》，《自然辩证法研究》2007 年第 2 期。

③ 张馨元：《中国古代科技文化及其当代价值》，武汉理工大学学位论文，2013 年。

与特质》则探讨了科技文化的基本意义，文章认为科技与文化是不可分割的，科技本身就属于文化范畴，"科技文化包括科技知识、科技思想、科技教育与传播、科技体制、科技法规和科技道德及科学精神等"。①《当代科技文化的特征、内在价值与建构》则更为详细、系统地阐释了科技文化的内涵，文章指出："当代科技文化由物质与器物层次、制度与组织层次和价值观与行为规范层次所构成的完整的文化体系。物质与器物层次的科技文化，是人们运用科技知识对自然界进行加工、改造的各种人工自然物，包括各种工具、仪器、设备、技术产品以及人工材料等。制度与组织层次的科技文化，体现在当代科学技术发展对社会政治、经济、文化、教育等各个领域的体制与组织管理一系列变革的推动中，如科研活动的组织体系、管理体制、领导体制、各种科技研究的支持体系等。价值观与行为规范层次的科技文化，则体现在人类精神世界和意识形态领域的进步中。科技知识、科学理论、科学方法和科学精神是人类文明发展中最重要的共同精神财富并凝聚成为新的价值观与行为规范，构成了科技文化的核心组成部分，集中体现着科学技术的精神功能和意识形态功能。"②

高远《楚国科技文化遗产及其展陈研究》、丁宏《春秋战国中原与楚文化区科技思想比较研究》、樊国华《和合思想对中国古代科技文化的影响》、刘玉静《明清时期中外农业科技文化交流研究》、朱宏斌《战国秦汉时期中外农业科技文化交流研究》、陈茜《传统文化的反思与新型科技文化的构建》、施若谷和刘德华《历史进程中科技文化的多元形态》这类文章主要探讨了科技文化史的问题以及具体领域科技问题等。其中，《明清时期中外农业科技文化交流研究》从农业史的角度分析了明清时期农业科技文化的中外交流。文章指出，这种交流已经不限于东亚国家之间的交流，同时已经扩展到了欧洲国家；此外，这种科技文化的交流是一种双向的输入与输出；科技文化的

---

① 潘建红：《科技文化：内涵、层次与特质》，《理论月刊》2007 年第 3 期。
② 欧阳绪清、欧阳聪权：《当代科技文化的特征、内在价值与建构》，《湖南社会科学》2008 年第 2 期。

交流在古代历史上呈现空前规模而不仅仅是一些零星的学习。此时农业科技文化的交流有利于我国农业的现代转型，文章也指出了这种交流的缺憾是未能像日本那样借助外来之风走向现代化，[①] 这也是一个值得思考的问题。《和合思想对中国古代科技文化的影响》主要介绍了中国传统思想精粹"和合"对古代科技文化的影响，文中认为"和合"不是简单的融合，而是包含了冲突与融合两方面，它决定了中国古代科技文化追求人、自然、社会和谐统一发展的方向。[②] 这一观点尽管有其合理之处，但也有失偏颇。古代科技文化的形成是由各种复杂的社会、经济、政治、文化等因素合力促成的，不能简单归纳为某一思想的影响。

著作方面，如李约瑟《中国科学技术史》[③]（导论卷、科学思想史卷、数学、天学和地学卷、物理学及相关技术卷、化学及相关技术卷、生物学及相关技术卷）。

本著作通过对中国和西方科学技术进行大量具体的分析和比较，全面而又系统地论述了我国古代科学技术的辉煌成就及其对世界文明的重大贡献。在这本书中，作者引用大量翔实的资料，来证明中国的文明在世界科学技术史当中的重要作用。中国古代科学技术的发明非常繁多，李约瑟在这本书中，把中国一些著名的技术发明由 A 到 Z 列到 26 项。李约瑟说，中国的文献考古证据和图画见证，清楚地向我们显示了一个又一个不平凡的发明与发现。我们所面对的是一系列科学创始精神、突出的技术成就和关于思考的洞察力。而在其所参考的文献证据中，不乏对当时工匠、艺人的访谈和人物传记，李约瑟称赞中国匠人们卓越的技艺和精益求精的追求，认为他们为中国科学技术的发展作出了不可估量的贡献，也为《中国科学技术史》的写作提供了翔实可信的依据。更多意义上，《中国科学技术史》不只是一部科技史书或一部科普书，它不仅立足中国科技发展历程，更是放眼于同时代世界科

---

① 刘玉静：《明清时期中外农业科技文化交流研究》，西北农林科技大学学位论文，2010 年。

② 樊国华：《和合思想对中国古代科技文化的影响》，广西大学学位论文，2008 年。

③ 李约瑟：《中国科学技术史》，科学出版社 2001 年版。

技发展途旅的同步对照，映射着近代中华民族兴衰的深层因缘，留给我们的不仅是光荣与骄傲，更有无声的历史叹息和凝重的文明倒影。这其中就映射了中华古代工匠文化，尤其是皇权对于工匠、技术、工艺的掌控和利用，平民百姓朴素的工匠价值观、艺术审美观，以及能工巧匠们高超的技艺是否总结升华为科学技术等等。

卢嘉锡《中国科学技术史》[①]（通史卷、科学思想卷、陶瓷卷、建筑卷、农学卷、机械卷、化学卷、物理学卷、数学卷、天文学卷、地学卷、生物学卷、医学卷、造纸与印刷卷、纺织卷、桥梁技术卷、矿冶卷、交通卷、军事科学技术卷、计量科学卷、科学技术史图录卷），科学出版社 2001 年版。

这是一项全面系统的、结构合理的重大学术工程。各卷，分可独立成书，合可成为一个有机的整体。其中有综合概括的整体论述，有分门别类的纵深描写，有可供检索的基本素材，经纬交错，斐然成章。这是一项基础性的文化建设工程，可以弥补中国文化史研究的不足，具有重要的现实意义。

路甬祥主编《中国古代工程技术史大系》（20 卷）[②] 对一些重大发明和创造从技术和社会的多个方面进行系统的总结，探讨其发展规律，对我们继承和发扬这份优秀的文化、技术遗产，弘扬民族文化，对现实的和今后的科学技术发展，都是大有裨益的。以史为主，以史带论；融学术性、资料性为一体，具有较高的学术价值和史料价值。一方面可以史为鉴，从古代的"工程技术""技术与社会的关系""技术思想"中得到许多有益的启示；另一方面，一些传统技术也可直接为现实的生产服务，从而有利于促进现代和今后科学技术的发展。

简要评述：科技文化研究的成果相当丰富，自 20 世纪 90 年代起，科技文化的研究得到了学者的持续关注，其研究热度至今不减。依据搜集资料显示，学界对科技文化的探讨主要集中在科技文化的内涵，科技文化的建设、

---

① 卢嘉锡：《中国科学技术史》，科学出版社 2001 年版。
② 路甬祥：《中国古代工程技术史大系》（20 卷），山西教育出版社 2010 年版。

发展，科技文化的作用，科技文化的历史以及科技文化的学科建设等几个方面。而从技术学视角研究中华工匠的著述也较丰富，最具代表性的有三大书系：1.李约瑟耗费近 50 年心血撰著的《中国科学技术史》（七卷，共计 34 册）。该书通过丰富的史料、深入的分析和大量的东西方比较研究，全面、系统地论述了中国古代科学技术的辉煌成就及其对世界文明的伟大贡献；2.卢嘉锡总主编的《中国科学技术史》是中国科学技术史界近 60 多年来仅见的一部系统、完整的大型著作，集全国知名科学技术史家近百人历经 20 年毕其功业；3.路甬祥总主编的《中国古代工程技术史大系》（已出 10 册）。这些都为本课题的研究奠定了坚实的基础。

总的来看，目前科技文化的相关研究已经取得了三硕的成果，但对科技文化的某些方面的研究存在明显不足，如对国外科技文化的研究不足，这就无法真正认清我国科技文化的发展状况。从研究方法上来看，目前对科技文化的研究既有社会科学的研究方法，如文献法、调查法等，也有自然科学的研究方法，如归纳法、分析综合法等，而这两类方法的综合应用却比较少见。

3.重点论著评述

关涉本课题的研究成果极其丰富庞大，无法将所有的相关成果一一呈现，在此选取了较为重要的、具有代表性相关成果作专题论述。

其一，余元同《传统工匠现代转型研究》，天津古籍出版社 2012 年版。

余元同的《传统工匠现代转型研究》是目前"工匠"研究中最具代表性的成果，其核心价值就在于阐述了技术的理论化，促成了传统工匠的现代转型的观点。该书被称作江南地区技术经济的开辟创新之作。文章首先分析了中国传统工匠的概念以及传统工匠的制度沿革，并介绍了现代转型的意义等问题。在此基础上，分别从工匠技术转型和角色转换两个方面论述了传统工匠的现代转型问题。首先是工匠的技术转型，作者认为技术转型主要体现在技术科学化和科学技术化的互动过程中，典型标志就是工匠技术的文本化和学科化。所以说对工匠的技术转型的研究实际上是技术理论化的研究，而明清时期江南地区工匠传统与学者传统的结合，恰恰在很大程度上促成了技术的理论化和科学的实践化，这也是使得传统工业向现代工业化过渡成为可能。其次是工匠的角色转换，也就是人力资源转型与配置的问题，作者借助人力资源开发相关理论论述了传统工匠角色转换的过程以及方法途径。这种转换途径主要包括：工匠因技术入仕为官；工匠与学者结合形成技术专家群体；西方技术和生产机器的引起，促成了现代意义上的工程技术人才队伍和企业家队伍。[①] 最终这种转换带来的结果就是"现代技术工人和工业科技专家队伍的形成"，这也是工业化社会形成的重要标志。此外，值得一提的是，著作在探讨传统工匠技术与角色转型的过程中回答了李约瑟难题，在文中作者论述了技术与科技的互动关系，这就承认了科学与技术之间存在着密不可分的关系，解释了中国古代科学技术与西方近代的不同发展路径，而李约瑟难题——"近代科学为什么没有诞生在中国？"的内在前提是割裂了"科学"与"技术"的内在联系，从作者论述的科学技术化、技术科学化的这种互相生成的关系来看，李约瑟难题貌似是一个伪命题。在最后，作者依据其研究得出了若干有一定价值的结论，如，传统工匠技术转型是江南区域早期工业化的内生动力；传统工匠角色转换是江南早期工业化的核心标志；传统工匠现代转型问题本质是工业人力资源开发问题；等等。

可以说，《中国传统工匠现代转型研究》是目前研究工匠问题中最为全面和深入的成果。从资料搜集和梳理上来看，其搜集罗列了大量相关文献，可见其工作量之庞大与细心；从研究方法上来看，其综合了运用了历史学、经济学、地理学等方法，多方位、多视角把控主题；从研究内容上来看，尽管作为断代史研究，但其研究内容之全面，涵盖了技术层面和人的层面，这也是目前研究成果中少有的。

该书对于本课题有较大的借鉴价值，他以断代史和技术经济学专题研究

---

① 吴建华、何伟：《开辟技术经济史研究新领域——评余同元〈传统工匠现代转型研究〉》，《中国社会经济史研究》2014 年第 3 期。

的方式，研究了"工匠"问题；但未能展开对"工匠"文化问题的系统深入思考与研究，更缺少中华工匠文化体系建构的研究，这也是本课题展开研究的突破之处或创新之处。

其二，李约瑟《中国科学技术史》。

李约瑟对中国科学技术的贡献更是不言而喻，其著作《中国科学技术史》在一定程度上还原了中国古代科学技术的发展面貌。而其提出的"李约瑟难题"——"近代科学为什么没有诞生在中国？"更是引起大批学者的兴趣并试图解题，这在很大程度上引导学者们去探究中国古代科学技术产生的环境、机制等问题。难能可贵的是，这部鸿篇巨作不仅仅关注宏观的科学技术史，也关注历史长河中为这些技术作出贡献的工匠、艺人们，李约瑟认为工匠们为中国古代科学技术的发展作出了突出的贡献。并且，李约瑟《中国科学技术史》对中华工匠文化相关问题的思考对本课题的研究尤为重要，具体体现在：李约瑟在《中国科学技术史》（第四卷第二分册机械工程，科学出版社1999中文版，以下引文皆出自该书）中设专节（引论部分）讨论了"工程师"（匠）问题。包括"工程师的名称和概念""封建官僚社会的工匠与工程师""工匠界的传说"以及"工具与材料"等。在这些问题讨论中，李约瑟有很多对"工匠文化"的思考。（1）关于中华"工匠"的时代背景，李约瑟采用了芒福德的技术史分类即新技术——电、原子能、合金和塑料；旧时代——煤、铁为特征；古技术——木、竹和水为特征（以中国为代表）。认为中华工匠文化属于"古技术"时代。（2）关于"工匠"文化史编写的意义，李约瑟认为："编写一本详尽的专题论文，从头到尾地叙述中国的工场、皇家工场和官方工场的历史，是最迫切的汉学任务之一。"（第14页）他还特别指出了当代历史研究只重物而忽略人的弊端。他说："唐代历史只叙述产品，而不叙述所用的技术。"（第18页）技术，实际上依据人而存在的，尤其是古技术时代。（3）关于"工匠"身份问题，李约瑟考察了大量中国古文献，指出："到目前为止，本书所谈的技术工作者都是'自由'平民。一个轮匠或漆匠是一个'家庭清白的''庶人'或'自由民'；或是一个'良人'，字义上是'好人'。他属于平民（小民）阶层，对于古代的哲学家来说，这些人必定是'小人'（卑贱的人），以与'君子'（高尚的半贵族的博学公职人员）区别开来。既然他有姓，他便是'百姓'（'古老的百家'）之一，并属于'编民'（登记过的人民）。"（第19页）这里，李约瑟发现并提出中华传统"工匠"身份问题，并作了简要阐述，认为"工匠"不能简单归于"奴隶"的范畴，而应该属于"自由民""良人"范畴。"工匠"属于"民"的范畴，自然就与"君子"形成对照，被传统哲学家们划定为"贱民""小人"之列。即使如此，工匠也不是社会最底层的人群。作为工匠共同体也有了一个统一的身份或姓，是"百姓"之一，并且编入户籍——匠籍，有了自己的行业结构系统。（4）关于"工匠"的社会作用，李约瑟突破一般历史学家的观念，发掘出了"工匠"所具有的社会历史作用（不只是用自身的技术造物），他说："关于工匠在政治史上所起的作用，几乎全部还需要有人去写出来。"（第20页）并用王小波和李顺领导的993—995年的四川起义作为例证加以简要说明。当然，目前这方面的研究还未真正开始，因此他呼吁，"阐明发明家、工程师和有科学创造能力的人在他们那个时代的社会中的地位，这本身就是一种专门的研究，我们现在还不能系统地进行，部分地因为它在某种意义上是次要的，首要任务是证明他们的身份和他们实际上做了什么。"（第25页）而这应该对我们有很好的启示。（5）关于"工匠"的分类研究问题，李约瑟作了较为系统的研究，得出了较为合理的结论。他说："我们把发明家和工程师的生活历史分为五类：a.高级官员，即有着成功的和丰富成果的经历的学者；b.平民；c.半奴隶集团的成员；d.被奴役的人；e.相当重要的小官吏，就是在官僚队伍里未能爬上去的学者。"（第25页）他认为，第一类，高级官员，主要有张衡、郭守敬等；第二类，平民，如毕昇；第三类半奴隶集团的成员，如信都芳等；第四类，被奴役的人，如耿询等。第五类，相当重要的小官吏，就是在官僚队伍里未能爬上去的学者，数量最多的一类，如李诫等。

以上所示，就足以让我们作出很多关于中华工匠文化问题的系统深入研究成果，对我们启示重大。尽管李约瑟的部分观点有待进一步研究与论证，但无论如何它为本课题的开展提供了重要的线索和资料。

其三，《百工》（丛刊）左靖主编，同济大学出版社 2016 年版。

《百工》作为一本杂志书，其初衷是为百工寻找一条复兴之路。本书认为，几千年来，百工解决了民生物质和精神之需，百工背后所蕴含的匠人智慧又是中国传统思想的重要组成部分。长久以来，在这些被视为粗糙鄙俗的生活生产用具中，还存在着被现代人忽略的传统之美，更凝结着当地社群解决人与环境，人与人之间共生关系的传统智慧。《百工》丛书提出"新百工，新民艺"的概念，不仅是传播优良品物的有效途径，更是探索当代生活新美学的重要手段，是深入挖掘、抢救、整理我国非物质文化遗产的项目，对非物质文化遗产的创新性保护和传承将起到一定影响。全书遵循着其内在逻辑即：百工历史——百工传承——百工当代价值——百工现存状况——百工复兴，展开对"百工"的探索与考察。内容涉及百工的前世今生，涉及其当代的生存与失落，涉及其重整复兴。全书紧扣百工兴衰，通过实地考察和文献资料研究相结合，立足中国民族传统、民间乡土语境，试图为百工的发展描绘一个发展全貌，进而寻找其可持续发展之路，当中充满了学者的使命感和责任感。

本刊物对中华工匠研究，具有开创之举，有一定的借鉴价值。

另外，还有与本课题相关的博士论文，也为这方面的研究奠定了基础。

韩香花《史前至夏商时期中原地区手工业研究》从考古学的视角研究了史前至夏商时期中原地区手工业，文章首先梳理了这一时期出土的相关文物，在此基础上探讨了史前至夏商时期中原地区手工业与农业分工问题，且分别辟出一章论述了当时手工业者身份地位问题和组织管理问题，最后还分析了手工业在社会文明和发展中的重要作用。文章为我们展示了史前至夏商时期中原地区手工业发展的面貌，有利于了解当时手工业的发展及手工业者的情况。

刘莉亚《元代手工业研究》分别论述了元代官府手工业和民间手工业的情况，具体到工匠的分类、来源；工匠的管理组织；工匠身份地位、待遇等。是了解元代官工匠和民间工匠的生存环境以及行业发展情况的重要资料，另外，作者还介绍了寺观手工业与投下主贵族手工业，这一特殊的类型在其他研究论文中较少见，这一方面体现了元代寺观经济发展的强大，另一方面也体现了元代颇有特色的政治群体"贵族手工业"的情况，有利于更为全面地了解元代手工业发展情况。

陆德富《战国时代官私手工业的经营形态》通过梳理文献记载，结合战国时代的铜器、陶器、漆器、古玺等各类古文字资料主要探讨了四个问题"一，西周春秋时期的工商食官制度及其演变；二，战国时代官营手工业的经营形态；三，战国时代民间私营手工业的经营形态；四，国家对私营手工业的控制与管理。"①文章不仅分析了战国时期各国的手工业情况，也分析了不同行业的发展情况，为后来全面了解战国时代管私手工业发展情况提供了重要参考。

4.本课题研究可进一步探讨、发展或突破的空间

综上所述，目前关于工匠文化体系及其相关问题的研究成果颇为丰富，同时具有重要的学术价值，也为本课题的开展奠定了坚实的基础，但从整体来看依然存在一定问题，有待大力提升与突破。

问题之一：工匠、工匠技术、工匠精神探讨较多，工匠文化涉及太少。

在工匠文化体系及其相关问题的研究中，对工匠、工匠精神及工匠技术的研究尤其多，而对工匠文化的研究则明显不足。在中国知网分别以"工匠""工匠精神""工匠文化"为篇名进行检索，得到的结果是"工匠"（2736）"工匠精神"（1713）"工匠文化"（10），悬殊的数据对比足以说明对"工匠文化"研究的缺乏。目前，"工匠精神"的文章铺天盖地，但高质量的不多。而对工匠文化体系的研究甚至为空白，尽管少数学者提到了"建构支撑工匠精神的工匠文化"问题，但未展开论述，自然谈不上系统研究了。而这恰好就构成了本课题研究的重大突破口。

---

① 陆德富：《战国时代官私手工业的经营形态》，复旦大学学位论文，2011年。

问题之二：个体研究较多，总体把握太少。

纵观丰富的研究成果，对个体研究相对较多，总体把握较少。具体来看，对"名匠"研究较多，对工匠群体或无名工匠关注较少；对工匠及其相关问题的断代史研究较多，对其宏观发展演变史研究较少；对具体领域的工匠技术研究较多；对整体工匠行业技术水平涉足较少。这种点状的研究固然能够展现问题的一个方面，但是块状、面状的挖掘更有利于整体把握工匠及其行业的发展全貌。

问题之三：泛泛而谈的较多，深入系统理论研究的太少。

目前来看，关于工匠文化体系及其相关问题研究的成果在量上极其庞大，但在深度上多是浅尝辄止，尤其是关于工匠精神的研究多属泛泛而谈，资料显示工匠精神的发文量近两年成指数增长，就其形式而言多为人物访谈、会议发言等，究其内容而言多探讨其对当代制造业、企业发展的价值意义，严重缺乏对"工匠精神"内在价值的深入理解与研究。而对"工匠精神"发展史的梳理、渊源探讨、理论本质挖掘等方面更缺乏系统深入研究。目前只有《传统工匠的现代转型研究》有较深入研究，但是太少，而且中华工匠文化体系研究专著几乎没有。（当然，国外《匠人》（*The Craftsman*）是一部水平很高的工匠文化体系研究专著，国内目前没有。）

问题之四：物的层面关注较多，人的因素关注太少。

工匠作为古代技术主体却往往为研究所忽视，目前资料显示对工匠制度、工匠技术以及工匠制成品，即器用品、工艺品等物的层面研究相对较多，对工匠本身的关注较少。工匠作为整个手工业的实践主体、技术创新主体应有的关注和研究地位还未建立起来，在整个工匠文化系统中，人的因素应该是极其重要的一个方面。

除了以上几方面的问题以外，还可列举出目前关于工匠文化体系研究所存在的一些不足，如将工匠、工匠精神、工匠文化等问题割裂开来研究，事实上他们都属于工匠文化体系中重要的因素，还有对工匠文化体系的源头和发展史的梳理不足等，这些都有待于我们共同努力去解决和完善。

由此观之，对"工匠文化"的深入探讨、"工匠文化体系"的内在逻辑梳理以及如何构建"中华工匠文化体系"等问题理应为下一步该集中研究之议题。具体来看，有待进一步探讨、发展或突破的问题主要包括以下几个方面：

1）对中华工匠文化体系的意涵及其核心价值观念的全面、深入分析；

2）对中华工匠文化体系的理论性质与源头问题的挖掘和研究；

3）对中华工匠文化体系的典型模式及其价值的研究；

4）对中华工匠文化体系结构的内在逻辑与运行的系统研究；

5）中华工匠文化体系的当代建构研究。

这些问题涉及对工匠文化体系的源头、性质、结构、模型、价值观念等问题的深挖与创新研究，唯有弄清其来龙去脉，确立好其建构模型，厘清其体系结构才能真正意义上建构所谓的"工匠文化体系"，才能为"工匠精神"的全面复兴提供生长、强大的空间与土壤，才能使工匠文化更有效地提升人类生存品质，促进人类更健康、更生态、更文明、更和谐的发展与进步。

5. 本课题相对于已有研究的独到学术价值、应用价值和社会意义

本课题的学术价值、应用价值和社会意义，主要表现在以下几个方面：

第一，中华工匠文化体系建构问题研究的展开，有助于中国文化体系的建构，更有益于弥补当前文化史研究的不足，具有较大而独到的学术史价值。一直以来，学术史，包括哲学史、思想史、文化史，美学史、艺术史等，工匠都只是背景、配角，没有走向历史前台，即使是技术史、工程史、工艺美术史等也只是考察"器物"方面的问题，人的问题基本缺席。即使谈"人"的因素，也更多只是从接受者（消费者、欣赏者）的角度去讨论审美价值、经济价值、文化价值等，往往忽略器物创造者自身的历史文化价值。而本课题旨在从文化理论的视角也就是从工匠活动的主体方面（人的方面）对 20 世纪 20 年代以前的中华工匠进行系统研究，深入挖掘中华工匠的文化史意义和当代价值。以"工匠"为主题，以"工匠文化"为中心，以"工匠精神"为信仰，系统整理、构建和探索"工匠文化"世界，构建中华工匠文化体系。随着本课题研究的深入与拓展，在一定意义上可以改变或完善当代

中国文化史研究内涵，为中华文化的伟大复兴作出历史性贡献。

第二，中华工匠文化体系建构问题研究的展开，有利于培育和建设工匠文化生态环境，对"工匠精神"回归与深入人心有着极大的社会实践价值。当前我国正处于经济转型升级、文化大发展的关键时期，工匠文化的培育和工匠精神的回归，对于提升整个国民文化素质和品质，塑造中国新兴经济文化形象具有极其重大的实践意义和价值。我们认为，"工匠精神"回归和弘扬的根本在于工匠文化体系的建构。本课题将积极展开以"工匠精神"为核心价值观念的工匠文化体系的深入研究与探索，特别是从理论层面和社会实践层面对"工匠精神"问题包括基本内涵、实践意义等展开深入研究。而完整理解"工匠精神"就显得极为重要而现实了。对此我们有独特理解和认识。对"工匠精神"的常规认识往往局限于职业精神和敬业态度，或者局限于作者的某一职业内部，而我们是从"现实层"和"超越层"两方面来理解"工匠精神"的概念："现实层"主要是指"工匠精神"实存性的本位状态和事实（本来的意义）。这个实存性的本位状态也就是现象学所示的"事物本身"——"工匠"本位。也就是说，"工匠精神"首先是一种"工匠"本位的精神，而不是其他的或别的精神。这种精神的本位是内在于"工匠"的性质、领域或世界之中；"工匠精神"的"超越层"是指"工匠精神"已从其本位性的实体工匠创造活动延展为一种具有普遍性的方法论意义的层面。这个"超越性层面"已不再落实到具体的工匠活动领域，而是一种人生价值信仰，一种生存方式，一种工作态度，也就是马克思所说的"一种人的本质力量的确认"境界。工匠精神（实际上是现实层与超越性层面的统一），完全可以成为我们的时代精神，深入人心，指导社会实践，造就美好的社会人生。

第三，中华工匠文化体系建构问题研究的展开，有利于推动当代学科建设与发展。中华工匠文化体系建构是一项集大成式的研究工程，涉及诸多学科领域的交叉与融合。就五个子课题而言，每一个子课题都涉及多个学科领域，研究中必定会进行跨学科、多学科的具体应用。例如《中华工匠文化理论体系研究》的研究，要有哲学的研究，建立起理论框架、思维模式、概念范畴等结构系统，还要进行社会学的、文化学的、技术学的、历史学的以及诸多学科的研究，甚至还包括诸多研究方法或研究手段的合理应用。特别是，作为中华工匠文化体系研究主题的"工匠"，其本身就是一个极具丰富性含义的概念，触及社会的每一个领域，其研究也自然涉及所有学科。由此，以"工匠"为出发点，可以展开自然科学的研究、人文学科的研究、社会科学的研究以及诸多学科研究的融合与跨界。实际上，以"工匠"为中心，可以建构诸多分支学科。如工匠设计学、工匠文化学、工匠管理学、工匠社会学、工匠经济学、工匠美学、工匠哲学、工匠技术学、工匠心理学等。随着本课题的深入系统研究的展开，必将为当代学科建设带来诸多启示，有利于推动当代学科建设与发展，意义重大。

第四，中华工匠文化体系建构问题研究的展开，有利于推动和促进中国当代教育改革，改变教育观念，回归教育精神本源。鸦片战争以来，随着西方列强坚船利炮对传统中国生活方式的彻底破坏，整个中华民族开始反思传统文化的一切价值，整个文化教育系统出现了全面的西化，而在西化中又未能有效地全面接受西方的教育理念，在这种尴尬处境中，步履蹒跚100多年的今天，随着国家综合实力的大幅提升，我国的教育暴露出了诸多痼疾。这些痼疾对社会造成了极其负面的效应，并严重影响了国家发展的趋势。近年来，随着政府对教育深化改革的推动，特别是大力倡导"大众创业，万众创新""工匠精神"等措施，人们开始逐渐认识到当前的教育观念有着与教育本身或教育精神相偏离的问题。最典型的观念，读书学习，就是考大学、拿文凭、考公务员、当官发财之路（这是两千多年来"士文化"路线即精英路线——唯士独尊的路线。当然，精英对任何时代都很重要，但对任何一个社会而言，又不可过度）。这就严重违背了教育本身的价值追求——教书育人。育人的目标应该是各种劳动分工和谐发展。如"士农工商"的和谐发展，每一个分工都很重要。随着本课题研究的深入展开，特别是对中华工匠文化精神的继承、传播与实践，从理论上系统阐述工匠文化在人类教育思想、生活观念、思维方式等各方面的价值和意义，必然会在社会上产生一定的社会效应。本课题的一个重要成果和后续工作就是编撰一部《中华工匠文化概论》（单列一卷本），并作为通识课教材，推广到各类学校，以劳动精神的工匠文化观念来改造学生、改革教育观念，推进中国当代中国教育改革，使"教育精神"回归中华大地。这一观念恰好又是同济大学设计创意学院院训或教育理念——"为人生的意义和世界的未来而学习和创造"。

　　总之，中华工匠文化体系及其传承创新研究，是一个具有深广影响意义的重大课题。它对于传统文化，可以更理性认识和改变传统文化中不好的方面，如对"工匠"贬低等观念。对现实而言，可以更历史地强调和突出科学精神，造就全民尊重科学、尊重科学工作者、尊重各类自食其力的劳动者的良好文化氛围。而这种氛围就是尊重工匠、工匠精神回归的文化氛围。

二、总体框架和预期目标

　　（一）本课题内含的总体问题、研究对象和主要内容，总体研究框架和子课题构成，子课题与总课题之间、子课题相互之间的内在逻辑关系。

　　1. 本课题内含的总体问题、研究对象和主要内容

　　（1）总体问题

　　本课题研究的总体问题，就是系统展开 1911 年之前的中华工匠文化体系及其传承创新研究工作，为中华文化的伟大复兴贡献自己的力量。

　　中华工匠文化体系是一个十分庞大的系统，是中华文化体系的重要组成部分。对中华工匠文化体系的研究也是一个艰巨而光荣的系统工程，是非本课题所能全面完成的。在此，本课题的总体研究问题，只能在"要突出研究重点，体现有限目标"原则下，设定可操控性的相关研究对象和范围，围绕其核心研究对象和领域进行较为系统深入研究，并形成一个既有一定规模

的，又有一定学术水准的，相对比较完善的理论体系成果。由此，试图初步构建起中华工匠文化体系的当代形态架构，填补中华工匠文化体系研究的空白，以期为中华学术贡献自己的力量。

（2）研究对象

中华工匠文化是中华民族物质文化的结晶，是五千年华夏文明适应自然、改造生活的集中体现，也是五千年科技发展与劳动智慧的直接反映。然而，由于种种原因，对中华工匠文化的研究始终没有得到充分重视。时至今日，时代的发展和现实的需要已经提出迫切的要求，我们对中华工匠文化的研究已经刻不容缓。

本课题以中华工匠文化为研究对象，全面而深入地研究中华工匠文化的概念与内涵、核心价值观（如工匠精神等）、形成与发展以及未来世界意义。在传统社会结构中，"士农工商"形成了一个特殊社会形态及其文化体系。与"士文化""农文化""商文化"不同，"工匠文化"是建立在工匠特殊的劳动技艺基础上的文化，具有天然的改造世界并创造出新世界的实践属性。特殊的劳动技术来源于特定的物质加工材料，因此工匠们的劳动集中体现为对某种特定材料的加工、制作与创新，并且具有强烈的物质属性。（最典型的是，世界闻名的景德镇瓷都存在，就在于其特殊材料——高岭土。可以说没有高岭土这种特殊材料，就不可能有景德镇瓷都的美誉。）然而，工匠们的劳动成果——器物产品却又不仅仅满足人的物质需求，不仅仅满足人的衣食住行用。在满足人的物质生活需要的基础上，各种产品还为生活的舒适提供保证，为娱乐的需求提供满足，甚至还会超越个体生活而成为社会象征体系的一部分，成为维系社会正常运转的重要环节。这些都使得工匠文化区别于一般的物质生产，也区别于一般的文化创造。

同时，我们也必须认识到，在中华工匠文化形成、发展的过程中，不仅接受普遍性规律的塑造，还受到特殊的地理、历史、习俗等各种因素的影响，并最终形成了自己独特的风貌（民族性问题）。正是这些与众不同之处，才最终塑造、成就了中华工匠文化的特殊价值（可称之为"中华性"）。从某种程度上来说，我们对中华工匠文化的研究，更多地集中在"中华"二字上，即在"中华"的语境中展开对工匠文化相关问题的系统深入研究（讲好中国故事，这是中国真正走向世界、走向强大的重要标志和基本路径）。

（3）主要内容

本课题研究内容主要包括：中华工匠文化文献资料整理与研究、中华工匠文化体系及其核心价值研究、中华工匠文化的当代传承与创新开发研究以及中华工匠文化与未来人类发展问题研究等领域。

本课题对中华工匠文化体系的探讨，拟从"一大本体""三大层面""五大核心要素"以及五大核心要素之间"一大建构四大支撑"内在结构的建构框架等为切入点展开系统深入研究。

一大本体：中华工匠文化体系研究；三大层面：中华工匠文化的理论层面、中华工匠文化的实践层面和中华工匠文化的社会层面。五大核心要素：理论体系、技术系统、教育模式、行业结构和民俗系统。五大核心要素的内在逻辑结构则是"一大建构四大支撑"，亦即中华工匠文化理论体系建构（一大建构）和四大支撑（技术系统、教育模式、行业结构和民俗系统）（详见"子课题构成"）。（具体参见表1："中华工匠文化体系及其传承创新研究"总体构架）

在此，简要阐述一下三大层面与五大核心要素之内在关系。

在理论层面，我们集中讨论中华工匠文化体系建构的基本理论问题，其中主要包括：从哲学视角，考察中华工匠文化体系的核心价值观——工匠精神（工匠文化的核心价值或精髓就是工匠精神，也就是"习艺求名，志在不朽"的工匠信仰和最高价值追求）。对核心价值观的探讨，集中体现在对中华工匠文化的劳动理论体系、生活理论体系和社会理论体系探讨与研究。作为工匠文化核心价值理论体系研究的三大支柱，这三个体系分别指向劳动与技术、产品与生活、权力与象征三大领域。由此，展开中华工匠文化理论体系的历史形态探讨以及其当代价值研究等。历史考察包括工匠观念文化问题，包括历代思想家政治家文人对"工匠"理解、阐释及其相关理论，以及历史上典型形态的中华工匠文化体系建构范式（如《考工记》范式、《营造法式》范式、《天工开物》范式等）；道—技—器三位一体：本体观；习艺求名，志在不朽——工匠精神境界等理论问题。这一层面具有双重价值，就与总体问题而言构成一个核心建构主体，是整个中华工匠文化体系建构的实质性体现，是整个体系的导论部分（核心观念和理论结构部分）。同时就后两大层面而言，形成了内在性的逻辑结构"一大建构四大支撑"骨架方式。

在实践层面，依据本理论系统，主要包括工匠文化的两个基本领域：个体性的静态特征的"技术系统"和个体性的动态特征的"教育模式或系统"。技术系统是指人类作用于外在物质世界的重要媒介，是人手功能的延伸或补充，是人类创造第二自然的媒介，具有显著的个体性特质。在中国文化的语境中，技术有两种理解：一是与人的手工技巧相关的技艺（technique），一是与科学相关的技术体系（technology）。无论是技艺还是技术，都是工匠在物质劳动中形成、发展的实践成果，并且在一代又一代的工匠中流传、完善、发展，并最终形成技术系统。在技术流传、发展的过程中，必然涉及技术的传承与教育问题；在技术的体系化过程中，技术的分化必定同步发展，并造成工匠行业的分化，形成不同的生产领域。由此产生"工匠—技术—人工世界"，也就引申出了"技术系统"系列问题，如手与材料（金属、木材、泥土、丝织），手与工具，手与器物（车、陶瓷），身体与世界（尺寸与世界），精神与物质（器与礼，印刷术），等等。现象学技术哲学的基本看法，技术又是世界的构成方式。技术系统虽然也是人的制造物，但它不是人的终极目标。因此，此处的"技术"重在考察"手"与"工具"的技术系统问题。如"手"与"刃"的技术发展史或技术系统中所构成的世界方式等。因此，我们的研究大多采用静态考察的方法，如技术性还原等。教育系统或模式，实际上是指"工匠—信息—传播"问题，此处的"信息"本体是技术系统，这种技术系统的个人性决定了教育模式内在的个体性特征，其最重要的核心特质就是个体性之间"心传身授"体验式交互模式（这是传统手工业时期，作坊式教育的典型模式）。依据此特征，我们将更多地采用动态式的心理描述与个体跟踪考察研究。这种教育模式本身就具有极大的传承创新特征，该如何发掘其当代价值，既是本课题的研究目标，也是本课题研究的重点和难点。

在社会层面，依据本理论体系结构，主要包括工匠文化内部的另外两个基本领域：社会性的外化特征的行业结构和社会性的内化特征的民俗系统。行业结构（文化）是指行业内部的组织和个体共同遵守的行为规范和道德准则，及其应该享受的相关权益和利益保障等。行业结构具有两大基本功能：第一，对行业内部的组织和个体具有凝聚、导向、约束、协调、教化、维系、优化和增益等诸多功能。第二，对行业外部可以更好地维护和保障本行业的社会地位和权益等功能，以此获取行业共同体自身的身份认同，也为本行业的从业人员以及行业的发展提供一种社会组织保障体系和机制。历史上的"行会""帮会"等就是如此。民俗系统是一个国家、民族在长期的社会实践和社会生活中逐步形成并世代相传的、较为稳定的有关生活方式、习惯、禁忌、信仰等诸多文化事项的总称。民俗，亦称"习俗""风俗""时尚""民意"，还指称民间宗教信仰等。民俗起源于人类社会群体生活的需要，在各个民族、时代和地域中不断形成、扩大和演变，为人民的日常生活服务，同时又深藏在人民的行为、语言和心理中，具有强大的民族凝聚力。因此，民俗具有多种社会历史功能。就"雅俗"而言，没有"俗"就不可能有"雅"。就"礼俗"而言，"礼源于俗"。就理论与生活（俗）而言，理论的强大必须来源于生活并服务于生活。任何思想理念、精神信仰只有民俗化之后才能获取巨大生命力，才能进入人们的血液之中，形成生活化、无意识化。工匠民俗系统是工匠文化理念、工匠精神的生存土壤和走向生活的关键领域，也是中华工匠文化体系建构本土化、民族化的核心领域。此外，中华工匠文化与社会风俗又构成紧密的互动关系。这种互动可以在两方面得以体现：一方面，社会生活的有序进行得益于工匠们劳动成果的保证，而社会生活是社会风俗的物质基础，因此在很大程度上我们可以认为，工匠文化在社会风俗的形成与发展中扮演了重要角色；另一方面，工匠并不是独立于社会的群体，他们也是社会中的一部分，工匠们的生活与习俗也是在社会风俗的框架之内进行的。这种复杂纠缠的关系构成了我们切入工匠文化与社会风俗研究的关注点，也是本课题主要的研究内容之一。

由此可见，三大层面和五大核心要素之间是一种互动生成的关系，密不可分。从"理论体系"观念的产生，经"技术系统"实践，到"教育模式"提升，再到"行业结构"确立，最后以"民俗系统"方式融于生活，成就一种植根于乡土、民族、国家的精神追求或价值信念——"工匠精神"。由此，一代代、一世世、周而复始，乃成就我国宏伟的中华工匠文化之智慧体系。

2. 总体研究框架和子课题构成

（1）总体研究框架

在上述总体问题和主要研究内容的基础上，本课题将以"理论与实践相统一、历史与逻辑相统一"的原则为指导，围绕"理论体系""技术系统""教育模式""行业结构"和"民俗系统"五大核心要素方面系统深入展开对中华工匠文化体系及其传承创新研究，并以此形成了本课题研究的总体框架，即"一大本体""三大层面""五大核心要素"以及五大核心要素之间"一大建构四大支撑"内在结构的建构框架，见表1。

表1 "中华工匠文化体系及其传承创新研究"总体构架

总课题	骨架方式	三大层面	子课题	研究思路	核心话语	研究方法
中华工匠文化体系及其传承创新研究	一大建构	理论层面	中华工匠文化理论体系研究	总体创构	工—礼系统	哲学、文献学等
	四大支撑	个体层面	中华工匠文化技艺系统研究	个体考察	工—巧系统	技术学、人类学
			中华工匠文化教育模式研究	个体描述	工—史系统	教育学、社会学
		社会层面	中华工匠文化行业结构研究	社会形态	工—事系统	经济学、管理学
			中华工匠文化民俗系统研究	社会情感	工—巫系统	文化学、宗教学

（2）子课题的构成

依据总体研究问题和总体框架中的"五大要素"（"理论体系""技术系统""教育模式""行业结构"和"民俗系统"），本课题研究设计了五个子课题：

子课题一：中华工匠文化理论体系研究；

子课题二：中华工匠文化技术系统研究；

子课题三：中华工匠文化教育模式研究；

子课题四：中华工匠文化行业结构研究；

子课题五：中华工匠文化民俗系统研究。

每个子课题的研究结构将依据"三大模块，九大结构系统"展开，即每个子课题的基本构成，参见图1：

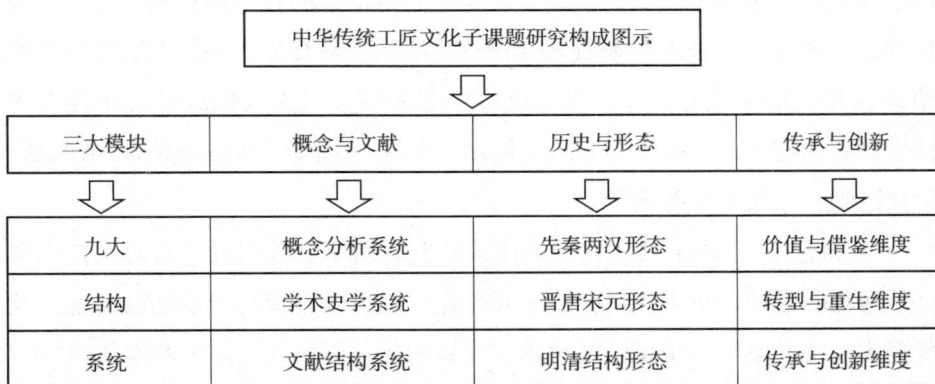

中华传统工匠文化子课题研究构成图示			
三大模块	概念与文献	历史与形态	传承与创新
九大	概念分析系统	先秦两汉形态	价值与借鉴维度
结构	学术史学系统	晋唐宋元形态	转型与重生维度
系统	文献结构系统	明清结构形态	传承与创新维度

图1 中华传统工匠文化子课题研究构成图示

所谓"三大模块"：即每个子课题研究分为三大模块，概念与文献模块、历史与形态模块和传承与创新模块。所谓"九大结构系统"，是指三大模块下，各自具有三大结构系统。这一模块结构系统，便于子课题之间研究风格和内在要求的统一化、标准化，由此而充分保障本课题的学术质量。

3. 子课题与总课题之间、子课题相互之间的内在逻辑关系

（1）子课题与总课题之间的内在逻辑关系

如表1所示，子课题与总课题之间的内在逻辑关系大致表述如下：

子课题一：中华工匠文化理论体系研究，属于理论层面建构，是整个课题研究的核心与灵魂部分，集中探讨中华工匠的核心价值观、价值哲学、工匠精神、历史建构理论模式、逻辑范畴、礼乐文化等问题，从哲学视角进行总体性与历史性相统一的工匠文化理论体系建构，是整个研究成果的"总叙"或"导论"部分——精华部分。本课题研究所追求的核心价值就是中华工匠文化体系的礼乐文明系统（即"工—礼系统"或者"考工学体系"）。以下四个子课题分属两个层面建构（实践层面和社会层面），分别从四个不同视角或侧面展开对中华工匠文化体系建构的深入研究。具体如下：

子课题二：中华工匠文化技术系统研究，属于实践层面，集中探讨中华工匠的技术文化体系。技术系统（体系）是整个中华工匠文化体系建构的本体性问题，没有技术就没有工匠，工匠因其所掌握的技术而存在。作为一种世界的生成方式，技术沟通着人与自然世界的互动交流。在互动交流中不断地改造和创造新世界。在此将重点以静态考察方式深入探讨工匠所拥有的技术核心问题——"工—巧系统"问题。"工—巧系统"问题包括技术原则、审美原则、人机工学等问题。

子课题三：中华工匠文化教育模式研究，属于实践层面，是对"技术系统"问题的延伸，集中探讨中华工匠文化中的技术教育与传承创新问题。教育模式系统是整个中华工匠文化体系建构的传承创新问题，工匠本体(技术)生命力延续性问题。没有教育（特别是孔子"有教无类"的实施），就没有人类文明（工程技术尤其如此）的延续与发展。传统社会中的技术传承往往是以个体性方式展开的。本课题重点以动态描述的方式探索工匠教育文化模式的核心价值——"工—史系统"问题。

子课题四：中华工匠文化行业结构研究，属于社会层面，集中探讨中华工匠文化体系中的行业结构组织问题。具有个体性的技术和教育如何真正获得有效实施或保障，这就有了"行业结构"问题。"行业结构"是工匠社会身份一种固化方式，也是其社会作用的体现。本研究将重点考察其社会化形态性质的整体性、标准化、有意识等行业结构的核心价值——"工—事系统"问题。

子课题五：中华工匠文化民俗系统研究，属于社会层面，它集中探讨中华工匠文化体系建构中的民俗宗教风尚系统问题。民俗系统是一个民族、一个国家最具特质的体现，是一种民族精神内在化、生命化、形象化、仪式化的表征。如"过年"就是一种中华民族团结精神的表征。民俗系统也是中华工匠文化体系通过日常生活方式将工匠文化核心价值观念加以地方性、个性化、无意识化、社会情感内化为个体生命血液，加以保存、遗传，使得其工匠精神发扬光大，以至千秋万代。因此，本课题将重点挖掘民俗系统中所具有的核心价值——"工—巫"系统。"巫"具有"绝地通天"神力，而工匠民俗系统就是工匠的神力——工匠精神真正之所在。

总之，如图2所示，五大子课题都在同心圆内，都已各自的方式共同完成中华工匠文化体系建构总目标。

（2）子课题之间的内在逻辑关系

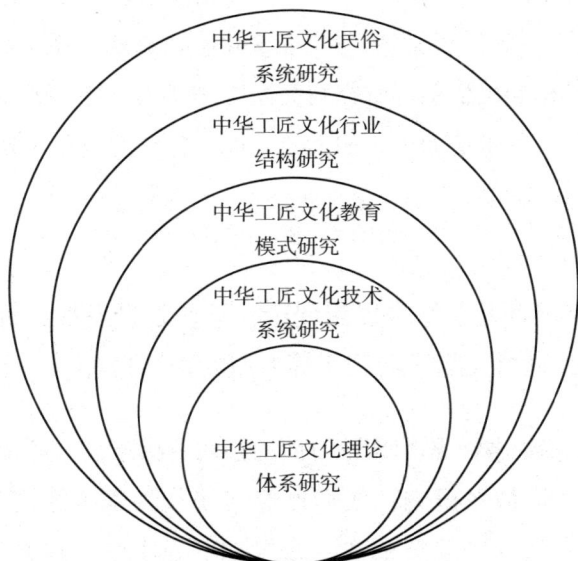

图2　子课题与总课题之间、子课题之间的内在逻辑关系示意图

如图2所示，五个子课题，都在同心圆内，为了一个共同目标，各

自完成自己的任务，实现自身价值。其中，中华工匠文化理论体系研究是总课题研究的基础，也是其他子课题研究的核心价值观或指导原则，而中华工匠文化的技术系统研究、教育模式研究、行业结构研究和民俗系统研究则是中华传统工匠文化理论体系的延伸，也是对中华工匠文化理论体系的支撑，亦即五大核心要素之间"一大建构四大支撑"内在结构的建构框架。

所谓"一大建构"，是指通过对中华工匠文化历史形态、核心价值观念、关键思想体系以及总体发展逻辑等方面的考察与研究，是依据当代理论思维方式和民族本土化性格相融通的有效路径，所建构起的当代性的中华工匠文化体系理论系统。此处的"一大建构"，是指子课题一：中华工匠文化理论体系研究。所谓"四大支撑"，是指中华工匠文化体系建构中的另外四大核心要素，即后四个子课题。从四大支撑研究内容的属性来看，又可分为两大方面：实践层面和社会层面，即中华工匠文化技术系统和教育模式研究隶属于工匠文化的实践研究，是对中华工匠文化本体结构、系统的建构；而中华工匠文化行业结构和民俗系统研究则关注工匠文化的外部延伸、社会效能和行为内化问题。就其价值而言，四大核心以其各自的视角对理论体系的建构发挥着作用。

（二）本课题研究在学术思想理论、学科建设发展、社会实践运用、服务决策需求、资料文献发现利用等方面的预期目标

1.本课题研究在学术思想理论方面的预期目标

中华工匠文化体系研究，我们已经有了较为深入系统的思考，初步形成了自己一套研究理念和概念术语（如"考工学"体系等）以及系列成果。

第一，中华传统工匠文化是中华民族传统文化的重要组成部分，本课题的研究将弥补中华传统文化研究中的中华工匠文化体系方面的研究空白。

第二，文化归根结底是由人创造的，本课题的研究将聚焦于人的问题，将首次对中华传统工匠文化问题展开全方位的系统研究。

2. 学科建设发展方面的创新

当前我国教育改革如何深化，学科建设如何更趋合理？这是本课题研究需要思考与研究的。我们认为，中华工匠文化体系建构的一大核心要素就是"教育"。传统工匠教育模式究竟如何，有哪些能够服务当代学科建设的，服务到何种程度等，都需要我们进行深入细致的历史考察和理论提升，为当代学科建设尤其是设计学科（比较新颖的学科）的健康发展服务。

第一，本课题研究以问题为导向，打破了过去的学科本位，将网罗国内哲学、设计学、文化学（包括民俗学、社会学和人类学）、管理学、技术学、工程学等方面的诸多权威专家，组成强大的研究团队，攻坚克难，对中华传统工匠文化展开全方位的深度阐释与研究。

第二，本课题的研究将打破当前设计学的研究范式，对设计学学科的发展和完善将产生重大推动作用。

3. 社会实践运用、服务决策需求方面的目标

在体验经济时代、在中华民族伟大复兴的历史进程中，设计毫无疑问地扮演了一个极为关键的角色。因此，对中华传统工匠文化展开系统梳理和深入研究不但必要而且是当务之急。本课题研究立足于工匠文化，对中华工匠的价值文化体系、民俗和信仰文化体系、行业和商业组织文化体系、技术文化体系、教育与传承创新文化体系等展开系统、深入研究。这一研究不但有对历史文献、典籍的系统梳理，还有对当下工匠生存状况的活态调查，因此对于我们反思中国设计的当下和未来发展方向、在全球化时代和体验经济时代的经济发展问题等有着重要的借鉴意义和价值。其研究成果也正可服务于中国设计产业、经济和文化发展规划与决策实践。具体体现在两大方面：第一，深入系统研究中华工匠文化体系必将促进"工匠精神"的深入人心和普及工作，为当代中国经济转型升级发展，提升人们的

生活品质作出应有的贡献。第二，本课题的深入系统研究成果的传播与推进（如果政府借此大力推进的话），必将为造就我国全民尊重科技、尊重研究人员、尊重劳动者的社会生活环境——实际上就是工匠文化环境，为中国社会的健康发展服务。

4. 本课题在资料文献发现利用等方面的预期目标

本课题研究将充分利用各种资源，既包括大量传世古籍文献，也包括大量出土考古文献，还包括大量活态化文献（如现世工匠的口述、影像记录等文献）。在文献的占有的基础上，如何更好地挖掘和利用，是至关重要的。本课题研究将对各类文献分门别类地采取不同学科、不同方法的开发利用，特别是哲学理论对文献思想的挖掘、社会学理论对文献领域的拓展等。正因为此，本课题的五个子课题就是为应对这一局面而设计的。其目的就在于，对中国历史上浩如烟海的历史文献和典籍进行系统梳理，从中挖掘出有关中华工匠文化的相关思想和论述，在此基础上进行系统整理。更重要的是，我们、特别是首席专家，长期从事工匠文化学术史文献整理与研究，具有了相当丰富的学术经验和优良传统。特别是《营造法式》的整理与深入系统研究，在学界已经产生了深远影响（百度百科的《营造法式》词条），就已列入与梁思成本并列："《营造法式》文渊阁《钦定四库全书》，（宋）李诚撰邹其昌点校，人民出版社 2006 年版中国建筑工业出版社《梁思成全集》第七卷《营造法式注释》"。①

由此，我们完全有实力完成以下预期成果：最终将系统编撰《中华工匠文化专题文献选编》（五卷本，约 300 万字）、《中华工匠文化体系专题研究系列》（五卷本，约 250 万字）、《中华工匠文化概论》（一卷本，约 50 万字）等成果，以及本课题额定指标外的系列丛书(一辑，五册，约 150 万字）等，以期对中华民族传统文化研究，作出自己独特的历史贡献！

---

① http://baike.baidu.com/link?url=AXEMIcAt-2MPeyT8z067 J0w04KMEpSBWml3DeRSXu-8nourz7muJBKyblqyukeeAHISuQo4P6vyaXTKpBe3jgSq。

三、研究思路和研究方法

（一）本课题的总体思路、研究视角和研究路径，具体阐明研究思路的学理依据、科学性和可行性。

1. 本课题的总体思路

本课题将以宏观的视野、微观的研究，对中华传统工匠文化体系进行系统梳理、挖掘与深入研究，揭示其精神和价值内核，并分别从民俗与信仰文化体系、行业及商业组织文化体系、技术文化体系以及教育与传承创新文化体系等方面展开大范围、深层次的系统研究，力求全方位地深刻揭示和呈现中华传统工匠文化的整体面貌和价值系统。为此，本课题设计了"一大建构四大支撑"研究系统，展开中华工匠文化的理论体系建构和其他四大核心系统研究。而且每个子课题都是总课题的一个相互建构的核心要素，每个要素的系统研究都将在"三大模块九大结构系统"中进行理论的、历史的、现实的交互研究。在此基础上，立足中华民族伟大复兴的历史使命，结合当下国家和世界经济发展的深层次问题，探寻未来科学发展、人类社会可持续发展之路，作出自己的历史贡献。（还可参见表1中的"研究思路"栏：总体创构、个体考察、个体描述、社会形态、社会情感等）

2. 研究视角

本课题涵盖范围较广，属于跨学科和交叉学科性质的研究。研究涉及哲学、人类学和民俗学、社会学、经济学、设计学、教育学、管理学、技术学和工程学等诸多学科领域。因此，本课题研究将采用跨学科的视野，将网罗国内相关领域的权威专家，以团队协作的精神来攻坚克难，最终实现多学科的整合，较为全面、深刻地揭示和呈现中华工匠文化的整体面貌。

3. 研究路径

依据本课题研究的特殊性质与学术性要求，本课题的研究路径应具有一种更具开放性的方式和结构系统。总体而言，整个课题的研究路径应该是哲学与相关学科路径的交叉融合。五个子课题也应该在此原则下做适当的选择或侧重。子课题一：中华工匠文化理论体系研究，主要采用哲学研究路径，进行总体创构。子课题二：中华工匠文化技术系统研究，主要采用科学技术学研究路径，进行静态的数据分析、结构考察等。子课题三：中华工匠文化教育模式研究，主要采用人类学或教育心理学的研究路径，进行动态的生命运动描述。子课题四：中华工匠文化行业结构研究，主要采用经济学、社会学的研究路径，探索其社会形态结构系统的内在价值。子课题五：中华工匠文化民俗系统研究，主要采用文化学、宗教学、人类学研究路径，探讨其社会情感的结构模式及其生成机制等问题。

（二）针对本课题研究问题拟采用的具体研究方法、研究手段和技术路线，说明其适用性和可操作性（本项重点填写）

1. 本课题拟采用的研究方法

（1）方法论思路

方法论上的创新，拟在采用传统的"定量研究"与"质性分析"相结合的基础上，采取"反思"与"根思"相结合、"互视法"与"环视法"相结合的方式对本课题进行研究，促使历史与逻辑、理论与实践、传统与现代的有效结合，拓展和深化本课题研究的方法论视野。

（2）具体方法

第一，系统论研究方法。所谓系统论研究法是指研究一切系统的一般模式、原则和规律的理论体系。它包括系统概念、一般系统理论、系统理论分析、系统方法论和系统方法的应用等。本课题的性质是理论体系建构，是一种系统研究，系统论研究方法的应用更有利于本课题研究的学术视野的拓展和内部结构的系统分析与考察。"一大建构四大支撑"就是典型的系统论研究方法。

第二，文献研究法。它主要指搜集、鉴别、整理文献，并通过对文献的研究形成对事实的科学认识的方法。文献法是一种古老而又富有生命力的科学研究方法。本课题是一种历史研究，文献研究是历史研究的基础，因此，本课题的研究将在课题设计的基础上充分搜集、整理、研究相关文献，并对文献作出实事求是的符合本课题研究目标的系统深入研究。这也是每个子课题构成中所规划的"概念与文献"模块的重要内容。也就是说，每个子课题的研究都必须建立在充分占有文献的基础上。

第三，哲学研究方法。所谓哲学研究方法就是思辨研究法。而思辨主要有三种形式：演绎式思辨、归纳式思辨和顿悟式思辨。如前所述，中华工匠文化体系是一个逻辑范畴，具有较高的理论品质。中华工匠文化体系建构是一种具有高度哲学思辨性质和理论要求的研究课题，哲学研究方法的应用非常重要，实际上，对文献的分析离不开哲学研究的方法，因此，每个子课题研究中的"概念与文献"之"概念"就是哲学研究方法的用武之地。

第四，历史研究方法。历史研究方法就是运用历史资料，按照历史发展的顺序对过去事件进行研究的方法，亦称纵向研究法，是比较研究法的一种形式。如前所述，中华工匠文化体系是一个历史范畴，具有发生、发展、演变的历史规律。在历史上，中华工匠文化体系形成过三种典型的建构模式，即《考工记》模式、《营造法式》模式和《天工开物》模式，每一种模式都具有其特定的历史时代背景和特色。因此，历史研究方法是本课题研究的内在本质要求和基本原则，据此，每个子课题研究专门设计了"历史与形态"模块。

除以上四种核心方法之外，还有理论与实践相结合方法、历史与逻辑相结合方法、动态考察法、静态分析法等。总之，本课题研究将以问题为导向，博采多学科的研究方法，既有纵深的历史文献的系统梳理，又有宏阔的哲学概念的辨析。在此基础上，本课题研究还将深入民间和工匠的日常生活，对其鲜活的民俗文化和民间信仰、行业和商业组织、技术文化体系以及教育和传承创新文化等问题展开深入系统的人类学和社会学田野调查研究。

2.本课题拟采用的研究手段

（1）理论分析的手段

第一，复杂性分析的简化机制手段。这在舒茨的现象学社会学中是一种社会现象研究的方法论原则，这个原则在卢曼社会学研究中被具体应用。卢曼《信任》认为，信任是一种简化机制。为什么人类的生活需要这些简化机制呢？因为包围人类的社会环境和自然环境太复杂了，必须找出一些简化机制来对应。卢曼说我们的生存需要很多的简化系统。信任也是这样一个简化系统。信任是一个将包围着我们的复杂性和不确定性变为一个二元的机制：可以相信还是不可以相信。本课题的工匠文化体系就是一个极其复杂的系统，必须要使用"简化机制"设计一个简化系统来展开深入研究。比如，本课题就围绕"理论体系""技术系统""教育模式""行业结构"和"民俗系统"五大要素对中华工匠文化体系进行有效的"简化"，使研究目标更加清晰明朗。

第二，复杂问题结构化分析手段。结构化方法（SSM）作为一种分析手段，它的基本思想：把一个复杂问题的求解过程分阶段进行，而且这种分解是自顶向下，逐层分解，使得每个阶段处理的问题都控制在人们容易理解和处理的范围内。本课题研究内容的设计都遵循着复杂问题结构化分析的原则，使问题意识清晰化，如"三大层面""五大核心要素""三大模块"等结构化分析法，更便于课题顺利展开。

第三，多维相关分析以及路（因）径分析的手段。如前所述，本课题研究具有跨学科性质，其研究路径必然是多元而又相互交融的。因此，本课题研究将依据问题性质展开研究路径的有效选择和应用，如理论体系部分更多使用哲学研究路径等。

（2）实证调查的手段

实证调查的手段就是一种通过观察获取经验，再将经验归纳为理论的研究手段。田野调查、访谈、问卷调查、原始文献资料的考察等都属于此手段。作为一个历史范畴，中华工匠文化体系的研究内在需要实证调查研究手段的广泛应用。特别是"三大模块"中的"传承与创新"模块，离不开大量的实证调查研究手段的应用，以确保本课题研究学术水准、历史价值与现实意义。

（3）本课题拟采用的技术路线

第一，依据本课题的研究性质，制定并确立课题研究的周密计划；

第二，依据研究计划，展开文献整理与研究，编撰详细的写作提纲；

第三，在详细的写作提纲基础上，展开个案性的系统深入考察；

第四，在诸多个案性的系统考察基础上，展开点、线、面结合式的研究；

第五，在诸多前期的有条不紊研究成果基础上，再进行子课题完整的系统研究；

第六，在每个子课题初步完成的基础上，通过互审来协调全部子课题的写作风格的统一性问题，确保整个课题的学术水准的高度。

（4）本课题研究的学理依据、科学性和可行性

研究中华传统工匠文化离不开历史文献的全面、系统梳理以及哲学概念的细致辨析。与此同时，所谓"礼失求诸野"，在当下工匠的日常生活中，往往还系统地保留着中华工匠文化鲜活的民俗和民间信仰。其技术文化体系尽管受到现代技术的影响而发生了一些重大变化，但其中仍然可追寻到中华工匠文化技术体系的长期发展和进化历程。

另外，在当下工匠的日常生活中，在众多领域，中华工匠文化、工匠技艺的教育和传承机制仍在发挥着重要作用。所有这些，都离不开人类学和社会学的田野调查研究。这种类型的研究能让我们搜寻到鲜活的第一手资料，从而服务于中华工匠文化的系统梳理和深刻阐发。

四、重点难点和创新之处

（一）本课题拟解决的关键性问题和重点难点问题，分别阐述提炼这些问题的理由和依据

1.本课题拟解决的关键性问题

中华工匠文化体系是一个庞大的系统，时间跨度之大、空间分布之广、行业种类之繁复、具体内容之复杂、社会背景之差异、个体条件之迥异等，都使得中华工匠文化体系研究难以顺利有效地展开，但学术研究只能知难而进。面对如此纷繁的研究主题，最好的方法和手段就是简化，而简化的结果必然是对研究问题的高度抽象与浓缩。那么，中华工匠文化体系研究最简化的结果则是为什么会存在中华工匠文化体系问题。

因此，本课题拟解决的关键性问题，就是如何论证并确立中华工匠文化体系问题。包括系统深入探讨中华工匠文化体系得以存在的核心要素问题、基本结构问题、核心价值观念问题以及创新发展的内在驱动力问题等。

2.本课题的研究重点

本课题的研究重点就是系统深入研究中华工匠文化体系建构的核心价值系统、理论体系建构核心要素、内在逻辑结构系统（技术文化系统、教育文化系统、行业组织结构系统和民俗宗教文化系统等）、各要素之间互动生成问题以及中华工匠文化体系传承创新问题等。

3.本课题的研究难点

本课题的研究难点：第一，中华工匠文化体系建构研究具有开创性质，没有具体可参照的模板，从整体框架到内在结构系统，从核心板块到具体概念范畴的应用，从总课题到子课题的内在互动关系的构建枢纽等都有待深入探讨与研究。第二，中华工匠文化的性质究竟如何把握，虽然本课题框架中，确定为五要素，但在实际研究过程中，随着研究的深入，可能会出现某

些悖论，而这往往是最为困难的问题。第三，由于中国历史上，作为共同体形象，工匠地位一直处于底层或接近底层，那么究竟如何合理地处理好历史上对工匠不公的偏见或贬损。矫枉过正，固然可以制造轰动效应，但有危险性；如果平淡而论，又无法显示出本课题的重大研究价值。这几个方面的难点问题，实际上涉及整体上如何反思整个中华文化历史功过的大问题，特别是"工匠文化"问题。如果合理地处理好以上几大问题，本课题研究将获得应有的历史成果或贡献。

以上重、难点是本课题需着重解决的问题，也是形成"一大建构四大支撑"方案的学术研究的设计依据。

（二）本课题研究在问题选择、学术观点、研究方法、分析工具、文献资料、话语体系等方面的突破、创新或推进之处（本项重点填写）

本课题研究在诸多领域都有一定的创新性或突破之处。具体如下：

1. 问题选择的创新

问题厘清、问题断定和问题选择上均有突破与创新。首先，选择"中华工匠文化体系"问题深入探讨中华造物文化乃至整个中华传统文化体系，其选题本身就具有重大的理论创新意义和实践价值。

其次，在展开课题研究时，始终抓住"工匠"主题，并围绕"工匠文化"核心，突出"工匠精神"价值观，实现"中华工匠文化体系"的建构目标，这也是一大问题厘清的创新。

再次，在五个子课题的设计方面，努力构建属于本课题的话语系统，如"三大层面""五大核心要素""五大话语系统"，还有"一大建构四大支撑"总体研究框架等，都属于选题具有的创新价值。

又次，五个子课题的选题，也有一定的创新。抓住"工匠"的文化意义，突出"工匠"文化精神，选择了"理论体系"突出"工匠"文化的理论价值，在哲学高度肯定"工匠"历史价值。选择"技术系统"作为"工匠"文化的本体要素，不只是一般性的"技术"要素。选择"教育模式"突出"工匠"技术本体的传承创新价值系统。选择"行业结构"突出"工匠"的文化身份及其可持续发展问题。选择"民俗系统"突出"工匠"文化社会情感的内化，促使"工匠"价值观获得生命意蕴——工匠精神的强大力量之所在。

最后，五大选题内在逻辑结构的创新：从"理论体系"观念的产生，经"技术系统"实践，到"教育模式"提升，再到"行业结构"确立，最后以"民俗系统"方式融于生活，成就一种植根于乡土、民族、国家的精神追求或价值信念——"工匠精神"。由此，一代代、一世世、周而复始，乃成就我宏伟的中华工匠文化之智慧体系。

2. 学术观点的创新

本课题研究形成了诸多具有创新性的学术观点：

首先，经过对以"考工学体系"为性质的中华造物文化的长期思考与系统研究，提出了"中华工匠文化体系研究"。其基本的学术观点就是，长期以来，"工匠文化"问题一直处于遮蔽状态，未能获得应有的文化史地位。基本证据就是至今没有一本中华工匠文化史（不同于中华手工艺史）。

其次，"工匠文化"是"工匠精神"的培育和生存环境，没有良好的"工匠文化"氛围，不可能有"工匠精神"的真正回归。

再次，"工匠"的基本内涵是"巧"（技术原则或设计原则）和"饰"（艺术原则或审美原则）的统一体，"工匠"既要"创物"（包括发明、创造、设计等）以弥补自然的缺失，还要"制器"（制造、生产）以满足人类日常生活及其相关需求，更要有"饰物"以满足人类日益丰富精神需求或提升社会生活品质，等等，是三位一体的。由此而言，依据现代社会分工，"工匠"既是哲学家、科学发明家，也是工程师和技术创新专家，还是艺术家和美化师等，是多重身份或职能的统一。因此，我们完全有理由说，"工匠"实际上更符合于当今的"设计师"称谓。

又次，"工匠精神"具有"现实层"和"超越层"两方面，两个层面是相互生成的，也是人的一种本真的存在方式，即物质性生命体和精神性的生命意蕴的统一方式。"工匠精神"是"工匠文化"特征，也是"工匠文化"的核心价值所在。"工匠精神"是"中华工匠文化体系"的核心价值观念。

最后，中华工匠文化体系以"工匠"为主题，以"工匠精神"为核心价值，以"工匠文化"为目标的系统结构，这一结构体系中，有三大核心要素：技术体系、工匠精神、工匠制度，另有两个层面：生命传承（教育）和生命意蕴（民俗）。中华工匠文化体系的知识谱系定位大致如下：中华工匠文化体系属于中华工匠体系（文化、心理生理等），中华工匠体系属于中华造物体系（工匠、器物等），中华造物体系属于中华文化体系（造物、精神、治理等）。因此，中华工匠文化体系研究应该属于一个基础性的理论建设工程。同时，因其属于历史研究，所以与"非遗"问题有本质性差别，本研究虽有涉猎或延伸至"非遗"问题，可能也会有专题讨论，但都不是本研究的主题或中心。

3.研究方法的突破

（1）方法论上的创新

拟在采用传统的"定量研究"与"质性分析"相结合的基础上，采取"反思"与"根思"相结合、"互视法"与"环视法"相结合的方式对本课题进行研究，促使历史与逻辑、理论与实践、传统与现代的有效结合，拓展和深化本课题研究的方法论视野。

（2）具体方法的创新与突破

第一，系统论研究方法。本课题的性质是理论体系建构，是一种系统研究，系统论研究方法的应用更有利于本课题研究学术视野的拓展和内部结构的系统分析与考察。"一大建构四大支撑"就是典型的系统论研究方法。

第二，文献研究法。本课题是一种历史研究，文献研究是历史研究的基础，因此，本课题的研究将在课题设计的基础上充分搜集、整理、研究相关文献，并对文献作出实事求是的符合本课题研究目标的系统深入研究。这也是每个子课题构成中所规划的"概念与文献"模块的重要内容。也就是说，每个子课题的研究都必须建立在充分占有文献的基础上。

第三，哲学研究方法。中华工匠文化体系是一个逻辑范畴，具有较高的理论品质。中华工匠文化体系建构是一种具有高度哲学思辨性质和理论要求的研究课题，哲学研究方法的应用非常重要。实际上，对文献的分析，离不开哲学研究的方法，因此，每个子课题研究中的"概念与文献"之"概念"就是哲学研究方法的用武之地。

第四，历史研究方法。中华工匠文化体系是一个历史范畴，具有发生、发展、演变的历史规律。在历史上，中华工匠文化体系形成过三种典型的建构模式，即《考工记》模式、《营造法式》模式和《天工开物》模式，每一种模式都具有特定的历史时代背景和特色。因此，历史研究方法是本课题研究的内在本质要求和基本原则，据此，每个子课题研究专门设计了"历史与形态"模块。

总之，本课题研究方法的突破与创新，更在于以问题为导向，博采多学科的研究方法，既有纵深的历史文献的系统梳理，又有宏阔的哲学概念的辨析。在此基础上，本课题研究还将深入到民间和工匠的日常生活，对其鲜活的民俗文化和民间信仰、行业和商业组织、技术文化体系以及教育和传承创新文化等问题展开深入系统的人类学和社会学田野调查研究。

4. 本课题研究在分析工具上的创新与突破思路

三大分析工具的创新性运用是本课题研究团队拟在分析工具上的突破或创新思路。其一，是复杂性分析的简化机制手段；其二，复杂问题结构化分析手段（SSM）；其三，多维相关分析以及路径分析的手段。

5. 文献资料的突破

本课题文献总体说来，各种资料相对来说还是比较丰富。就传世文献而言，有"四库"系列，《古今图书集成》，还有大量历代文集、方志、笔记、小说等文献中也保存着许多相关资料。考古资料也比较丰富。本课题的研究将努力掌握更为丰富的资料来加以综合研究，以求研究结论更加符合历史的实际。

6.话语体系的创新

中华工匠文化体系研究本身就是话语体系的创新过程。也就是说，此前就没有这种说法。那么如何构建中华工匠文化体系？我们必须形成属于本课题自身的话语系统、命题、范畴和逻辑结构系统等。为此，本课题设计的五个子课题实际上就是五大话语体系即工匠文化的理论体系——工匠文化核心价值话语体系如工匠精神等话语（"工—礼系统"）。技术系统实则是工匠技术文化话语体系——"工—巧系统"。教育模式实则是工匠技术教育文化话语体系——"工—史系统"。行业结构实则是工匠行业组织机构文化话语体系——"工—事系统"以及民俗系统实则是工匠民俗宗教文化话语体系——"工—巫系统"。由此可见，本课题话语体系已经具有较大的创新程度，并形成了自身的研究话语系统结构。

后　记

　　2022 年注定是一个不平凡的年份。就世界而言，乌克兰危机爆发，生灵涂炭。就中国上海而言，新冠肺炎疫情肆虐，上海按下暂停键长达 60 天。就我个人而言，也是值得纪念的，自 1982 年 7 月参加教育工作已整整 40 年。

　　自 2002 年 6 月于武汉大学美学专业获哲学博士学位已整整 20 年；自 2002 年进入设计学院从事设计学研究与教学已整整 20 年。这 20 年，我率先提出、积极倡导并系统探索中国当代设计理论体系的构建（2004），这是中国当代设计学科建设中的顶层设计问题；尝试创建中华考工学（2004），认为中华传统设计理论体系是一种以《易》《礼》体系为思想源头的中华考工学设计理论体系，并展开了较为深入系统的研究；努力开辟工匠文化这一新兴研究领域（2015），工匠文化对更完整、合理地解释人类文明世界具有极其重要的价值和意义；初步探索并建构设计学体系，并展开系统深入的设计学体系建构问题研究，先后提出了当代设计学体系的三大核心板块理论（基础设计学体系、实践设计学体系和社会设计学体系，2013）、设计治理理论体系、设计资本理论体系、技术设计学理论体系、乡村设计学体系、工程设计学体系、气象设计学体系、生命设计学体系等，逐渐形成了自己的学术话语体系以及理论建构体系。更重要的是，立足国家发展战略，对设计学科建设问题展开了系统思考与研究，提出了建构服务国家发展战略的新型设计学科体系问题。

　　感谢李青青、范雄华、华沙、陈征洋等博士为本书付出的辛劳！

　　感谢发表书中相关章节的报纸杂志！

感谢人民出版社洪琼先生的艰辛付出！

特别感念我的家人对我的学术研究事业长期的支持与默默的奉献，才有了我的学术坚守！

工匠文化研究，才刚刚开始！

邹其昌

于上海寓所

2022 年 11 月 8 日